LANDSCAPE ARCHITECTURE DESIGN SERIES

园林植物
景观设计

金 煜 主编

（第2版）

U0198685

辽宁科学技术出版社

沈 阳

本书编写委员会

主　　编　金　煜

副主编　王　素　屈海燕　唐　强　赵生华

参　　编　（按姓氏笔画排列）

　　　　　毛洪玉　王　成　张　倩

　　　　　金雪花　祝鹏芳　赵克军

内容提要

本书主要介绍园林植物在景观设计方面的应用，共四大部分，分别是：图纸表现、基础理论、设计方法、实例解析。第一部分图纸表现主要针对园林种植设计图纸的绘制及植物平面、立面、立体效果的表现方法进行介绍；第二部分基础理论从美学、生态等多个方面论述了植物景观设计的原则；第三部分介绍了植物景观设计的步骤；最后结合设计实例分析植物景观设计的方法。本书通过文字、图表、图片以及设计实例等多种方式，论述了植物造景方面的理论和方法，内容翔实、使用方便。

本书可以作为风景园林、园林、城市规划、建筑专业相关课程的教材，同时也可以作为业余爱好者学习的辅助资料。

图书在版编目（CIP）数据

园林植物景观设计 / 金煜主编. —2版. —沈阳：辽宁科学技术出版社，2015.1（2021.2 重印）

ISBN 978-7-5381-8875-2

Ⅰ.①园… Ⅱ.①金… Ⅲ.①园林植物—景观设计—高等学校—教材　Ⅳ.①TU986.2

中国版本图书馆 CIP 数据核字（2014）第 235962 号

出版发行：辽宁科学技术出版社

　　　　　（地址：沈阳市和平区十一纬路 29 号　邮编：110003）

印 刷 者：辽宁新华印务有限公司

经 销 者：各地新华书店

幅面尺寸：210mm×285mm

印　　张：19.5

字　　数：380 千字

出版时间：2008 年 4 月第 1 版　2015 年 1 月第 2 版

印刷时间：2021 年 2 月第 10 次印刷

责任编辑：陈广鹏

封面设计：魔杰设计

版式设计：于　浪

责任校对：李　霞

书　　　号：ISBN 978-7-5381-8875-2

定　　　价：48.00 元

联系电话：024-23284354

邮购热线：024-23284502

http://www.lnkj.com.cn

再版前言

　　本书自2005年出版以来，一直得到大家的关注，有赞扬、有批评，更多的是鼓励……我们一直在聆听着、记录着、感动着，也在这些关注中督促自己去学习、去提高，希望未来能够有机会对本书进行修改和精进。终于在本年度我们等到了再版的机会，在再版之际，我们首先想感谢广大读者和专家的包容，感谢你们对于这本书、对于我们的关注和鼓励，另外也想感谢辽宁科学技术出版社给我们的这次机会。

　　在编写过程中，除了编写团队成员的共同努力之外，司劝劝、邱丰、孙鑫、马斯婷等同学参与了书稿的校对工作，为本书顺利地出版也付出了很多辛劳，在此一并表示感谢！

　　最后对于所有帮助和关心过我的人表示诚挚的感谢！同时对以下协作单位表示诚挚的谢意！

沈阳农业大学林学院

沈阳荷花源景观工程设计有限公司

中景汇景观规划设计有限公司

沈阳市绿都景观设计有限公司

　　"十年磨一剑"，我们将这十年的精进与你们分享的同时，也将这十年来的困惑、痛苦、欢乐呈现给你们，希望能够与在景观设计的征程中已经成功或者正在寻求成功的同行们共勉！

编者

2014年春节前夕

前　言

众所周知，作为园林四大构景要素之一，植物在景观设计中的作用不容忽视，它能够作为主景，引人注目，也能够作为背景，甘居人后；随着四季更迭、岁月流逝，植物展现出旺盛的生命力和丰富的季相变化，令人感叹，甚至震撼；在象征生命和美的同时，植物还是文化的载体、历史的见证——我国传统文化在植物中沉淀、积聚，几乎每一种植物都有着优美的传说或是感人的故事。所以在园林设计师的眼中，植物不仅仅是简单的林木、花草，而且是生态、艺术和文化的联合体，是园林设计的基础与核心。正如英国造园家克劳斯顿（Brian Clouston）所说："园林设计归根到底是植物的设计……其他的内容只能在一个有植物的环境中发挥作用。"

然而令人遗憾的是，许多外行甚至某些设计者却仅仅将植物作为装饰品，作为弥补设计缺陷的元素，或者将植物配置理解为简单的种花种草，有些项目甚至根本不作植物种植设计，施工人员在现场直接定点，按照自己的想法随意地进行植物的栽植。结果，经典的植物景观少之又少，到处都是千篇一律、平淡无奇。所以我们仍需要大力提倡"植物造景"，呼吁重视植物设计环节。

但面对繁杂的植物品种、属性、特点，很多人，尤其是初学者感到无从下手，其实作为园林设计师不用掌握诸如叶片锯齿的形状、腺点的位置、芽痕的形态等植物细节，也不用关心具体的植物栽植、养护技术，而应立足于植物生境、综合观赏特性等，对植物在园林景观中的应用进行深入的研究。也就是说，作为园林设计师应该掌握园林植物的种类、形态、观赏特点、生态习性、群落构成等知识，在此基础上研究园林植物配置的原理，按植物生态习性、园林艺术要求，合理配置各种植物（乔木、灌木、花卉、草坪和地被植物等），最大限度地发挥它们的生态功能和观赏价值，本书也正是从这些方面入手，加以论述。

编写本书的目的不外乎两点：一方面是因为在从事设计工作的过

程中，积累了一点点经验，但也走过了很多弯路，在这里将自己的经验教训记录下来，与同行共同探讨；另一方面也希望通过本书能够使更多的人了解园林专业，尤其是植物景观设计，为园林设计师创造一个更好的工作环境和工作空间。

由于时间有限，加之能力有限，书中难免有所纰漏，敬请各位师长、同行、读者批评指正！

编者

2014年10月于沈阳

目 录

第一章
园林植物设计
图纸表现

本章主要结构

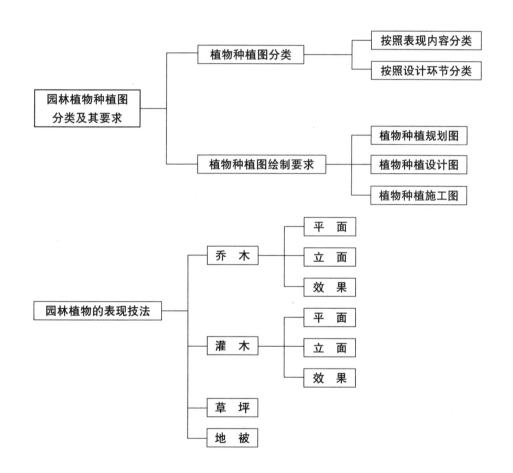

第一节   园林植物种植图分类及其要求

一、植物种植图分类

（一）按照表现内容及形式进行分类（表1–1）

表1–1   按照内容及形式植物种植图的分类

图纸类型	对应的投影	主要内容
平面图（图1-1）	平面投影（H面投影）	表现植物的种植位置、规格等
立面图（图1-2）	正立面投影（V面投影）或者侧立面投影（W面投影）	表现植物之间的水平距离和垂直高度
剖面图、断面图（图1-3）	用一垂直的平面对整个植物景观或某一局部进行剖切，并将观察者和这一平面之间的部分去掉，如果绘制剖切断面及剩余部分的投影则称为剖面图；如果仅绘制剖切断面的投影则称为断面图	表现植物景观的相对位置、垂直高度，以及植物与地形等其他构景要素的组合情况
透视效果图（图1-4）	一点透视、两点透视、三点透视（较少使用）	表现植物景观的立体观赏效果，分为总体鸟瞰图和局部透视效果图

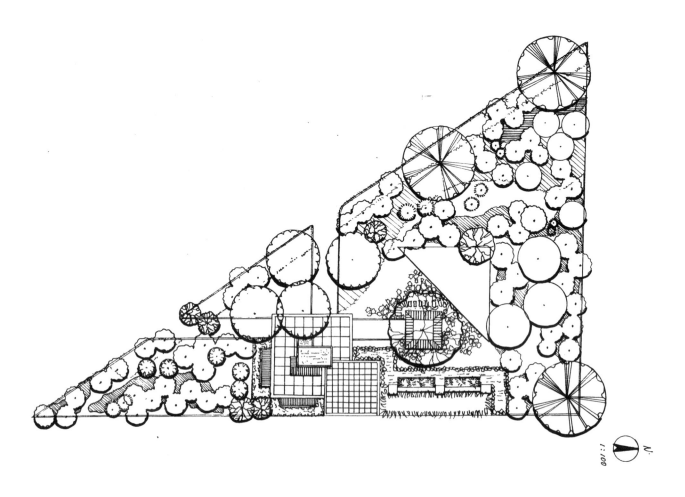

图1-1   某庭院种植平面图（崔洪珊 绘）

立面图 1:100

图1-2　植物种植立面图（崔洪珊 绘）

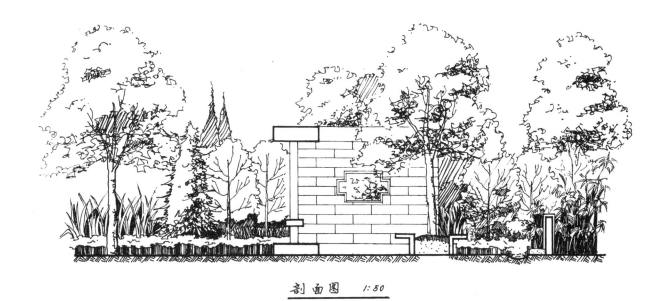

剖面图 1:50

图1-3　植物种植剖面图（崔洪珊 绘）

（a）　　　　　　　　　　　　　　　　　　　　　　　（b）

图1-4　植物景观效果图示例

（二）按照对应设计环节进行分类（表1-2）

表1-2　按照设计环节植物种植图的分类

图纸类型	对应阶段	主要内容
植物种植规划图	总体规划或者概念设计阶段	绘制植物组团种植范围，并区分植物的类型（常绿、阔叶、花卉、草坪、地被等）
植物种植设计图	详细设计阶段	详细地确定植物种类、种植形式等，除了植物种植平面图之外，往往还要绘制植物群落剖面图、断面图或者效果图
植物种植施工图	施工图设计阶段	标注植物种植点坐标、标高，确定植物的种类、规格、栽植或养护的要求等

三种类型的图纸对应三个不同的环节，即总体规划或者概念设计阶段、详细设计阶段和施工图设计阶段，具体内容视项目规模、甲方要求等而定。

二、植物种植图绘制要求

首先，图纸要规范，应按照制图国家标准（《房屋建筑制图统一标准》《总图制图标准》《建筑制图标准》以及《风景园林图例图示标准》等）绘制图纸，图线、图例、标注等应符合规范要求。其次，内容要全面，标准的植物种植平面图中必须注明图名，绘制指北针、比例尺，列出图例表，并添加必要的文字说明。另外，绘制时要注意图纸表述的精度和深度应与对应设计环节及甲方的具体要求相符。

（一）植物种植规划图

植物种植规划图（图1-5）的目的在于标示植物功能分区或者植物组团布局情况，所以植物种植规划图一般无须标注每一株植物的规格和具体种植点的位置，而是绘制出植物种植片区或者植物组团的轮廓线，一般要利用图例或者符号区分常绿针叶植物、阔叶植物、花卉、草坪、地被等植物类型。植物种植规划图绘制应包含以下内容：

（1）图名、指北针、比例、比例尺。

（2）图例表：包括序号、图例、图例名称（常绿针叶植物、阔叶植物、花卉、地被等）、备注。

（3）设计说明：植物配置的依据、方法、形式等。

（4）植物种植规划平面图：绘制植物组团的平面投影，并区分植物的类型。

（5）植物群落效果图、剖面图或者断面图等。

（二）植物种植设计图

植物种植设计图（图1-6）需要利用图例区分各种不同植物，并绘制出植物种植点的位置、植物规格等。植物种植设计图绘制应包含以下内容：

（1）图名、指北针、比例、比例尺、图例表。

（2）设计说明：包括植物配置的依据、方法、形式等。

（3）植物表：包括序号、中文名称、拉丁学名、图例、规格（冠幅、胸径、高度）、单位、数量（或种植面积）、种植密度、其他（如观赏特性、树形要求等）、备注。

（4）植物种植设计平面图：利用图例标示植物的种类、规格、种植点的位置以及与其他构景要素的关系。

（5）植物群落剖面图或者断面图。

（6）植物群落效果图：表现植物的形态特征，以及植物群落的景观效果。

在绘制植物种植设计图的时候需要注意在图中一定要标注植物种植点位置，植物图例的大小应该按照比例绘制，图例数量与实际栽植植物的数量一致。

（三）植物种植施工图

植物种植施工图（图1-7）是园林绿化施工、工程预（决）算编制、工程施工监理和验收的依据，它准确表达出种植设计的内容和意图，并且对于施工组织、管理以及后期的养护都起着重要的指导作用。

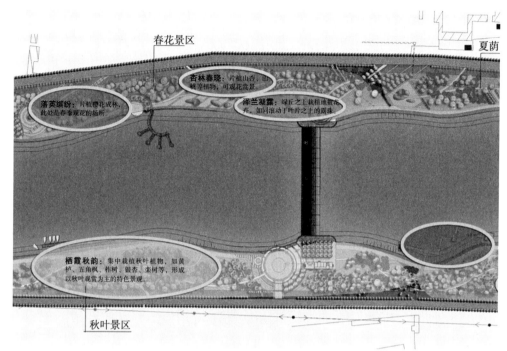

（a）植物分区的表达方式

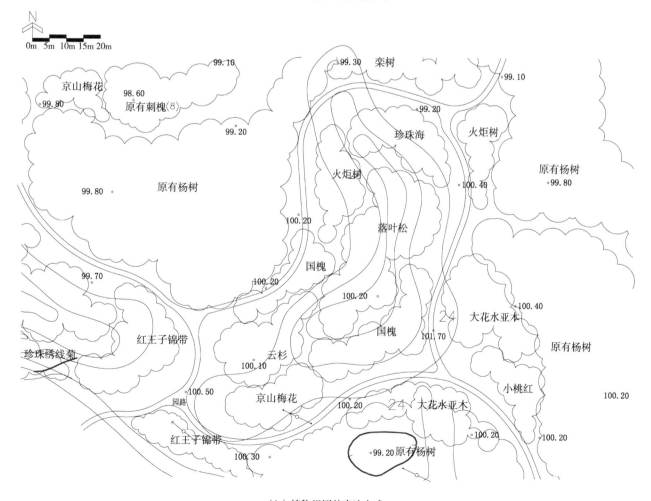

（b）植物组团的表达方式

图1-5　植物种植规划图

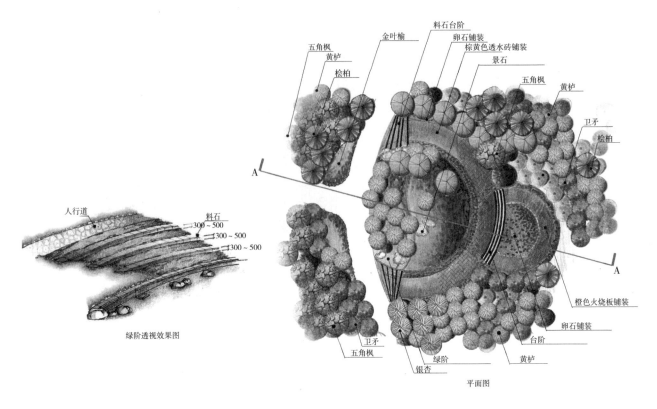

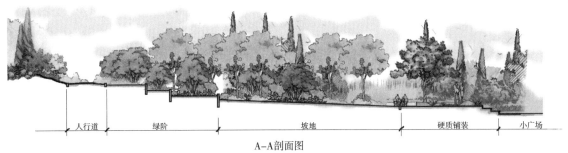

图1-6 植物种植设计图

植物种植施工图绘制应包含以下内容：

（1）图名、比例、比例尺、指北针。

（2）植物表：包括序号、中文名称、拉丁学名、图例、规格（冠幅、胸径、高度、年生、枝条数量等）、单位、数量（或种植面积）、种植密度、苗木来源、景观观赏要求（如丛生、风致形等）、植物栽植及养护管理的具体要求、备注。

（3）施工说明：对于选苗、定点放线、栽植和养护管理等方面的要求进行详细说明。

（4）植物种植施工平面图：标示植物种植点位置、种类、规格等，并应区分原有植物和设计植物（原有植物一般使用对应植物图例填充上细斜线）。植物种植施工图利用尺寸标注或者施工放线网格确定植物种植点的位置：规则式栽植需要标注出株间距、行间距以及端点植物的坐标或与参照物之间的距离；自然式栽植往往借助坐标网格定位；对于孤植植物，或者重要的造景植物应利用坐标或者尺寸标注，准确确定其位置。

（5）植物种植施工详图：根据需要，将总平面图划分为若干区段，使用放大的比例尺分别绘制每一区段的种植平面图，绘制要求同施工总平面图。

为了读图方便，应该同时提供一张索引图，说明总图到详图的划分情况。

（6）文字标注：利用引线标注每一组植物的种类、组合方式、规格、数量（或者面积）。

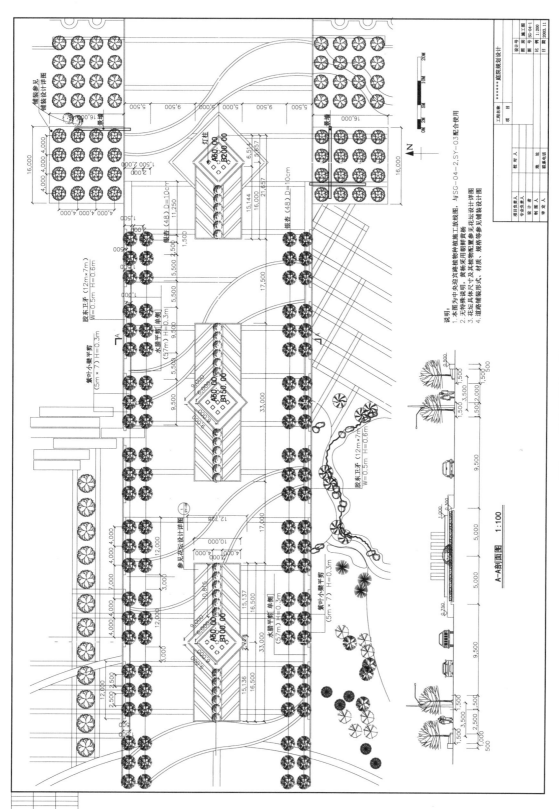

图1-7 植物种植施工图

（7）植物种植剖面图或断面图。

此外，对于种植层次较为复杂的区域应该绘制分层种植施工图，即分别绘制上层乔木的种植施工图和中下层灌木地被等的种植施工图，其绘制要求同上。

第二节   园林植物的表现技法

1996年3月起实施的《风景园林图例图示标准》对植物的平面及立面表现方法作了规定和说明，图纸表现中应参照《标准》的要求和方法执行，并应根据植物的形态特征确定相应的植物图例或图示。作为设计师除了要掌握植物的绘制方法，还应拥有一套专用植物图库（平面、立面、效果），以便在设计过程中选用。

一、乔木的表现技法

（一）平面表现

单株乔木的平面图就是树木树冠和树干的平面投影（顶视图），最简单的表示方法就是以种植点为圆心，以树木冠幅为直径作圆，并通过数字、符号区分不同的植物，即乔木的平面图例。平面图例的表现方法有很多种，常用的有轮廓型、枝干型、枝叶型等三种。

（1）轮廓型［图1-8（a）］：确定种植点，绘制树木的平面投影的轮廓，可以是圆，也可以带有棱角或者凹缺。

（2）枝干型［图1-8（b）］：作出树木的树干和枝条的水平投影，用粗细不同的线条表现树木的枝干。

（3）枝叶型［图1-8（c）］：在枝干型的基础上添加植物叶丛的投影，可以利用线条或者圆点表现枝叶的质感。

（a）轮廓型   （b）枝干型   （c）枝叶型

图1-8   植物平面图例表现形式

在绘制的时候为了方便识别和记忆，树木的平面图例最好与其形态特征相一致，尤其是针叶树种与阔叶树种应该加以区分，如图1-9所示。

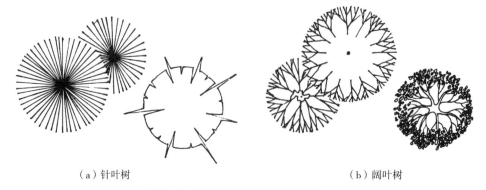

（a）针叶树   （b）阔叶树

图1-9   针叶树与阔叶树图例表现

此外，为了增强图面的表现效果，常在植物平面图例的基础上添加落影。树木的地面落影与树冠的形状、光线的角度等有关，在园林设计图中常用落影圆表示，如图1-10（a）所示，也可以在此基础上稍变动，如图1-10（b）所示，图1-10（c）是树丛落影的绘制方法。

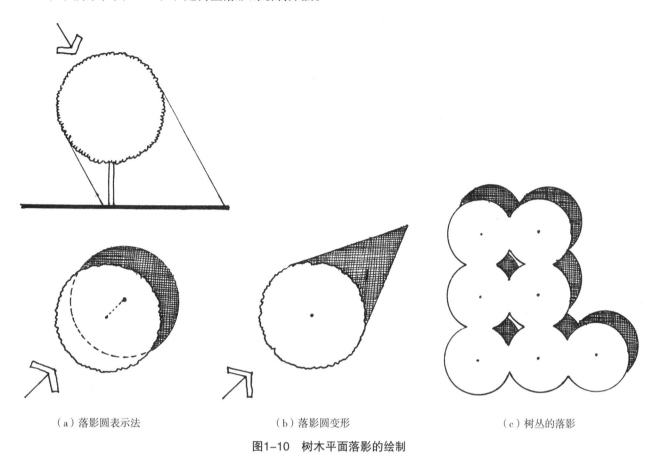

（a）落影圆表示法　　　　　　　　　　（b）落影圆变形　　　　　　　　　（c）树丛的落影

图1-10　树木平面落影的绘制

图1-11中提供了一些植物平面图例，仅供参考。

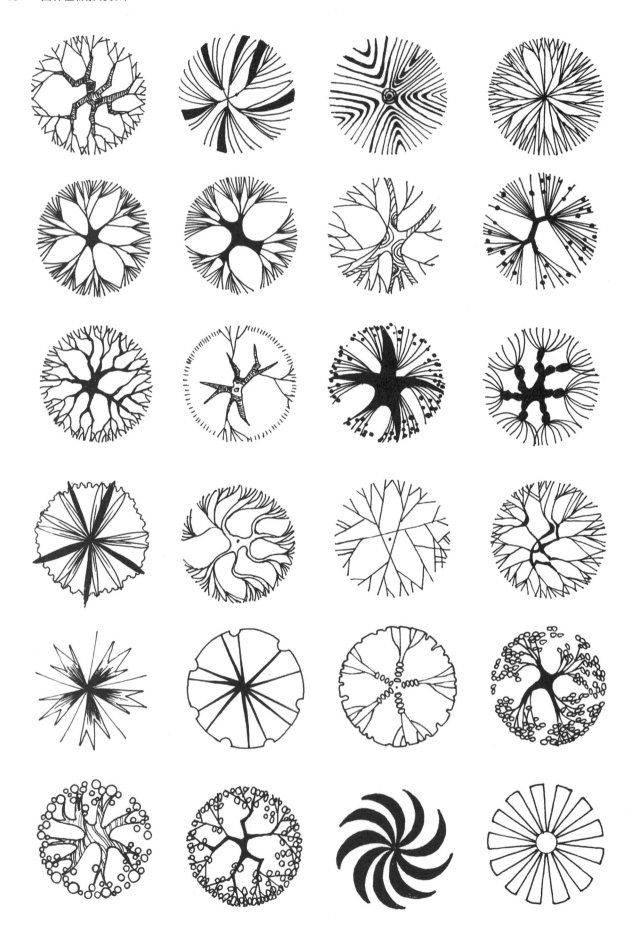

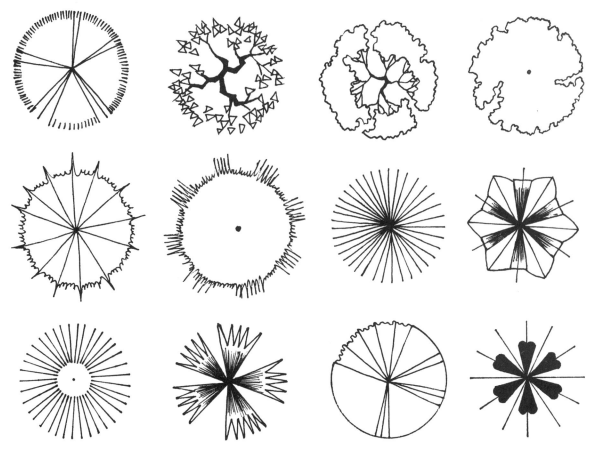

图1-11 树木平面图例

（二）立面表现

乔木的立面就是乔木的正立面或者侧立面投影，表现方法也分为轮廓型、枝干型、枝叶型等三种类型（图1-12）。此外，按照表现方式树木立面表现还可以分为写实型（图1-13）和图案型（图1-14）。

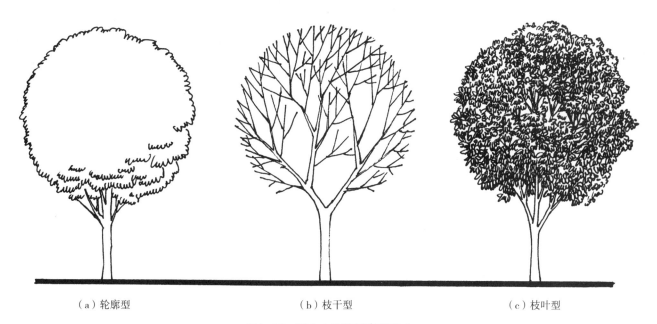

（a）轮廓型　　　　　　　　　（b）枝干型　　　　　　　　　（c）枝叶型

图1-12 树木立面图例表现形式

图1-13　树木立面图例——写实型

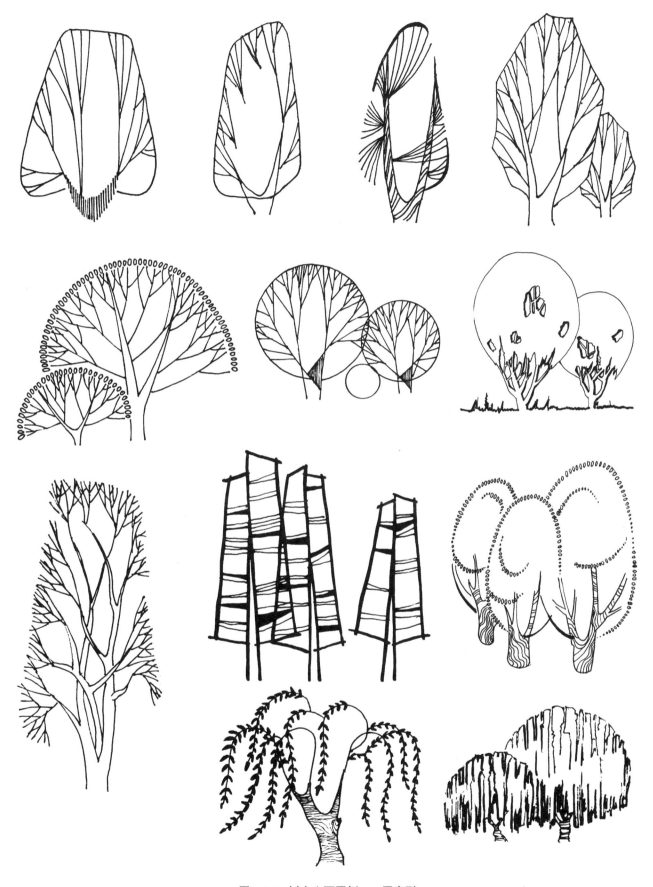

图1-14　树木立面图例——图案型

（三）立体效果表现

树木的立体效果表现要比平面、立面的表现复杂些，要想将植物描绘得更加逼真，必须通过长期的观察和大量的练习。绘制乔木立体景观效果时，一般是按照由主到次、由近及远的顺序绘制的，对于单株乔木而言要按照由整体到细部、由枝干到叶片的顺序加以描画。

1.外观形态的表现

尽管树木种类繁多，形态多样，但都可以简化成球形、圆柱形、圆锥形等基本几何形体，如图1-15所示，首先将乔木大体轮廓勾勒出来，然后再进行进一步的描画。

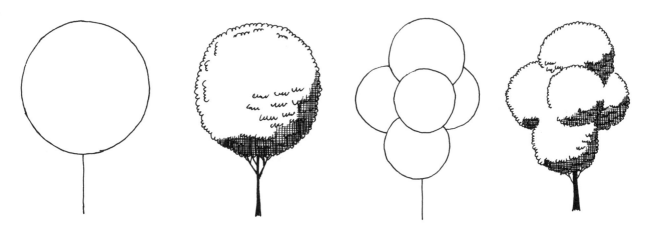

图1-15 树木外观形态的表现

2.枝干的表现

树木的枝干都可以近似为圆柱体，所以在绘制的时候可以借助圆柱体的透视效果简化作图。另外，为了保证效果逼真，还应该注意树木枝干的生长状态和纹理，比如：油松分节生长，老时表皮鳞片状开裂［图1-16（a）］；而多数幼树一般树皮较为光滑或浅裂［图1-16（b）］；核桃楸等植物的树皮呈不规则纵裂［图1-16（c）］；梧桐树树皮翘起，具有花斑［图1-16（d）］……总之，要抓住植物树干的主要特点进行描绘。

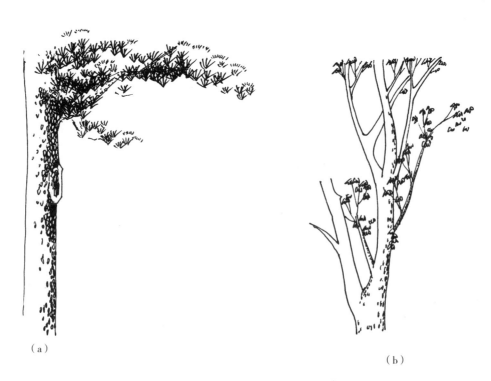

（a）

（b）

（c）

（d）

图1-16 树干的表现

3. 叶片的表现

如图1-17所示，主要表现叶片的形状及着生方式，重点刻画树木边缘和明暗分界处以及前景受光处的叶子，至于大块的明部、中间色和暗部可用不同方向的笔触加以概括。

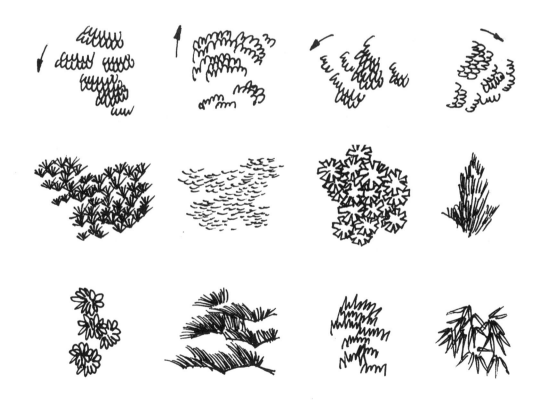

图1-17 树木叶片的表现

4.阴影的表现

按照光源与观察者的相对位置分为迎光和背光，两种条件下物体的明暗面和落影是不同的，如图1-18所示。所以，绘制效果图时，首先应该确定适宜的阳光照射方向和照射角度，然后根据几何形体的明暗变化规律，确定明暗分界线［图1-19（a）］，再利用线条或者色彩区分明暗界面［图1-19（b）］，最后根据经验或者制图原理绘制树木在地面及其他物体表面上的落影。

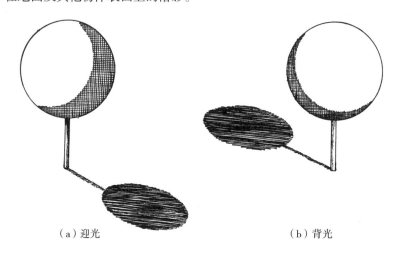

（a）迎光   （b）背光

图1-18   不同光照条件下的光影效果

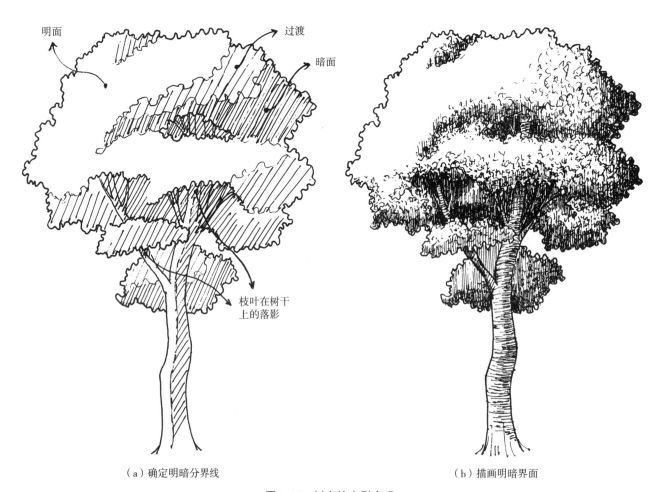

明面   过渡   暗面   枝叶在树干上的落影

（a）确定明暗分界线   （b）描画明暗界面

图1-19   树木的光影表现

5.远景与近景的表现

通过远景与近景的相互映衬，可以提高效果图的层次感和立体感。首先应该注意树木在空间距离中的透视变化，分清楚远近树木在光线作用下的明暗差别。通常近景树特征明显，层次丰富，明暗对比强烈；中景树特征比较模糊，明暗对比较弱；远景树只有轮廓特征，模糊一片，如图1-20所示。

图1-20　树木远景与近景的表现

图1-21给出一些树木的效果图，仅供参考。

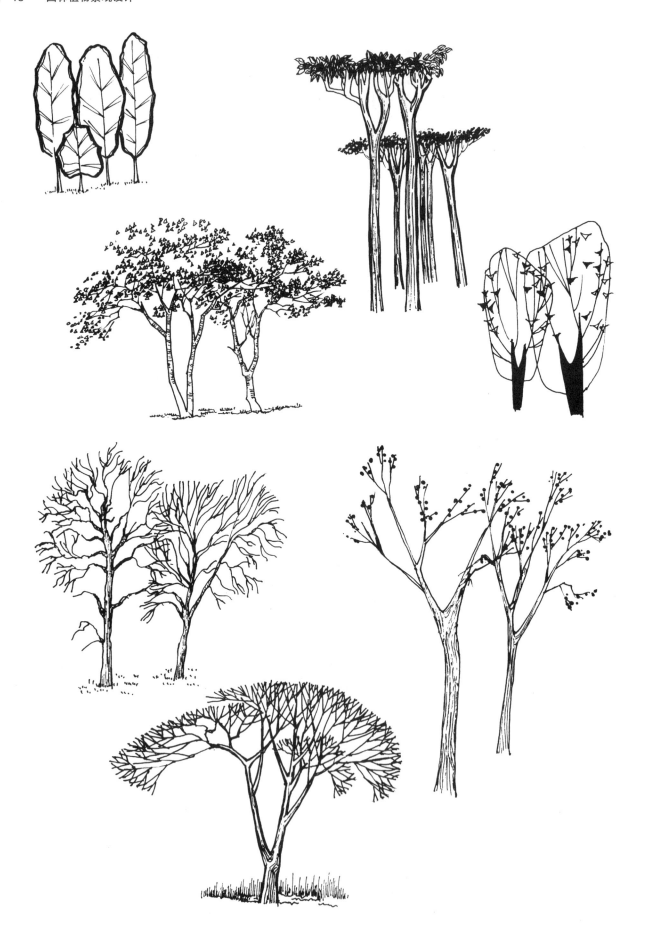

图1-21 树木的立体效果示例

二、灌木的表现技法

平面图中，单株灌木的表示方法与树木相同，如果成丛栽植可以描绘植物组团的轮廓线，如图1-22所示，自然式栽植的灌丛，轮廓线不规则；修剪的灌丛或绿篱形状规则或不规则但圆滑。

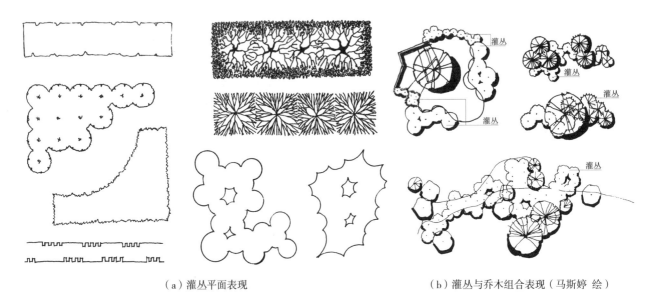

（a）灌丛平面表现　　　　　　　　　　　　　（b）灌丛与乔木组合表现（马斯婷 绘）

图1-22　灌丛的平面表现示例

灌木的立面或立体效果的表现方法也与乔木相同，只不过灌木一般无主干，分枝点较低，体量较小，绘制的时候应该抓住每一品种的特点加以描绘，如图1-23、图1-24所示。

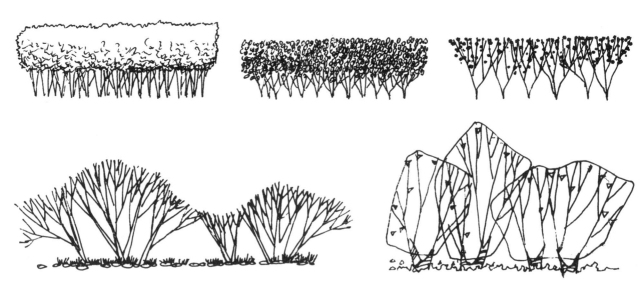

（a）单株

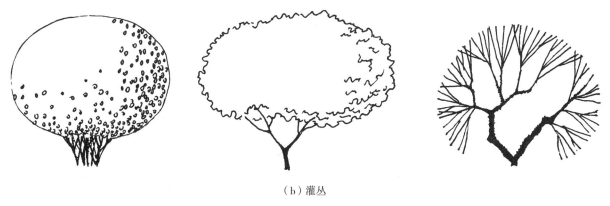

（b）灌丛

图1-23 灌木的表现示例

图1-24 灌木的立体效果表现示例

三、草坪、地被的表现技法

在园林景观中，草坪、地被作为景观基底占有很大的面积，在绘制时同样也要注意其表现的方法。

打点法［图1-25（a）］：利用小圆点表示草坪或者质感比较细腻的地被，并通过圆点的疏密变化表现明暗或者凹凸效果，注意在树木、道路、建筑物的边缘或者水体边缘的圆点适当加密，以增强图面的立体感和装饰效果。

线段排列法［图1-25（b）~（g）］：线段排列要整齐，行间可以有重叠，也可以留有空白。当然也可以用无规律排列的小短线或者线段表示，这一方法常常用于表现管理粗放的草地、草场和地被。

还可以利用上面两种方法表现地形等高线，如图1-25（h）、（i）所示。

在效果图中草坪、地被的表现可以参考图1-26。

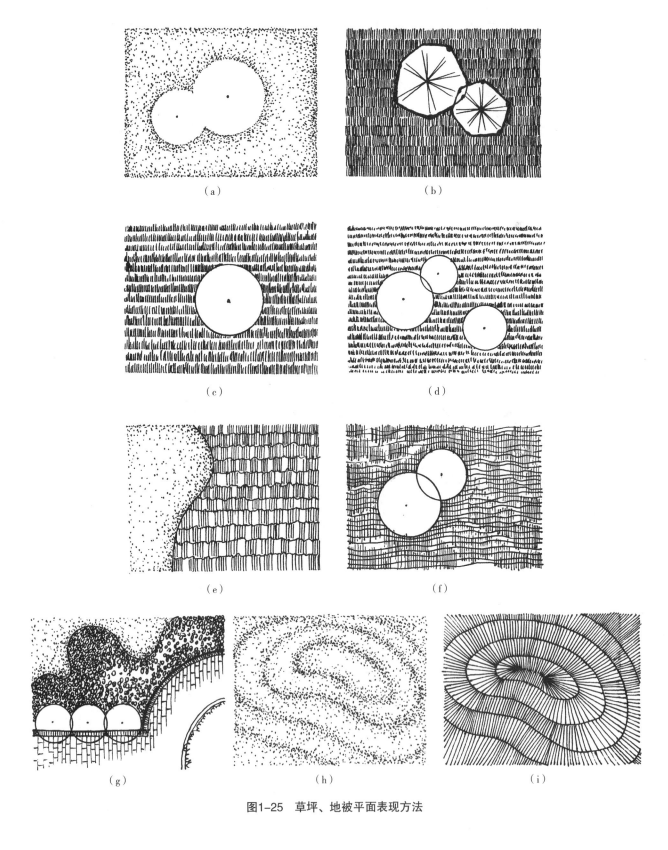

（a）

（b）

（c）

（d）

（e）

（f）

（g）

（h）

（i）

图1-25 草坪、地被平面表现方法

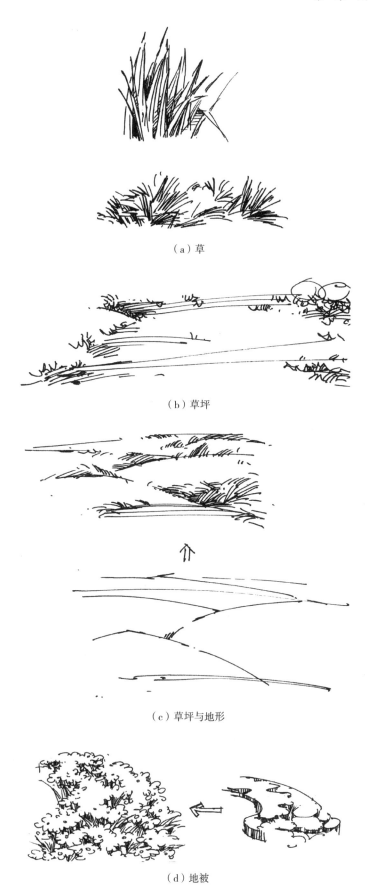

（a）草

（b）草坪

（c）草坪与地形

（d）地被

图1-26 草坪、地被效果表现方法（马斯婷 绘）

第二章
植物景观设计溯源

本章主要结构

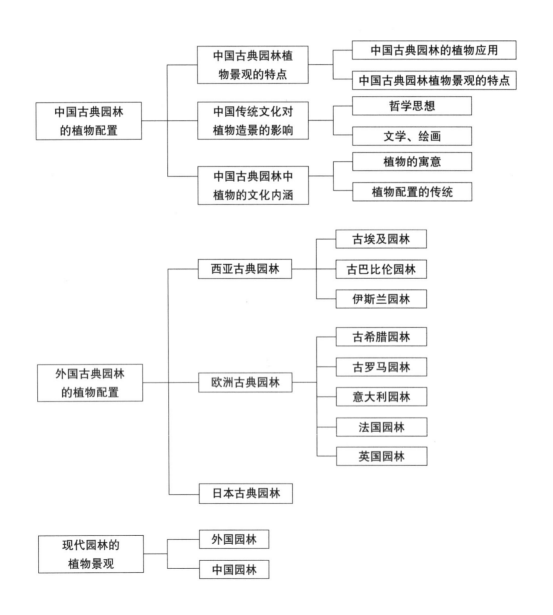

中国古典园林的植物配置 → 中国古典园林植物景观的特点 → 中国古典园林的植物应用 / 中国古典园林植物景观的特点

中国传统文化对植物造景的影响 → 哲学思想 / 文学、绘画

中国古典园林中植物的文化内涵 → 植物的寓意 / 植物配置的传统

外国古典园林的植物配置 → 西亚古典园林 → 古埃及园林 / 古巴比伦园林 / 伊斯兰园林

欧洲古典园林 → 古希腊园林 / 古罗马园林 / 意大利园林 / 法国园林 / 英国园林

日本古典园林

现代园林的植物景观 → 外国园林 / 中国园林

在环境污染日益严重的今天，很多设计师回溯到古代，去追寻古人的园林设计理念和方法，其中中国古典园林因其独到的造园手法，对于自然、人类、环境三者关系的独特见地，在世界园林发展中独树一帜，并得到现代园林界的大力推崇。

第一节　中国古典园林的植物配置

一、中国古典园林植物应用及植物造景特点

（一）中国古典园林的植物应用

20世纪70年代，考古学家在浙江余姚河姆渡新石器文化遗址（约公元前4800多年）的发掘中，获得一块刻有盆栽花纹的陶块，由此推断，早在7000多年前我国就有了花卉栽培。《诗经》中也记载了对桃、李、杏、梅、榛、板栗等植物的栽培。2000多年前汉武帝时期，中亚的葡萄、核桃、石榴等植物已经被引入中国，并用于宫苑的装饰，比如上林苑设葡萄宫，专门种植引自西域的葡萄，扶荔宫则栽植南方的奇花异木，如菖蒲、山姜、桂花、龙眼、荔枝、槟榔、橄榄、柑橘类等植物。随着社会的发展，人们对于植物的使用也越来越广泛，从室内到室外，从王孙贵族到平常百姓，从节日庆典到宗教祭祀，无论何时、何地、何种园林形式，植物都成为其中不可或缺的要素，而植物配置的技法也随着中国园林的发展而逐步地完善，具体内容参见表2-1。

表2-1　中国古典园林分类及其植物的应用

园林类型	特点	植物种类及其配置方式	作用
皇家园林	庄严雄浑	选用苍松翠柏等高大树木，植物采用自然式或者规则式配置方式	与色彩浓重的建筑物相映衬，体现了皇家园林气派
私家园林	朴素、淡雅、精巧、细致	选用小型植物，以及具有寓意的植物，如：梅、兰、竹、菊、玉兰，植物多采用自然式配置方式	创造城市山林野趣，体现主人高雅的气质
寺观园林	古朴、自然、庄重、幽奇	栽植松、柏、竹、兰、银杏、玉兰、桂花等，以及与教义有关的植物，如：菩提树、莲花等	创造一处静思、修行的空间，并供人游赏

（二）中国古典园林植物景观的特点

作为东方园林的典型代表，中国古典园林的植物配置经过长久的总结、验证、发展，形成了自己独有的特点，即自然、含蓄、精巧，如表2-2所示。

表2-2　中国古典园林植物配置特点

特点	植物的选择	设计手法	景观效果
自然	造型自然优美的乡土植物	欲扬先抑、以小见大、借景	本于自然、高于自然
含蓄	具有形态美、意境美的植物	藏景、障景、透景、漏景等	藏而不露、峰回路转
精巧	尺度体量适宜、有着浓郁的文化氛围	借景、障景、透景、漏景、对景等	精在体宜、巧夺天工

1. 自然

"师法自然"是中国古典园林的立足之本，也是植物造景的基本原则之一。首先，从植物选用及景观布局方面看，中国古典园林是以植物的自然生长习性、季相变化为基础，模拟自然景致，创造人工自然。清代陈淏子《花镜》[①]中曾论述："如花之喜阳者，引东旭而纳西辉；花之喜阴者，植北囿而领南薰……。梅花标清，

---

①《花镜》作者陈淏子，一名陈扶摇，别号西湖花隐翁。此书写成于康熙戊辰年间（1688年），作者平生所好唯嗜书与花，故编撰此书。全书共六卷，介绍了园林常见植物品种及其栽培的方法。当该书写成之日，作者已达77岁高龄，《花镜》是他毕生从事园林花卉研究的总结。中国历代有关园林设计的专著与论述还有很多，如：北宋李格非——《洛阳名园记》；明代计成——《园冶》；明末文震亨——《长物志》；清代李渔——《一家言》；曹雪芹——《红楼梦》等。

常宜疏篱、竹坞、曲栏、暖阁，红、白间植，古干横施。兰花品逸，花叶俱美，宜磁斗、文石，置之卧室、幽窗，可以朝、夕领其芳馥。桃花夭冶，宜别墅、山隈、小桥、溪畔……"陈淏子认为"即使是药苗、野卉，皆可点缀，务使四时有不谢之花"。宋代文人欧阳修在守牧滁阳期间，筑醒心、醉翁两亭于琅琊幽谷，他命其幕客"杂植花卉其间"，使园能够"浅深红白宜相间，先后仍须次第栽；我欲四时携酒去，莫教一日不花开"！可见当时的植物景观已经充分考虑了植物的季相变化。

另外，在景观的组织方面古人也总结出一套行之有效的方法，如利用借景将自然山川纳入园中，或者利用欲扬先抑、以小见大等手法，造成视觉错觉，即使是在很小空间中，也可以利用"三五成林"，创造"咫尺山林"的效果。如图2-1沧浪亭周围均衡配置有五六株大乔木，更显山林之清幽，古亭之韵味。如图2-2庭院中3株大乔木即可打造"山林"的景观意境，这种"本于自然，高于自然"的造景手法确实是精妙。

图2-1　沧浪亭周边植物配置

图2-2　古典园林中"三五成林"即可创造"咫尺山林"的效果

2. 含蓄

对于园林景观，古人最忌开门见山、一览无余，讲究的是藏而不露、峰回路转，运用植物进行藏景、障景、引景等是古典园林中最为常用的手法，如图2-3洞门前翠竹掩映，似障似引。

中国古代植物景观的含蓄不仅限于视觉上，更体现在景观内涵的表达方面——古人赋予了植物拟人的品格，在造景时，"借植物言志"也就比较常见了。比如扬州的个园，个园是清嘉庆年间两淮盐总黄至筠的私园，是在明代寿芝园旧址基础上重建而成，因园主爱竹，所以园中"植竹千竿"，清袁枚有"月映竹成千个字"之句，故名"个园"，在这成丛翠竹、优美景致之间，园主人也借竹表达了自己"挺直不弯，虚心向上"的处世态度。可见，在古人眼中，植物不仅仅是为了创造优美的景致，在其中还蕴含着丰富的哲理和深刻的内涵，这也是中国古典园林与众不同之处——意境的创造，正所谓"景有尽而意无尽"。

植物景观的意境源自于植物的外形、色彩，加之古人的想象，如杨柳依依表示对故土的眷恋，常常种在水边桥头，供人折柳相赠以示惜别之情；几杆翠竹则是文人雅士的理想化身，谦卑有节之意，更有宁折不弯、高风亮节之寄托。这种含蓄的表达方式使得一处园景不仅仅停留于表面的视觉效果，而是具有了深层次的文化内涵，当人们游赏其间，可以慢慢体会、回味，每一次都会有新的发现，

图2-3　中国古典园林中利用植物障景和引景

这也正是中国古典园林为何经久不衰、愈久弥珍的重要原因之一。

3. 精巧

无论是气势宏大的皇家园林，还是精致小巧的私家园林，在造园者缜密的构思下，每一处景致都做到了精致和巧妙。

"精"体现在用材选料和景观的组织上——精在体宜。中国古典园林中植物的选择是"少而精"，主体景观精选三两株大乔木进行点置（图2-2），或者一株孤植，而植物品种方面精选观赏价值高的乡土植物，较少种植引种植物，一方面保证了植物的生长，可以获得最佳的景观效果；另一方面也体现了地方特色。在景观的组织方面，按照观赏角度配置以不同体量、质感、色泽的植物，形成丰富的景观层次，如图2-4所示，高大乔木作为前景，保证视线的通透，竹丛作为中景，与园洞门搭配，洞门另一侧茂密的树丛作为背景，将视线引向远方。

图2-4 利用植物创造丰富的层次感

"巧"则体现在景观布局和构思上——巧夺天工。中国古典园林中，造园者对于每一株、每一组植物的布置都是巧妙的——有枫林遍布、温彩流丹，有梨园落英、轻纱素裹，有苍松翠柏、峰峦滴翠，有杨柳依依、婀娜多姿——植物花色、叶色的变化以及花形、叶形差异被巧妙地加以利用，力求与周围的建筑、水体、山石巧妙地结合，看似随意点置，实则独具匠心。可以说，造园者对园林景观中的每一细节都作了细致的推敲，如图2-5是苏州留园的石林小院，透过漏窗可以看到"湖石倚墙，芭蕉映窗"的景象，令人惊叹造园者是如何构思的，能够刻画出如此绝妙的景致。再如扬州何园片石山房中的"水中月、镜中花"，利用山石叠出孔洞，借助光学原理在水中形成"月影"，景墙上设镜面，相对处栽植紫薇等植物，镜中影像似真似幻，虚实难辨，如图2-6所示，这一处景观无论是在景观布置上还是组景构思上都巧妙绝伦，不仅令人赏心悦目，而且富于哲理，耐人寻味。

中国古典园林植物配置的特点及其深层次的文化内涵，都值得我们进行深入的思考和研究，以便更好地理解古人的设计方法，做到古为今用。

图2-5 留园石林小院——湖石倚墙，芭蕉映窗

图2-6 扬州何园片石山房中的"水中月、镜中花"

二、中国传统文化对植物造景的影响

（一）哲学思想——天人合一

在漫长的历史进程中，中国传统的文化思想渗透到社会的方方面面，也包括植物造景。其中，"天人合一"的哲学思想与朴素的自然观成为造园者们遵循的重要原则。"天人合一"反映了人对自然的认识，也体现了中国传统的崇尚人与自然和谐共生的可持续发展的生态观。在这种质朴的哲学思想的指引下，返璞归真、向往自然成为一种风尚。如图2-7中《辋川图》描绘的是唐·王维（701—761）的辋川别业①，是山林景致与人类居所浑然一体的经典之作。

图2-7 唐·王维《辋川图》局部

在中国传统哲学思想，尤其在"天人合一"思想的指导下，中国古典园林经历了从"走进自然，到模仿自然，再到神形兼备"的过程。在植物景观创造方面，古人借自然之物、仿自然之形、遵自然之理，而造自然之神，从而达到物与我、彼与己、内与外、人与自然的统一，创造"清水出芙蓉，天然去雕饰"之美。比如留园西部土山（图2-8），以秋叶树种枫香、鸡爪槭为主，突出秋季景观。除此之外，夹竹桃、迎春、桃、梅等小灌木作为搭配，柳、梧桐作点缀。枫香高大、鸡爪槭矮小，加之间距较大，两者生长互不干扰，花灌木处于林下或者林缘，也没有出现种间竞争的状况。整个景观"密中有疏，大小相间，高低错落，虽有人作，宛自天开"。

（二）文学、绘画——诗情画意

中国古代的文学、绘画对于植物配置也产生了深远的影响，其中绘画中的"三境界"观——生境、画境、意境——对植物造景的影响最大。中国山水画借笔墨以写天地，强调"外师造化，中得心源"，注重神似，而在植物景观的创造中，便可运用"神似"的画理，结合植物文化的内涵来塑造自然风光，创造的不仅是景，还有"境"——"意境"，正所谓"凡画山水，意在笔先"。因此，中国古典园林中的植物景观注重"写意方能

①辋川别业是唐代诗人兼画家王维（701—761）于辋川山谷（兰田县西南10余公里处）以宋之问辋川山庄为基础营建的园林，今已湮没。后人仅能够根据传世的《辋川集》中王维和同代诗人裴迪所赋绝句，以及对照后人所摹的《辋川图》想象出其中的景致。

图2-8　留园西部景区的植物景观

传神"，植物不仅仅为了绿化，而且还力求能入画，要具有画意，正如明代文人兼画家茅元仪所述，"园者，画之见诸行事也[①]"。因此，江南私家园林中经常可见以白墙为纸，竹、松、石为画，有时还会结合漏窗、门洞等形成框景，以求在狭小的空间中创造淡雅的国画效果。"修竹数竿，石笋数尺"而"风中雨中有声，日中月中有影，诗中酒中有情，闲中闷中有伴[②]"，这种洒脱在中国古典园林中表现得淋漓尽致（图2-9）。

图2-9　中国古典园林的画意——粉墙为纸，植物为画

①明代文人茅元仪在观赏其友郑元勋的影园后说："园者，画之见诸行事也。"意思是说，此园就是将画中的景物再现于现实中。

②此句语出郑板桥《板桥题画竹石》，全文是："十笏茅斋，一方天井，修竹数竿，石笋数尺，其地无多，其费亦无多也。而风中雨中有声，日中月中有影，诗中酒中有情，闲中闷中有伴，非唯我爱竹石，即竹石亦爱我也。彼千金万金造园亭，或游宦四方，终其身不能归享。而吾辈欲游名山大川，又一时不得即往，如何一室小景，有情有味，历久弥新。"

　　再如扬州个园为烘托四季假山，春景配竹子、迎春、芍药、海棠；夏山有蟠根垂蔓，池内睡莲点点；山顶种植广玉兰、紫薇等高大乔木，营造浓荫覆盖之夏景；秋景以红枫、四季竹为主；冬山则配置斑竹和梅。个园利用不同的石材和植物，将春夏秋冬四季、东南西北四方完美地融合于这一狭小天地，表达出"春山艳冶而如笑，夏山苍翠而如滴，秋山明净而如妆，冬山惨淡而如睡"的诗情画意，如图2-10。

（a）春山

（b）夏山

（c）秋山

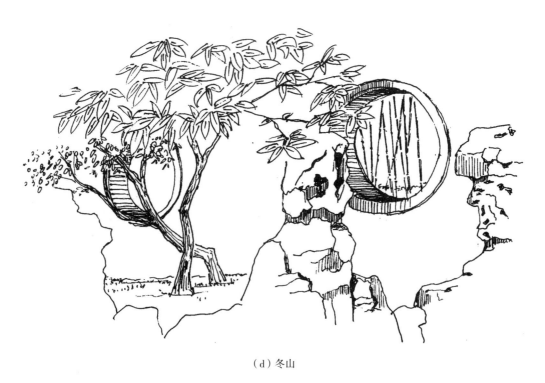

（d）冬山

图2-10　扬州个园四季假山及其植物景观效果

　　植物成片栽植时讲究"两株一丛要一俯一仰，三株一丛要分主宾，四株一丛则株距要有差异"。这些同样源自画理，如此搭配自然会主从鲜明、层次分明。如图2-11、图2-12所示，苏州拙政园岛上的植物配置讲究高低错落、层次分明，植物种植以春梅、秋橘为主景，樟、朴遮阴为辅，常绿松柏构成冬景，为了增加景观的层次感，植物的高度各有不同，栽植的位置也有所差异，樟、朴居于岛的中部、上层空间，槭、合欢等位于中层空间，梅、橘等比较低矮的植物位于林缘、林下空间，无论隔岸远观，还是置身其中，都仿佛画中游一般。

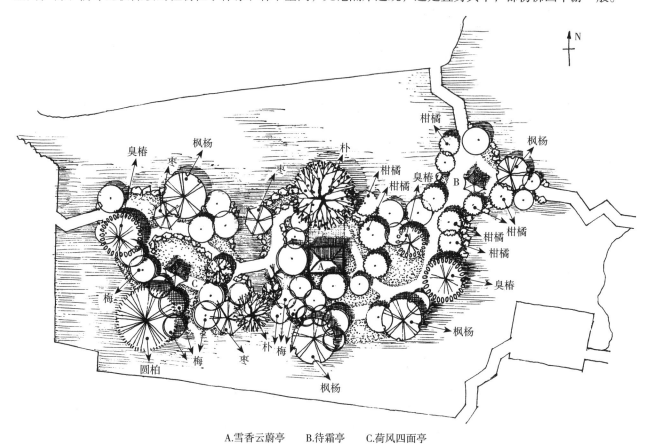

A.雪香云蔚亭　　B.待霜亭　　C.荷风四面亭

图2-11　苏州拙政园中部山岛植物配置平面图

图2-12　苏州拙政园雪香云蔚亭周边植物景观效果

　　明代陆绍珩曾说过："栽花种草全凭诗格取材。"也就是说，植物配置要符合诗情，具有文化气息，因此中国古典园林中很多景观因诗得名、按诗取材。比如苏州拙政园东入口处的"兰雪堂"，此处的兰指的是玉兰，取自李白的"春风洒兰雪"的句意而命名，根据诗意周围种植了大量的玉兰。拙政园小沧浪东北侧的"听松风处"以松为主，取自《南史·陶弘景传》："特爱松风，庭院皆植松，每闻其响，欣然为乐。"再如拙政园的"留听阁"，如图2-13所示，周围种植柳、樟、榉、桂、紫薇等植物，水中种植荷花，而"留听"两字语

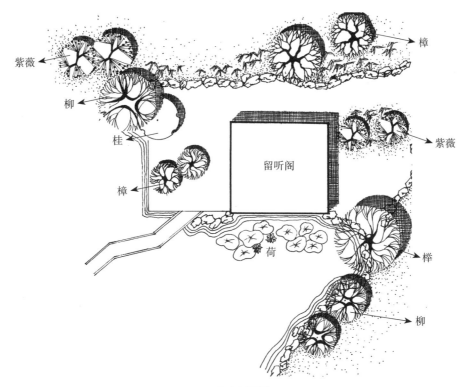

（a）平面图

（b）景观效果

图2-13　苏州拙政园留听阁及其周边环境平面图

出唐代李商隐《宿骆氏亭寄怀崔雍崔衮》："秋阴不散霜飞晚，留得枯荷听雨声。"游人借枯荷、听天籁，将身心融入到天地自然之中，从而感受到秋色无边、天地无限，植物、题名、诗词三者相映生辉。

一句"落霞与孤鹜齐飞，秋水共长天一色"，不仅写出了无限秋色，更写出了难以言尽的情感，令人回味无穷。诗词歌赋、楹联匾额拓宽了园林的内涵和外延，使园林景观产生"象外之象、景外之景"。因此自古以来，美景与文学就成为永恒的组合，既有因文成景的，也有因景成文的，正如曹雪芹在《红楼梦》中所述："偌大景致，若干亭榭，无字标题，任是花柳山水，也断不能生色。"很多著名的景点就是根据植物进行命名，而又因其富于诗意的题名或楹联而闻名于世的。比如著名的承德避暑山庄72景中，以树木花卉为风景及其题名的有：万壑松风、松鹤清樾、梨花伴月、曲水荷香、清渚临境、莆田丛樾、松鹤斋、冷函亭、采菱渡、观莲所、万树园、嘉树轩和临芳墅等18处之多。再如苏州留园的"闻木樨香轩"，周围遍植桂花，漫步园中，不见其景，先闻其香，"闻木樨香轩"利用桂花的香气创造了一种境界，而令其闻名于世的不仅在此，还在于景点的题名及其楹联——"奇石尽含千古秀，桂花香动万山秋"①，点明此处怪岩奇石、岩桂飘香的迷人景象。诸如此类的景观，在中国古典园林中不计其数，表2-3中仅提供一些以植物命名的景点名称，设计师在景点命名时不妨参考一下。

表2-3   植物景点命名举例

植物名称	景点名称
梅	问梅阁（狮子林）暗香疏影楼（狮子林）南雪亭（怡园）雪香云蔚亭（拙政园）香雪海（苏州光福邓尉山）冷香亭（上海梅园）
松	万壑松风（避暑山庄）松鹤清樾（避暑山庄）松鹤斋（避暑山庄）听松风处（拙政园）万松书院（杭州西湖）
荷花	远香堂（拙政园）曲水荷香（避暑山庄）曲院风荷（杭州西湖）留听阁（拙政园）观莲所（避暑山庄）香远益清（避暑山庄）芙蓉榭②（拙政园）
枇杷	枇杷园（拙政园）嘉实亭（拙政园）
玉兰	兰雪堂（拙政园）玉兰堂（拙政园）
桂花	闻木樨香轩（留园）清香馆（沧浪亭）小山丛桂轩（网师园）金粟亭（怡园）木樨廊（耦园）储香馆（耦园）唐桂堂（兴福寺）展桂堂（昆山）飞香径（集贤圃）丛桂轩（藤溪草堂）桂花坪（依绿园）桂隐园（钱氏三园）桂墅（隐梅庵）金粟草堂（辟疆小筑）天香秋满（退思园）
海棠	海棠春坞（拙政园）海棠烟雨公园（重庆）
柳	柳浪闻莺（杭州西湖）桃霞烟柳（徐州云龙山）
桃	桃源春晓（浙江台州天台山）桃霞烟柳（徐州云龙山）
竹	绿漪亭（拙政园）翠玲珑（沧浪亭）倚玉轩（拙政园）梧竹幽居亭（拙政园）
杏	春山杏林（北京八大处）杏花春雨（徐州云龙山）
梨	梨花伴月（避暑山庄）
橘	待霜亭（拙政园）

古典园林的造园技法因循画理、诗格，而反过来每一处景观又都是一幅画、一首诗，诗情画意之中，景观也就超越了三维的空间，这就是中国古典园林的独到之处——意境的创造。前面提到的"闻木樨香轩"就是一个典型的例子，"闻木樨香"典出《五灯会元·太史黄庭坚居士》，据记载黄庭坚信佛，但常常无法参悟其中的道理，就向高僧晦堂请教，晦堂说："禅道无隐，全在体味中。"但黄庭坚仍然无法理解，于是大师就带他在桂花林中散步，晦堂问他："闻到木樨花香了吗？"黄庭坚答道："闻到了。"晦堂便道："禅道就如同木樨花香，上下四方无不弥漫，所以无隐。"黄庭坚这才明白禅的真谛。在"上下四方无不弥漫"的花香中，空

———————

①上联取自罗邺诗，咏叠石之秀美。魏晋士大夫崇尚玄学，求高雅，尚清淡，搜寻奇石置于闲庭，成为一时风气。石头蕴含着太古的历史风云，罗诗确切地表达了这种意趣，故无锡掇英堂、贵州莲花亭均取以为楹联。下联取明谢榛《中秋宴集》诗句："江汉光翻千里雪，桂花香动万山秋。"

②芙蓉榭是拙政园东部一方形歇山顶临水风景建筑，位于主厅兰雪堂之北，大荷花池尽东头。水中植荷，荷又名芙蓉，小榭之名也由此而来。

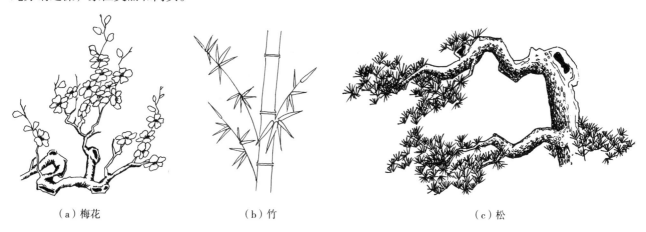

间已经由小小的庭院扩展开来，在周围逐渐地弥漫开来，而古典园林中的意境也正如这弥漫开来的花香一般让人回味、让人感悟！

三、中国古典园林中植物的文化内涵

长久以来，植物不仅仅是观赏的对象，还成为古人表达情感、祈求幸福的一种载体。借物言志是古人含蓄表达的一种方式，许多植物也被赋予了一定的寓意，其间有人们的好恶，有人们的追求和梦想。看似简单的植物材料也蕴含着深层次的内涵。比如古人将花卉人格化，以朋友看待，就有了花中十二友：芳友——兰花，清友——梅花，奇友——蜡梅，殊友——瑞香，佳友——菊花，仙友——桂花，名友——海棠，韵友——茶花，净友——莲花，雅友——茉莉，禅友——栀子，艳友——芍药。正如古人所说的："与菊同野，与梅同疏，与莲同洁，与兰同芳，与海棠同韵，定自称花里神仙。"[①]

（一）植物的寓意

古人根据植物的生长习性，再加上丰富的想象，赋予植物以人的品格，这使得植物景观不仅仅停留于表面，而且具有深层次的内涵，为植物配置提供了一个依据，也为游人提供了一个想象的空间。

古典园林中常用植物（图2-14）及其象征寓意如下：

（1）梅花——冰肌玉骨、凌寒留香，象征高洁、坚强、谦虚的品格，给人以立志奋发的激励。

（2）竹——"未曾出土先有节，纵凌云处也虚心"，被喻为有气节的君子，象征坚贞，高风亮节，虚心向上。

（3）松——生命力极强的常青树，象征意志刚强，坚贞不屈的品格，也是长寿的象征。

（4）兰花——幽香清远，一枝在室，满屋飘香，象征高洁、清雅的品格。

（5）水仙——冰肌玉骨，清秀优雅，仪态超俗，雅称"凌波仙子"，象征吉祥。

（6）菊花——凌霜盛开，一身傲骨，象征高尚坚强的情操。

（7）莲花——"出淤泥而不染，濯清涟而不妖，中通外直"，把莲花喻为君子，象征圣洁。

（8）牡丹——端丽妩媚，雍容华贵，兼有色、香、韵三者之美，象征繁荣昌盛、幸福和平。

（9）蔓草——蔓即蔓生植物的枝茎，由于它滋长延伸、蔓蔓不断，因此人们寄予它有茂盛、长久的吉祥寓意，蔓草纹在隋唐时期最为流行，后人称它为"唐草"。

（10）藻纹——藻是水草的总称，藻纹是水草和火焰之形，古时用作服饰，古代帝王皇冠上盘玉的五彩丝绳亦谓之藻，象征美丽和高贵。

（a）梅花	（b）竹	（c）松

①此句出自留园五峰仙馆北厅，由清代苏州状元陆润庠手笔的对联："读书取正，读易取变，读骚取幽，读庄取达，读汉文取坚，最有味卷中岁月；与菊同野，与梅同疏，与莲同洁，与兰同芳，与海棠同韵，定自称花里神仙。"将四书五经与花木联系，表达主人的志向。

注：有关植物文化内涵的具体内容参见附录一。

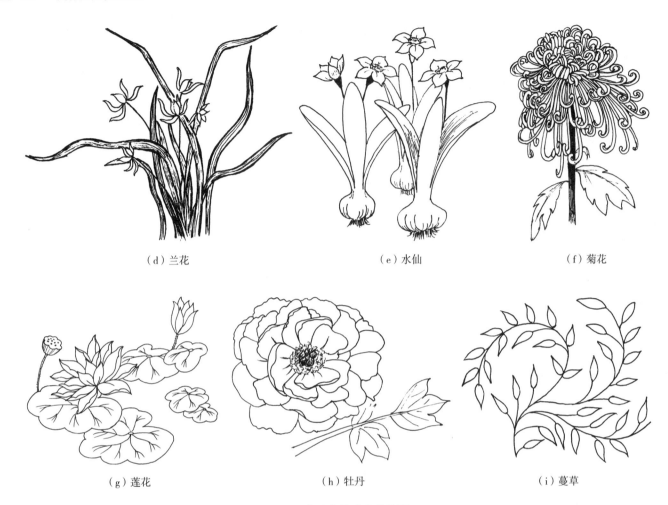

（d）兰花　　　　　　　　（e）水仙　　　　　　　　（f）菊花

（g）莲花　　　　　　　　（h）牡丹　　　　　　　　（i）蔓草

图2-14　中国古代常用植物图示

（二）植物配置的传统

关于植物配置在民间还流传着一些习俗和禁忌，这不仅是民俗文化的一部分，而且很多内容与现代生态学理论、植物学理论相吻合。这里选取一些内容（表2-4），供设计师参考。

表2-4　植物配置与中国民间习俗

	传统的植物配置方式
经典组合	梅花清标韵高，竹子节格刚直，兰花幽谷品逸，菊花操介清逸，喻为"四君子"； 松、竹、梅配置在一起，称为"岁寒三友"； 玉兰、海棠、桂花相配，示意"玉堂富贵"； 玉兰、海棠、迎春、牡丹、芍药、桂花象征"玉堂春富贵"。
自然组合	集中种植某一种植物成为专类花园，如西汉上林苑中的扶荔宫，宋代洛阳的牡丹园，明清时代园林中的枇杷园、竹园、梨香院、芭蕉坞等； 植物成片栽植，并与自然山水结合，如万松岭、樱桃沟、桃花溪、海棠坞、梅影坡、芙蓉石等。
民谚俗语	东种桃柳，西种榆，南种梅枣，北杏梨； 栽梅绕屋，堤弯宜柳、槐荫当庭、移竹当窗、悬葛垂萝； 榆柳荫后圃，桃李罗堂前； 内斋有嘉树，双株分庭隅。
禁忌	忌门、窗前立杆或立树； 忌庭院中心立树木； 忌大树遮门窗； 忌大树下建小屋； 忌在门、窗视野内种植造形诡异的植物，如：痈肿怪树、朽枯空心树、藤缠"缢颈树"、歪头倾斜树等。

第二节　外国古典园林的植物配置

一、西亚古典园林

西亚园林是指包括古埃及、古巴比伦、古波斯在内的西亚各国园林形式。由于气候炎热干燥，人们希望拥有自己的"绿洲"，因此水景、植物就成了西亚园林中不可缺少的元素。但与东方园林不同，西亚园林中的水体、植物栽植多采用规则式。此后，随着贸易、征战，这种园林形式又传入欧洲，逐步被欧洲人所接受，并影响到欧洲园林的发展。

（一）古埃及园林

在古埃及人的眼中，树木是奉献给神灵的祭祀品，他们在圣殿、神庙的周围种植了大片的林木，称为圣林，古埃及人引尼罗河水细心浇灌这些植物，用以表达对神灵的崇敬，这样的园林形式被称为圣苑。另一种与宗教有关的园林形式是古埃及的墓园（Cemetery garden），其以金字塔为中心，以祭道为轴线，规则对称地栽植椰枣、棕榈、无花果等树木，形成庄重、肃穆的氛围。

古埃及的王孙贵族还为自己建造了奢华的私人宅园，随着岁月流逝，很多实物已不复存在，但从古埃及墓画中可见一斑，图2-15是古埃及阿米诺三世时期石刻壁画，画中描绘的是某大臣宅园的平面图，图2-16是根据壁画绘制的效果图，可见庭院临水而建，平面方正对称，中央设葡萄架，两侧对称布置矩形水池，周围整齐地栽种着棕榈、柏树或者果树，直线形的花坛中混植虞美人、牵牛花、黄雏菊、玫瑰、茉莉等花卉，边缘栽植由夹竹桃、桃金娘组成的绿篱，这可以看作是世界上最早的规则式园林。

古埃及的植物种类、栽植方式多种多样，如行道树、庭荫树、水生植物、盆栽植物（桶栽植物）、藤本植物等。初期多以树木为主，后期受古希腊园林的影响，引进大量的花卉品种。植物栽植都采用规则式，强调

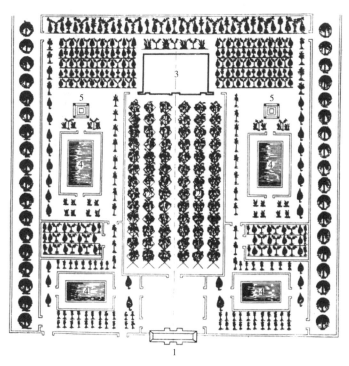

1.入口　2.葡萄架　3.住宅建筑　4.水池　5.凉亭

图2-15　古埃及宅园平面图
（引自［日］针之谷钟吉《西方造园变迁史》）

图2-16　古埃及宅园复原效果图

人工的处理，表现出古埃及人对自然的征服。在功能方面，植物不仅用于遮阴，减少水分蒸发，也用来划分空间，这与伊斯兰园林（Islamic garden）不谋而合。

（二）古巴比伦的空中花园（Hanging Garden）

古巴比伦王国位于幼发拉底河和底格里斯河之间的美索不达米亚（Mesopotamian）平原，是人类文明的发源地之一。古巴比伦王国的园林形式包括猎苑、圣苑、宫苑三种类型。猎苑与中国最初的园林形式——囿比较相似，除了原始的森林之外，苑中还种植意大利柏、石榴（*Punica granatum*）、葡萄（*Vitis vinifera* L.）等植物以及放养各种动物。圣苑是由庙宇和圣林构成，与古埃及相同，古巴比伦人同样认为树木是神圣的，所在庙宇的周围行列式栽植树木，即圣林。

古巴比伦宫苑中最为经典的就是被誉为世界七大奇迹之一的空中花园（Hangding Garden，图2-17）。公元前614年，国王尼布甲尼撒二世（Nebudchadrezzar Ⅱ，公元前604—公元前562）为缓解王后安美依迪丝（Amyitis）的思乡之情，特地在地势平坦的巴比伦城建了一座边长120多米，高25m的高台，高台分为上、中、下三层，一层一层地培上肥沃的泥土，种植许多奇花异草，并利用水利设施引水灌溉。种植的花木、藤本植物遮挡住了承重柱、墙，远看花园好像悬在空中，如同仙境一般，因此被称为"空中花园"，或者"悬园"。空中花园与现代园林中的屋顶花园类似，在植物选择、栽植、灌溉以及建筑物的防水、承重等方面都有着较高的技术要求，由此可见当时的建筑、园林、园艺、水利等方面已具有较高的水平。

图2-17　古巴比伦空中花园复原图

（三）伊斯兰园林（Islamic garden）

伊斯兰园林是世界三大园林体系之一，是以古巴比伦和古波斯园林为渊源，十字形庭园为典型布局方式，即庭院中十字形道路构成中轴线，将全园分割成四区，园林中心，十字形道路交会点布设水池，象征天堂，水、凉亭、绿树荫是庭院最主要的构成要素，植物多采用规则式栽植并修剪整形，如图2-18。这样的布局一方面是由于地处干旱沙漠的环境，气候干燥；另一方面也源自波斯人的宗教信仰和意识形态——在他们心目中天堂就是一个大花园，里面有潺潺流水、绿树鲜花——每一处花园就是他们自己的"天堂乐园"。

此后波斯风格被继承下来，流传到北非、西班牙、印度，如西班牙阿尔汉布拉宫（Alhambra Palace，图

2-19）、最主要的庭院——桃金娘中庭（Patio de los Arrayanes，图2-20）和狮庭（Patio delos Leones），其中桃金娘中庭中央是一反射水池，沿水池旁侧是两列桃金娘[①]树篱，中庭的名称也因此得名。

　　17世纪，印度成为莫卧尔（Mughal）帝国所在地，莫卧尔帝国的领导人巴布尔带来了波斯风格的园林，但由于地域、气候、文化等有所差异，莫卧尔园林和其他伊斯兰园林有一个重要区别在于植物的选择上，由于多数伊斯兰国家地处沙漠，其园林通常如沙漠中的绿洲，因而多选择多花的低矮植株，而莫卧尔园林中则有多种较高大，且较少开花的植物，如图2-21（b）印度的泰姬陵[②]（Taj Mahal）。由此可见，即使同一类型的园林，由于所处地区不同，植物的选择及其搭配方式也有所不同，也因此创造出了独具地方特色的景观效果。

二、欧洲古典园林

（一）古希腊园林

　　从可考的历史看，欧洲园林始于古希腊。古希腊园林的最初形式为果蔬园，据荷马史诗记载，古希腊庭院中规则式栽植了大量的果树，如梨、栗、苹果、葡萄、无花果、石榴、橄榄树等以及各种蔬菜，园中还设有喷泉等水法。公元5世纪，希腊人接触到波斯的造园艺术，将两国的园林风格进行了融合，果蔬园变成了以装饰性为主

图2-18　壁画中的古波斯园林

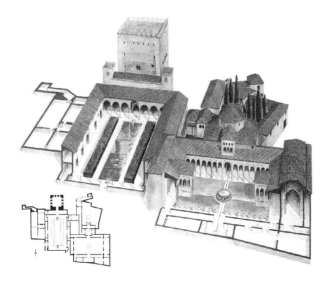

图2-19　西班牙阿尔汉布拉宫（Alhambra Palace）鸟瞰图

图2-20　桃金娘中庭（Patio de los Arrayanes）

---

　　①桃金娘（*Rhodomyrtus tomentosa* (Ait.) Hassk.）：为矮小常绿灌木，高1～2米，聚伞花序，花先白后红、玫瑰红、紫红色，同株花色变化大，红白相间，花期可达2个多月。枝干韧性强，可以制作盆景或在庭园中丛植或片植，是具有良好的绿化美化效果的野生花卉。
　　②泰姬玛哈陵（Taj Mahal）：亦称泰姬陵，是莫卧尔第五代君主沙·贾汗（Shah Jahan）为其皇后慕塔芝·玛哈（Mamtaz Mahal）修建的陵墓。自1633年开始，耗时20多年，耗资500万卢比，2万名工匠共同参与修建，印度的泰姬陵是世界七大建筑奇迹之一。

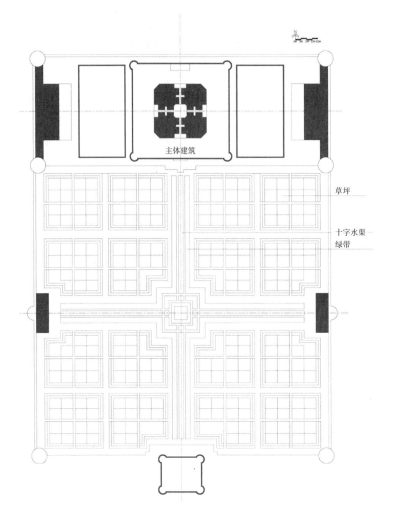

草坪

十字水渠
绿带

主体建筑

（a）平面图

（b）景观效果

图2-21　伊斯兰园林的代表——泰姬陵

的庭院，因周围环以柱廊，又称为柱廊园（Peristyle garden）。柱廊园中庭设有喷泉、雕塑，庭院中整齐的栽种柳、榆、柏、夹竹桃以及由花卉组成的花圃，如图2-22所示。

图2-22　古希腊柱廊园（Peristyle garden）

古希腊园林大量运用花卉材料，尤其是蔷薇被广泛地应用于园林绿化、室内装饰、切花等方面，虽然品种不多，但也培育出了一些重瓣品种。在提奥佛拉斯特所著的《植物研究》一书中，论述了蔷薇的品种及栽培方法，除此之外还记载了500多种常用植物，如三色堇（*Viola tricolor* Linn）、荷兰芹（*Petroselinum crispum*）、罂粟（*Papaver somniferum* L.）、番红花（*Corcus sativus* L.）、风信子（*Hyacinthus orientalis* L.）、百合（*Lilium brownii var.viridulum* Baker）、山茶（*Camellia japonica* L.）、桃金娘（*Rhodomyrtus tomentosa* (Ait.) Hassk.）、紫罗兰（*Matthiola incana* (L.) R. Br.）等。

此外，古希腊还非常重视公共园林绿化，圣殿、运动场、广场等处都有植物种植。值得一提的是，根据雅典著名政治家西蒙（Simon，公元前510—公元前450）的建议，在雅典的大街上栽植悬铃木作为行道树，这也是欧洲有记载以来最早的行道树。

（二）古罗马园林

古罗马园林最初以生产为主，栽植果树、蔬菜、香料和调料等，后期继承古希腊、古埃及的园林艺术和西亚园林的布局特点，发展形成独具特色的别墅花园。古罗马的别墅花园常选在山坡上和海岸边，利用自然地形，以便借景，布局采取规则式，庭院中设置木格棚架、藤架、草地覆被的露台等；同希腊人一样，罗马人热衷于花卉装饰，庭院中除了几何形花台、花坛，还出现了蔷薇专类园和迷园等形式。

古罗马的园艺技术也大为提高，果树按五点式、梅花形或"V"形种植，起装饰作用，植物（常用黄杨、紫杉和柏树等）常常被修剪成绿色雕塑（Topiary）等。著名诗人维吉尔在诗歌中描述理想中的田园世界，还告诫人们种植树木应考虑其生态习性及土壤要求，如白柳宜种河边，赤杨宜种沼泽地，石山上宜植栲，桃金娘宜种岸边，紫杉可抗严寒的北风等。著名作家老普林尼（Pliny，公元23—89）在他的《博物志》中描述了约1000种植物。古罗马园林中常用植物品种有悬铃木（*Platanus occidentalis* L.）、桃金娘（*Rhodomyrtus tomentosa* (Ait.) Hassk.)、月桂（*Laurus nobilis* Linn）、黄杨（*Buxus sinica*）、刺老鼠簕（*Acanthus spinosa*）、地中海柏木（*Cupressus sempervirens*）、洋常春藤（*Hedera helix*）、柠檬（*Critrus* spp.）、薰衣草（*lavandula pedunculata*）、薄荷（*Mentha haplocalyx*）、百里香（*Thymus mongolicus*）等。

罗马人将希腊园林传统和西亚园林的影响融合到罗马园林之中，对后世欧洲园林的影响更为直接，此后欧洲园林就一直沿袭着几何式园林的发展道路，大多数古典园林是方方正正，整齐一律，均衡对称，通过人工处理追求几何图案美，即使是植物景观，也要按照人的意志塑造树形，让其具有明显的人工痕迹，这也成为欧式园林植物景观的典型特征。

（三）意大利的台地园（Terrace garden）

意大利地处地中海亚平宁半岛，夏季炎热干旱，冬季温暖湿润，三面为坡，只有沿海一线为狭窄的平原，这种地理条件和气候造就了意大利特有的园林白杨形式——台地园（Terrace garden）。文艺复兴时期，意大利的佛罗伦萨、罗马、威尼斯等地建造了许多别墅园林，建在坡地顶部的房屋作为景观主体及确定中轴的依据，利用地势形成多层台地，设置多级跌水，两侧对称布置整形的树木、植篱及花卉，以及大理石神像、花钵、雕塑等，庄园的外围是树木茂密的林园。

台地园在地形整理、植物修剪和水法技术方面都有很高成就，佳作层出不穷，如文艺复兴早期的美第奇庄园①（Villa Medici）、中期巴洛克（Barogue）风格的经典之作埃斯特庄园②（Villa d'Este，图2-23）、后期的加尔佐尼庄园③（Villa Garzoni，图2-24）等，无不显示出造园者聪明智慧和娴熟技艺。

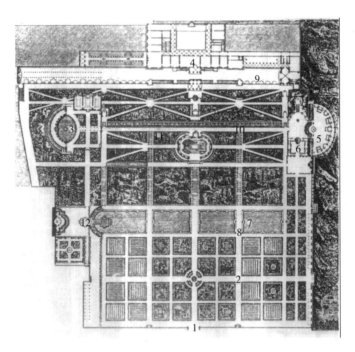

（a）埃斯特庄园（Villa d'Este，1550）平面图
1.主入口　2.台地　3.喷泉　4.主体建筑　5.馆舍　6.洞窟　7.跌水
8.桥　9.顶层平台　10.百泉台　11.台阶　12.水风琴

①美第奇庄园（Villa Medici）：庄园建于1458—1462年间，位于菲埃索罗丘陵中一个朝阳的山坡上，是为乔万尼（Giovanni de Medici）建造的一座乡间别墅。庄园依山势建造三个台地，建筑位于最高台地的西侧。美第奇庄园是至今保存最完整的文艺复兴初期的庄园之一。

②埃斯特庄园（Villa d'Este）：建于1550年，是罗马红衣主教埃斯特（Este）在罗马郊区蒂沃利（Tivoli）的庄园，由建筑师利戈里奥设计，全园面积4.5公顷，园地近似方形。全园分为6个台层，上下高差近50米。

③加尔佐尼庄园（Villa Garzoni）：17世纪，罗马诺·加尔佐尼（Romano Garzoni）邀请建筑师奥塔维奥·迪奥达蒂（Ottavio Diodati）在小城克罗第附近建造的一座庄园，一个世纪后，罗马诺·加尔佐尼的孙子才完成花园的最终建设。

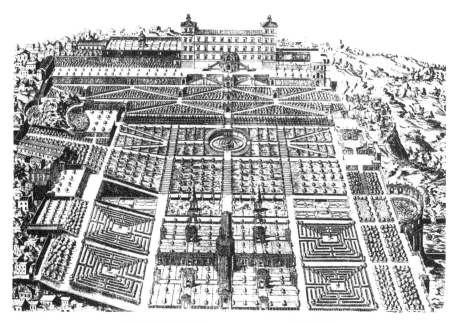

（b）埃斯特庄园（Villa d'Este，1550）效果图

图2-23　埃斯特庄园（Villa d' Este，1550）

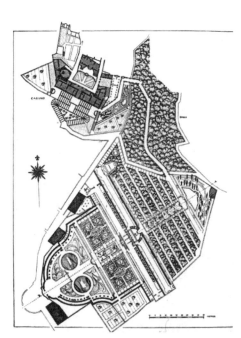

（a）加尔佐尼庄园（Villa Garzoni，1652）平面图

（b）加尔佐尼庄园精美的花坛

（c）加尔佐尼庄园中轴对称的布局

图2-24　加尔佐尼庄园（Villa Garzoni，1652）

受到当地气候条件的影响，意大利园林中往往选择绿色植物，而尽量避免使用一些色彩鲜艳的花卉，以便使人们在视觉上有清凉、宁静之感。高耸的意大利丝柏（*Cupressus sempervirens*）是意大利园林中的标志性植物，如图2-25，常常用于道路绿化，或者作为建筑、喷泉的背景与框景，树冠伞形的石松（*Lycopodium japonicum* Thunb.）常与其搭配，形成视觉上的对比。阔叶树常用悬铃木（*Platanus occidentalis* L.）、七叶树（*Aesculus chinensis*）等。灌木则以月桂（*Laurus nobilis* Linn.）、冬青（*Ilex purpurea* Hassk.）、黄杨（*Buxus sinica*）、紫杉（*Taxus cuspidata*）等为主。

图2-25　高耸的意大利丝柏是意大利园林中的标志性植物

意大利台地园的最主要特点是所有的一切，包括植物，都做到了"图案化"。比如绿丛植坛就是用黄杨（*Buxus sinica*）等耐修剪的植物修剪成矮篱，在方形的场地中组成各种图案、花纹、文字或者家族的徽章等，这种装饰性的图案植坛往往被设在低层的台地上，以方便游人在高处俯瞰整体效果，如兰特庄园（Villa Lante）的黄杨绿丛植坛（图2-26）。为了使规则的植坛与自然的树丛

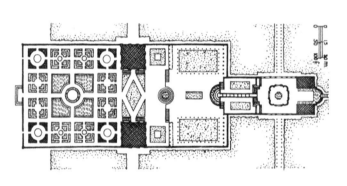

（a）兰特庄园（Villa Lante）平面图

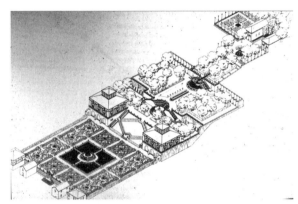

（b）兰特庄园（Villa Lante）鸟瞰图

（c）兰特庄园（Villa Lante）中黄杨剪型植坛

图2-26　兰特庄园（Villa Lante）及其黄杨组成的绿丛植坛

之间形成自然的过渡，造园者经常在方形的地块中规则式栽植未经修剪的乔木，组成 "树畦"，使园景与自然山林融合。除了露地栽植之外，意大利园林中还常将柑橘、柠檬等果树栽植在陶盆中，摆放在道路两侧、庭院角隅等处，植物叶、果乃至容器都作为景观的观赏点。

另外，在意大利园林中，植物不仅是造景材料，还被作为建筑材料加以使用，我们看到的矮墙、栏杆、佛龛、拱门、剧场的幕布，乃至雕塑等都是由植物修剪而成的。如图2-27所示，利用高大的耐修剪的植物修剪成树墙，常常作为水体、喷泉、雕塑以及露天舞台等的背景，有时绿墙上还留有壁龛，在其中设置雕像。再或者利用植物绿篱形成的植物迷宫，称之为迷园（Labyrinth或Maze Gardens），迷园的中心设置景亭或修剪成奇特形状的树木，如图2-28所示。

图2-27　意大利园林中利用植物修剪的树墙

图2-28　迷园

意大利台地园中，方正、对称、图案化的植物给人印象最深，但这一切并不显得单调，那是因为设计师合理选用了多种植物，并采用了多种栽植形式，而且更为关键的是植物景观与地形、建筑、自然山林都很好地融合，形成一个整体。

（四）法国的平面图案式园林（Flat Parterre Garden）

17世纪，意大利园林传入法国，法国人结合本国地势平坦的特点将中轴线对称的园林布局手法运用于平地造园。17世纪后半叶，造园大师勒·诺特（Andre Le Notre，1613—1700）的出现，标志着勒·诺特园林，即平面图案式园林（Flat Parterre Garden）的开始。随着1661年路易十四（Louis XIV，1638—1715）凡尔赛宫苑的兴建，这种几何式的欧洲古典园林达到了巅峰。

凡尔赛宫苑（Versailles Palace）是欧洲最大的皇家花园，占地1600公顷，耗时26年之久，宫苑包括 "宫"和 "苑" 两部分。广大的林苑区在宫殿建筑的西面，由著名的造园家勒·诺特设计规划。作为法国园林的典范，凡尔赛宫苑通过巨大的尺度体现了皇家恢宏的气势，如图2-29中平面图所示，宫苑的中轴线长达2km，两侧大片的树林把中轴线衬托成一条宽阔的林荫大道。林荫大道东端开阔平地上则是左右对称布置的几组大型的 "绣毯式植坛"，如图2-30所示。苑内大运河长1650m，宽62m，横臂长1013m……除了一系列大尺度的运用，勒·诺特还在宫苑中设置了14个主题、风格各不相同的小林园，他在林荫道两侧的树林里开辟出许多笔直交叉的小林荫路，它们的尽端都有对景，因此形成一系列的视景线（Vista），故此种园林又叫作视景园（Vista Garden）。

尽管都属于几何式图案化园林形式，法国园林的植物景观比意大利园林更为复杂、丰富，气势更为磅礴。法国园林中主要的植物景观类型有以下几种。

（1）丛林：由于法国雨量适中，气候温和，落叶阔叶树种较多，故常以落叶密林为背景，使规则式植物

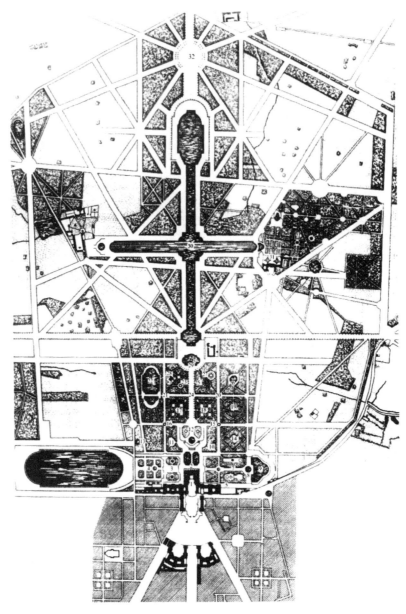

图2-29　法国凡尔赛宫苑（Versailles Palace）平面图

景观与自然山林相互融合，这是法国园林艺术中固有的传统。

（2）植坛：法国园林中广泛采用黄杨或紫杉组成复杂的图案，并点缀以整形的常绿植物，如图2-31所示。

（3）花坛：法国园林中花卉的运用比意大利园林丰富，前者常利用鲜艳的花卉材料组成图案花坛，并以大面积草坪和浓密的树丛衬托华丽的花坛。法国园林中花坛的种类繁多，其中刺绣花坛（Parterre）最为经典——这种瑰丽的模纹花坛像在大地上做刺绣一样，所以当时把这种模纹花坛叫作刺绣花坛。其开创者是法国的克洛德·莫莱（Claude·Mollet，1535—1604），他模仿衣服上的刺绣花边设计花坛，花坛除了使用花草、黄杨外，还大胆使用彩色页岩或沙子作底衬，装饰效果更强烈。图2-32是沃·勒·维贡特城堡花园①（Vaux-le-Vicomte Garden，1656—1661）的刺绣花坛图案，花坛由旋涡状图案植坛、草地、花结和花丛等组成四个对称

①沃·勒·维贡特城堡花园（Vaux-le-Vicomte Garden，1656—1661），是为马萨林（Mazarin）时期的财务大臣尼古拉·富凯（Nicolas Fouquet）所建。该花园是勒·诺特的成名之作，标志着法国古典园林走向成熟。不幸的是，园主尼古拉·富凯因这一奢华美丽的花园遭到路易十四的妒忌而入狱。

图2-30 法国平面图案式园林效果图

图2-31 法国古典园林中的黄杨植坛

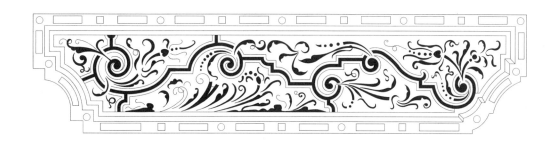

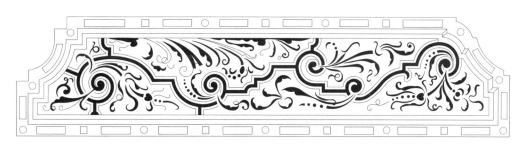

图2-32 沃·勒·维贡特城堡花园刺绣花坛图案

的部分，繁杂的图案令人眼花缭乱（图2-33），同时也禁不住感叹设计者和工匠们高超的技艺。

除此之外，还有其他多种类型（图2-34），如草坪植坛，由草坪或修剪出形状的草坪组成，在其周围设有0.5～0.6m宽的小径，边缘镶有花带；柑橘花坛是由柑橘等灌木组成的几何形植坛；水花坛是由水池、喷泉加上花卉、草坪、植坛组合而成；分区花坛是由对称式的造型黄杨树构成，花坛中不进行草坪或刺绣图案的栽植。

（4）树篱：在花坛和丛林的边缘种植树篱，其宽度为0.5～0.6m，高度是1～10m，树种多用欧洲黄杨、紫杉、山毛榉等。

（五）英国的风景式园林（Landscape Garden）

英伦三岛起伏的丘陵、如茵的草地、茂密的森林，促进了风景画和田园诗的兴盛，使英国人对天然风致之美产生了深厚的感情。18世纪初期，在这种思潮影响下，封闭的"城堡园林"和规整严谨的"勒·诺特式"园林逐渐被人们所厌弃，而形成了另一种近乎自然、返璞归真的新园林风格——风景式园林，如图2-35所示。

英国的风景式园林始于布里奇曼（Charles Bridgeman，1690—1738），为了保证园内外景观互通，布里奇曼还首创了"隐垣"（Sunk Fence或Ha-ha），即在深沟中修筑的园墙。到了肯特（Willianm Kent，1686—

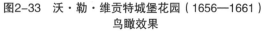

图2-33　沃·勒·维贡特城堡花园（1656—1661）
鸟瞰效果

图2-34　法国园林中的花坛形式

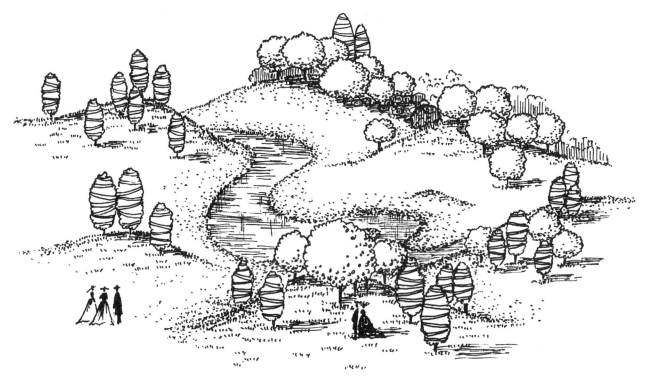

图2-35　英国风景式园林

1748）及"可为布朗[①]"（Capability Brown，1715—1783）时期，英国园林完全摒弃了一切几何形状和对称均齐的布局，代之以弯曲的道路、蜿蜒的河流、自然式的树丛和草地，整个园景充满了宁静、深邃之美。

此后，出现了大量风景式园林作品，比如英国斯托海德园（Stourhead Garden，图2-36）反映了英国风景园的精髓——自然。从图2-37这个角度观赏，可以看到沿岸茂密的树丛和嫩绿的草坪，以及对岸罗马式的先贤祠，园主人亨利·霍尔二世（Henri Hoare Ⅱ，1705—1785）在经过改造的地形上种植了乡土树种山毛榉（*Fagus sylvatica*）、冷杉（*Abies allba* Mill.）、黎巴嫩雪松（*Cedrus libani* Laws）、意大利丝柏（*Cupressus sempervirens*）、杜松（*Juniperus rigida*）、水松（*Glyptostrobus pensilis*）、落叶松（*Larix decidua* Mill）等树木，后又引进了南洋杉（*Araucaria cunninghamia*）、红松（*Pinus koraiensis* Sieb. et Zucc.）、铁杉（*Tsuga*

①可为布朗，原名兰斯洛特·布朗（Lancelot Brown），是肯特（Willianm Kent）的门徒和助手，是继肯特之后风景派巨匠。他总说："我来到想要改造的地方，那么这里大多是可为的。"所以人们便称他为"可为布朗（Capability Brown）"。

chinensis）等驯化品种，而其后人又在此基础上栽植了大量的杜鹃（*Rhododendron simsii* Planch）和石楠（*Photinia serrulata*），使得原以针叶树种为主的园景更加丰富多彩。

18世纪中叶，曾经两度游历中国的英国皇家建筑师钱伯斯[①]（William Chambers，1723—1796）著文盛谈中国园林，并在他所设计的邱园[②]（Kew Garden，图2-38）中首次运用了所谓"中国式"的手法，虽然不过是一些肤浅和不伦不类的点缀，也形成一个流派，称之为"中英式"园林，在欧洲曾经盛行一时。

虽然同样是自然式园林，但由于地域、历史、文化等的差异，英国风景式园林与中国写意山水园林有着本质的区别，英国风景式园林仅仅是单纯的模仿自然，而中国园林不仅模仿自然，更主要的是在此基础上进行创造，即本于自然，高于自然，整个景观具有丰富的内涵和深厚的文化底蕴。

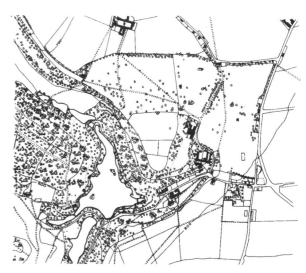

图2-36　英国斯托海德园（Stourhead Garden）平面图

图2-37　英国斯托海德园（Stourhead Garden）效果图

---

①钱伯斯（William Chambers，1723—1796），"中英式"园林风格的创造者，曾担任英王乔治三世的建筑师，设计建造了著名的皇家植物园——邱园。钱伯斯对中国园林非常热爱，他在邱园中建造了著名的中国塔和孔子小屋，他认为真正动人的园林应该源于自然，但要高于自然。

②邱园即皇家植物园（Royal Botanical Gardens），是英国最大的植物园，位于伦敦西部，占地面积约121公顷，建于1759年，是世界上植物学和园艺学的研究中心，拥有5万种植物。

图2-38　邱园中国塔及周边自然式种植

三、日本古典园林

日本园林属于东方园林体系，6世纪时中国园林随佛教传入日本，此后日本园林大多都借鉴了中国园林的设计手法，比如日本的"池泉筑山庭"就是仿照中国"一池三山"的园林格局形成的庭园形式，具有明显的中国印迹。在模仿中国园林的同时，日本园林还结合本民族的文化特征不断进行创新，经过多年的发展，已形成其独有的自然式山水园。

日本古典园林主要有平庭、池泉园、筑山庭、枯山水和茶庭等形式。

平庭是在平坦的园地上利用岩石、植物和溪流等表现山谷或原野的风光，模拟的是自然山川景致，一般规模较大，园中有山有水，水体以自然形态湖面为主，湖中堆置岛屿，并用桥梁相连接，在山岛上到处可见自然式的石组和植物。

池泉园是以池泉为中心，布置岛、瀑布、土山、溪流、桥、亭、榭等景观元素。

筑山庭则是在庭园内堆土筑山，点缀以石组、树木、飞石、石灯笼等园林元素，往往规模较大，常利用自然地形加以人工美化，达到幽深丰富的景观效果。

在中国禅宗思想传入日本后，禅宗寺院兴起了一种象征性的山水式庭园，造园者采用了对自然高度概括的手法，以立石表示群山，用白沙象征宽广的大海，其间散置的石组象征海岛，这种无水之"山水"庭园被称为"枯山水"，如图2-39所示。

茶庭是15世纪出现的一种小型庭院，常以园中之园的形式设在平庭或筑山庭之中，茶庭四周围以竹篱，宁静的庭园中营造一个或几个茶庭，宾主在此饮茶、聊天，进行文化社交活动，园中自然布设飞石、汀步、石灯笼以及洗手的蹲踞等，并以常绿植物为主，较少使用花木。

图2-39　日本"枯山水"园林

日本古典园林在植物配置方面有以下几个特点。

第一，日本古典园林中选用的植物品种不多，常以一两种植物作为主景，再选用一两种植物作为配景，层次清楚、形式简洁。通常常绿树木在庭院中占主导地位，因其不仅可以经年保持园林风貌，也可为色泽鲜亮的观花或色叶植物提供一道天然背景，所以在日本古典园林中常绿植物与山石、水体一起被称为最主要的造园材料。在众多可供选择的常绿植物中，日本黑松应用最为普遍，它有着坚硬的、深绿色的针形叶，粗糙的黑色树皮，经历风吹雨打后会变成各种奇特怪异的形状，在传统的日本园林中，黑松常作为男性的象征，用作庭园的主景，或置于一个半岛之上（图2-40），使曲折的枝干悬垂于水面，形成一幅优美的画面。而纤细、柔美的红松则作为女性的化身，常与日本黑松搭配，植于池泉边。除了以上两种常绿植物，日本雪松、日本花柏、紫杉、杜鹃、樱花以及秋色树种，如槭树类植物（图2-41）等，也都是日本园林中常用的植物品种。此外，日本园林中植物的整体色调淡雅并大量使用冷色调花卉，如蓝紫色的八仙花和鸢尾等经常出现在园林植物配置中，如图2-42所示，以追求悲凉气氛和禅宗意境。

图2-40　日本传统园林中常绿植物的使用

第二，在特定的景观环境中植物承担着特定的功能，并常根据其造景功能命名。例如，庭院内重要的位置所植栽的树木称之为"役木"；石灯笼旁边配置的树木被称作"灯障之木"；在瀑布前栽种"飞泉障之木"；一株松树斜靠在门檐上的栽种方式叫作"门冠"。这种对植物造景功能的注重与中国园林对植物比德的注重是完全不同的。

第三，日本古典园林的植物配置多采用自然式，但常对植物进行修剪，此种处理方式是自室町时代

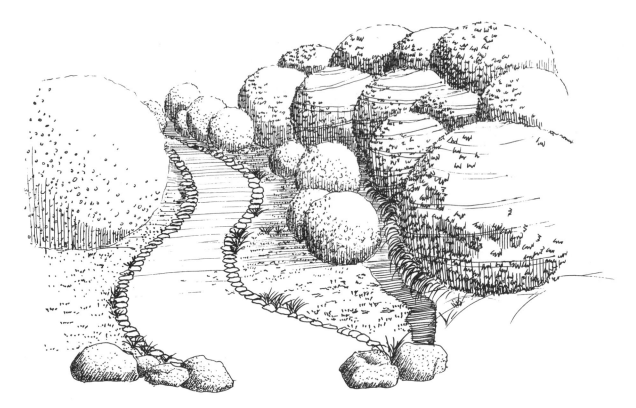

图2-41　日本传统园林中常使用槭树类植物

图2-42　日式园林中的植物选择

（1393—1573）后期禅宗寺院的庭院开始的。比如槭树类、杜鹃或者黄杨等常常被修剪成球形，如图2-42中的杜鹃剪型，图2-43中的山坡上丛植自然造景的红枫，坡面上散植黄杨球，自然与规则的结合并不显得杂乱，在这种对比中，反而更显宁静和安逸。需要注意的是茶庭中的植物是不作造型修剪的，以表现茶庭文化对自然的追求和对世俗的鄙夷。

第四，日本古典园林中植物配置常采取自然式，或一株孤植，或两株（丛）俯仰呼应，或三株（丛）一组成不等边三角形布置，植物的布局方面往往采用二对一、三对一、五对一等非对称栽植方式，使游人从任何角度都能看到树丛的每株树木。

陈从周曾说："中国园林是人工之中见自然，日本园林是自然之中见人工。"对植物进行几何造型的修剪，为追求韵律而安排植物的排列方式，为体现自然而否定完全对称的平衡，以及对园林色彩的控制使得日本园林在自然之中处处流露出人工气息。虽然园林中植物种类多、用量大，但是这种对形式美的注重使得日本园林终究不能成为真正的自然，只能是人造自然的典范。

图2-43 自然的红枫与规则的黄杨球搭配组合

图2-44 鹿苑寺金阁庭园的植物配置

第三节　现代园林的植物景观

一、西方现代园林及植物造景

（一）现代植物造景理论与实践

18世纪中叶，欧洲工业革命引发的城市化现象造成了城市人口密集、居住环境恶化。同时，科技的发展使得"人定胜天"的思想更加强烈，人类对自然无情的掠夺、开发，造成植被减少、水土流失，生态环境遭到严重的破坏。在这种状况下，人们重新审视植物在景观中的作用，尝试着从艺术、生态等多个角度去诠释植物造景，在植物景观设计理论和实践方面有了新的突破。

1853年，奥姆斯特德（Frederick Law Olmsted，1822—1903）及沃克思（Calvert Vaux）的纽约中央公园设计方案（图2-45）——"绿草地"方案在参赛的30多个设计方案中脱颖而出，成为中央公园最初的蓝本。中央公园的建设特别注意植物景观的创造，设计者尽可能广泛地选用树种和地被植物，并注重强调植物的季相变化。园内不同品种的乔木、灌木都经过刻意的安排，使它们的形式、色彩、姿态都能得到最好的展现，同时保证其能够健康地生长。建园初期，大片地区采取了密植方式，并以常绿植物为主，如速生的挪威云杉，沿水边种了很多柳树，还开辟了大片的草地和专门牧羊草地。后期，管理人员又把注意力转向植物品种的培养、植物配置以及动物保护，疏伐、更新原有的树林，对古树名木进行保养，引入外来树种，成片栽培露地花卉，保留利用野生花卉品种，加强专类园，如莎士比亚花园、草莓园等的建设和管理，还建立了封闭的自然保护区。

景观设计师们将自然与人工结合，植物与建筑结合，创造出一系列令观者动心、访者动情的园林景观。尤其是随着经济发展，欧美许多中产阶级逐步购置了拥有小花园的私人住宅，形成了许多风格各异的私人花园。

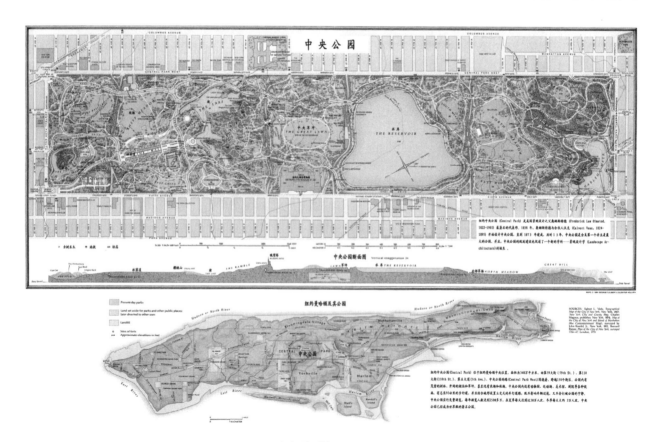

（a）平面图

（b）鸟瞰效果

图2-45　纽约中央公园

对于私家花园，植物的选择和配置可称为设计中最为重要的环节，在种植设计中，不仅应考虑植物的生长习性、色彩、质地、体量等，还需适应花园的整体风格和景观意境。贝思·查特（Beth Chatto）就是一位非常善于运用植物材料的造园师，其代表作贝思花园（the Beth Chatto Garden，图2-46）位于一片沼泽地中，贝思在选择植物时严格坚持生态原则（Ecological Principles），植物根据生长条件的差异被分为几部分——从"水花

图2-46　贝思花园（the Beth Chatto Garden）植物景观设计

园"到干燥的、砾石铺地的"地中海式花园"。贝思强调对植物的构图与塑形，通过植株形态、色彩的对比，花园在各个季节均呈现出非常和谐、愉悦的图景。与其相反，"新美国花园"（the New American Garden）的代表——沃尔夫冈·奥伊默（Wolfgang Oehme）和詹姆斯·凡·斯韦登（James van Sweden）所设计的花园中，种植设计摒弃了传统的植物塑形做法，解除了人对植物生长的约束，采用多层次的群体布局方式，大胆展现植物随季节繁盛衰亡的自然轮回（图2-47）。

图2-47 沃尔夫冈·奥伊默和詹姆斯·凡·斯韦登所设计的花园更注重植物的自然形态

随着设计实践的推进，植物造景及其相关研究也逐步展开并深入，很多景观设计师针对植物景观设计实践著书立论。比如：英国园林设计师鲁滨孙（William Robinson 1838—1935）主张简化烦琐的维多利亚花园，满足植物的生态习性，任其自然生长。1917年，美国景观设计师弗莱克·阿尔伯特·沃（Wuahg Frank Albert 1869—1943）提出了将本土物种同其他常见植物一起结合自然环境中的土壤、气候、湿度条件进行实际应用的理论。格特鲁德·杰基尔（Gertrude Jeky Ⅱ，1843—1932）在《花园的色彩》中指出："我认为只是拥有一定数量的植物，无论植物本身有多好，数量多充足，都不能成为园林……最重要的是精心的选择和有明确的意图……对我来说，我们造园和改善园林所做的就是用植物创造美丽的图画。"风景园林师南希—A·莱斯辛斯基在《植物景观设计（Planting the landscape）》专著中系统地回顾了植物造景的历史，对植物造景构成等方面进行了论述，将植物作为重要的设计元素来丰富外部空间设计。她认为风景园林设计的词汇主要有两大类：由植物材料形成的软质景观和由园林建筑及其他景观小品构成的硬质景观。植物景观设计与其他艺术设计比较，其最大的特点在于植物景观是最具有动态的艺术形式。植物造景的关键在于将植物元素合理地搭配，最终形成一个有序的整体。英国风景园林师Brian Clouston在《风景园林植物配置》中指出园林植物生态种植应体现在四个方面："保存性、观赏性、多样性和经济性。保存性强调的是对于自然生态系统的保护与完善……观赏性是园林植物景观设计有别于其他绿化的显著性特征……多样性是形成植物群落结构稳定、景观形式多样的前提……经济性体现在对于人工绿化的后期维护与管理上。"他还强调了乡土植物可以真实地反映出当地季节变化所形成的真实的季相景观，乡土植物是体现地方景观风格特征的重要层面。1969年，景观设计师伊恩·麦克哈格（Ian McHarg，1920—2001）的著作《设计结合自然》中提出了综合性生态规划理论，诠释了景观、工程、科学和开发之间的关系。自此植物造景开始更多地关注保护和改善环境的问题。20世纪80年代以后，整个社会开始意识到科学与艺术结合的重要性与必要性，植物造景的创作和研究上也反映出更多"综合"的倾向。如《Planting Design: A Manual of Theory and Practice》（William R. Nelson）、《风景园林植物配置（Landscape Design With Plants）》、《Planting the Landscape》等著作的共同特点是强调功能、景观与生态环境相结合。

（二）植物的引种选育

随着对于植物造景、生态等方面的重视，植物的需求量也越来越大，一些国家在植物的选育、培育、新品种的开发利用等方面都投入了大量的精力。以英国为例，英国早在1560—1620年已开始从东欧引种植物；1620—1686年到加拿大引种植物；1687—1772年收集南美的乔灌木；1772—1820年收集澳大利亚的植物；1820—1900年收集日本的植物；1839—1938年这100年中，从我国的甘肃、陕西、四川、湖北、云南及西藏等地引种了大量的观赏植物，原产英国的植物种类仅1700种，可是经过几百年的引种，至今皇家植物园已拥有50000种来自世界各地的活植物，这为英国园林的植物景观提供了雄厚的基础。

除了英国，还有很多国家从我国大量引种植物，比如，美国从我国引入的乔灌木有1500种以上，在阿诺德树木园中近有一半的树种引自我国；意大利塔兰托植物园中引入的我国植物有1000种以上，共计230属之多……

在西方园林突飞猛进的同时，我国园林，尤其植物景观设计方面也经历着由古典到现代的突变。

二、我国现代园林发展及植物造景理论

（一）我国现代园林植物景观创造

新中国伊始，社会各个方面，包括园林绿化都深受苏联的影响。不分具体地区和情况，模式统一，构图追求严格对称、规则，尺度追求宏伟，气氛严谨肃穆，政治色彩浓厚；植物选用以常绿树种特别是松柏类为主，落叶树种、灌木、地被及草坪相对较少，多采用成排成行的规则种植，不仅色彩单一，形式单调，而且由于大量地使用绿篱形成空间的界定，所以绿地往往"拒人于千里之外"，使人们无法亲近。

改革开放以后，园林绿化逐渐摆脱了单调和萧条，布局形式逐步丰富起来，植物材料的选择也越来越多，植物配置更因地制宜，绿化层次更为合理。花灌木、地被植物、草坪的大量应用，覆盖了裸露的土地，不仅增加了绿量，而且还扩大了绿地的可视范围，极大地丰富了园林景观。在没有绿篱阻挡的草坪绿地里，人们和花草树木和谐相处，自然亲密交流，园林因有人的参与而变得生动活泼，人们因和自然的亲近更加充满活力、充满生机。

我国现代园林的发展经历了两个极端的过程，一个极端是全盘仿古，照抄古典园林，园中亭台楼阁、假山水系，再加上零零散散的几株植物，古典园林的小巧精致确实令人赞叹，但仿古的成本太高，收效却不尽如人意，而且无法满足现代人对于户外休闲空间的需要；另一极端就是全盘西化，不加考虑地去模仿外国一些植物景观设计方法，植物品种单一，植物栽植以草坪和植物模纹为主，少栽或不栽乔木、灌木；或者过于突出植物对城市的装饰美化作用，而忽略了生态效果，为了马上见效，移植大树……经过实践证明，这些做法都是缺乏社会基础，缺乏科学依据的，有的甚至是违反自然规律的。

随着科学研究的发展，随着人们生态、环保意识的提高，人们对植物的认识也有所改变——它不是环境的点缀、建筑的配饰，而是景观的主体，植物景观设计应该是园林设计的核心。

（二）植物造景理念的提出与发展

20世纪70年代后期，有关专家和决策部门提出了"植物造景"这一理念。随着相关研究的逐步深入，现代植物造景理念已经不同于传统的植物造景，园林景观创造不仅以植物材料为造景主体，同时还强调生物多样

性、生态性、可持续利用等，既不仅强调景观的视觉效果，也注重植物景观的生态效益。

1.量化指标的确定与管理

现代景观设计中，对于植物景观的评价逐步由定性到定量——通过一系列量化指标进行控制，比如，城市绿地规划中设置的指标，是城市园林绿化水平的基本标志，它反映了城市一个时期的经济水平、城市环境质量及文化生活水平。现行城市绿地指标群由五大类40项指标构成，即基本指标、绿化结构指标、游憩指标、计划管理指标和人均指标，其中基本指标和人均指标是最主要的指标，主要有以下几种：

（1）城市绿地面积Ag：

公式：$Ag=Ag_1+Ag_2+Ag_3+Ag_4$

其中：Ag——城市绿地面积（m^2）；

Ag_1——公园绿地面积（m^2）；

Ag_2——生产绿地面积（m^2）；

Ag_3——防护绿地面积（m^2）；

Ag_4——附属绿地面积（m^2）。

注：公式中的城市绿地分类中的第五大类g_5——"其他绿地"没有作为城市绿地面积的一部分加以计算。

（2）人均公园绿地面积Ag_{1m}：指城市中每个居民平均占有城市公园绿地的面积。

计算公式：$Ag_{1m}=Ag_1/N_p$

其中：Ag_{1m}——人均公园绿地面积（m^2/人）；

Ag_1——公园绿地面积（m^2）；

N_p——城市人口总量（人）。

（3）人均绿地面积Ag_m：指城市中每个居民平均占有城市绿地的面积。

计算公式：$Ag_m=（Ag_1+Ag_2+Ag_3+Ag_4）/N_p$

其中：Ag_m——人均绿地面积（m^2/人）；

其他符号含义参见公式（1）（2）。

（4）绿地率λg：指一定范围内绿地面积占用地面积的比率。

计算公式：$λg=［（Ag_1+Ag_2+Ag_3+Ag_4）/A_c］×100\%$

其中：A_c——用地面积（m^2）；

其他符号含义参见公式（1）。

（5）绿化覆盖率：绿化覆盖面积是指乔灌木和多年生草本植物的覆盖面积，按植物的平均投影面积测算，但是乔木树冠下重叠的灌木和草本植物不再重复计算。

绿化覆盖率=用地范围内全部绿化植物垂直投影面积之和与用地面积的比率（%）

此外，起始于1992年的国家园林城市的评审针对城市绿化给出了一系列量化指标，促进了现代城市景观绿地，尤其是植物景观设计水平的提升，具体内容请参见表2-5。

2.生态体系的建立与研究

植物景观是由植物与环境共同形成的，植物造景应按照自然规律及植物群落的自然构成进行植物配置。研究表明，模拟自然植物群落、恢复地带性植被可以构建出结构稳定、生态保护功能强、养护成本低、具有良好自我更新能力的植物群落。并且在城市园林绿地中模拟自然植物群落，恢复地带性植被时应保证最大的生物多样性，即尽可能地按照该生态系统退化前的物种组成及多样性水平安排植物。在城市建设中，应本着"少破坏，多补偿"的原则，提倡在建设园林景观的同时尽量保护原生态，并在建成之后，通过园林建设补偿原有的生态。中央已把"加快建立生态弥补机制"写入国民经济和社会发展的"十二五"规划建议，这一模式有望在更大范围内更快地推广。此外，在恢复地带性植被时，应首选乡土树种，既可以降低成本，又可以提高植物的

表2-5　国家园林城市评审指标标准（节选）

类型	序号	指标		国家园林城市标准	
				基本项	提升项
建设管控	1	建成区绿化覆盖率（%）		≥36%	≥40%
	2	建成区绿地率（%）		≥31%	≥35%
	3	城市人均公园绿地面积	人均建设用地<80m²的城市	≥7.50m²/人	≥9.50m²/人
			人均建设用地80~100m²的城市	≥8.00m²/人	≥10.00m²/人
			人均建设用地>100m²的城市	≥9.00m²/人	≥11.00m²/人
	4	建成区绿化覆盖面积中乔灌木所占比率（%）		≥60%	≥70%
	5	城市各城区绿地率最低值		≥25%	—
	6	城市各城区人均公园绿地面积最低值		≥5.00m²/人	—
	7	公园绿地服务半径覆盖率（%）		≥70%	≥90%
	8	万人拥有综合公园指数		≥0.06	≥0.07
	9	城市道路绿化普及率（%）		≥95%	100%
	10	城市新建、改建居住区绿地达标率（%）		≥95%	100%
	11	城市公共设施绿地达标率（%）		≥95%	—
	12	城市防护绿地实施率（%）		≥80%	≥90%
	13	生产绿地占建成区面积比率（%）		≥2%	—
	14	城市道路绿地达标率（%）		≥80%	—
	15	大于40hm²的植物园数量		≥1.00	—
	16	林荫停车场推广率（%）		≥60%	—
	17	河道绿化普及率（%）		≥80%	—
	18	受损弃置地生态与景观恢复率（%）		≥80%	—
建设管控	1	城市园林绿化综合评价值		≥8.00	≥9.00
	2	城市公园绿地功能性评价值		≥8.00	≥9.00
	3	城市公园绿地景观性评价值		≥8.00	≥9.00
	4	城市公园绿地文化性评价值		≥8.00	≥9.00
	5	城市道路绿化评价值		≥8.00	≥9.00
	6	公园管理规范化率（%）		≥90%	≥95%
	7	古树名木保护率（%）		≥95%	100%
	8	节约型绿地建设率（%）		≥60%	≥80%
	9	立体绿化推广		已制定立体绿化推广的鼓励政策、技术措施和实施方案，且实施效果明显	—
	10	城市"其他绿地"控制		①依据《城市绿地系统规划》要求，建立城乡一体的绿地系统；②城市郊野公园、风景林地、城市绿化隔离带等"其他绿地"得到有效保护和合理利用	—
	11	生物防治推广率（%）		≥50%	
	12	公园绿地应急避险场所实施率（%）		≥70%	—
	13	水体岸线自然化率（%）		≥80%	—

成活率。"园林城市"评审标准中，就将乡土树种的应用作为其中的一个评审依据，借此通过行政手段来推动乡土植物应用工作的开展。

3. 植物资源的保护与开发

我国植物资源极其丰富，仅种子植物就有25000种以上，其中乔灌木种类约8000种之多。我国丰富的植物资源曾为世界园林做出了很大的贡献，最为著名的便是蔷薇属（*Rosa*）植物的杂交培育，现在广泛使用的2万多种现代月季品种就是欧洲蔷薇与中国蔷薇杂交培育而成，诸如此类的还有山茶（*Camellia*）、杜鹃（*Rhododendron*）、玉兰（*Magnolia*）等。近几年，相应的部门纷纷成立了自然保护区、风景区以及大型植物园，建立基因库，加强植物种质资源的保护、利用、开发。截至2010年底，林业系统管理的自然保护区已达2035处，总面积1.24亿公顷，占全国国土面积的12.89%，其中，国家级自然保护区247处，面积7597.42万公顷。年末实有自然保护小区4.88万个，总面积1588万公顷。在大规模生态弥补、自然维护区建设等推动下，中国曾经遭受破坏的森林生态系统等得到恢复，湖北神农架、贵州黔东南、青海湖地区等一批"动植物避难所"再现生机，为保护"物种基因库"发挥了重要作用。比如，湖北神农架林区是联合国教科文组织"人与生物圈"维护区网成员、世界银行"亚洲生物多样性维护示范区"，在过去5年里，研究人员在该区域内发现了一批新植物，其中23种基本确定为全球植物种系家族的新成员，143种为当地的植物新记录。再如各地植物园，除了科普教育功能，还承担有种质资源收集、保护等工作，华东地区规模最大的植物园——上海辰山植物园2010年4月园内已收集到植物约9000种，其中最多的属华东地区的植物，共有1500余种，上海辰山植物园也由此成为拥有华东区系植物最多的植物园，2010年12月，辰山植物园收集的珍稀濒危活植物（即国家一、二级保护植物）达到107种，部分为野外仅存若干株的珍贵物种，有的则具有极强观赏性，还有不少是价值很高的药用植物和野生水果植物。

在挖掘和保护原有植物品种的同时，科研人员和园林工作者加强了对优良品种的选育，以及开展了大量有关植物抗污、吸毒及改善环境功能的研究，并将研究成果应用于实践。近年来，我国先后从国外引进了千余种优良树种（品种），其中具有推广价值的达200种以上，已广泛应用于生产的有几十种，悬铃木、池杉、落羽杉、美洲黑杨、湿地松、火炬松等从国外引进的树种都已经在我国的林业生产及景观创造中发挥了巨大的作用。比如，现今上海城市绿化引进500多个品种，上海市园林科学研究所2004年先后从加拿大、日本等引入30多种彩色树，针对包括红色的北美枫香和红花七叶树等，金黄色的金叶梓树、金叶皂荚、北美栎树等彩色树的种植、养护开展科研攻关。再如，天津市2011年栽种的花草树木已达400余种，仅"市树"白蜡就有6个品种，"市花"月季品种多达200余种，通过培育和引进了美国白蜡、金叶白蜡、紫叶矮樱、晚樱、北美海棠、金叶榆、金叶国槐、千头春、碧叶桃、菊花桃、红叶桃等300种新优绿化植物，极大地丰富了城市植物景观。

4. 设计思想的回归与升华

文化的国际化和趋同化更加要求文化的民族化、地方化和多样化，植物作为园林主要构景要素之一，承载着太多的历史文化，古典园林中植物的寓意以及植物配置方法无不凝结着中国特有的民族文化。回顾历史并非是照搬古迹，而是将其中精华的部分与现代人的需求以及现代造景材料、生产技术等相结合，创造具有现代风格的中国园林景观。比如，杭州花港观鱼公园，全园面积20公顷，以"花"和"鱼"为主题，全园观赏植物共采用157个树种，以传统名花牡丹、海棠、樱花为主调，构筑了一系列富有民族特色的景观——红鱼池、牡丹园、花港等，同时采用现代造景手法，设置疏林草地景观——草坪面积占全园总面积的40%左右，尤其是雪松草坪区（图2-48），以雪松与广玉兰树群组合为背景，构成开阔空间，显得气势豪迈，还有柳林草坪区与合欢草坪区，配置以四时花木，打造"乱花渐欲迷人眼，浅草才能没马蹄"的景观效果，既增加了空间林缘线的层次变化，又为游人提供了庇荫、休憩场所。

对传统的继承是一种思想回归以及再升华的过程，在这一过程中现代设计师又将现代景观设计理念融于其中，去追求突破和创新，正如凤凰涅槃般重生，前面提到的上海辰山植物园的设计就是这样的。上海辰山植

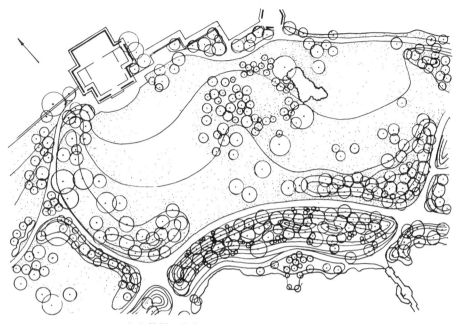

（a）杭州"花港观鱼"公园雪松草坪区平面图

（b）杭州"花港观鱼"公园雪松草坪区效果图

图2-48　杭州"花港观鱼"公园雪松草坪区

园（Shanghai Chen Shan Botanical Garden）规划设计单位为德国瓦伦丁设计组合，设计主创克里斯多夫·瓦伦丁（Christoph Valentien）教授与其设计团队因地制宜，将植物园布局成中国传统篆书中的"园"字，极富中国特色［图2-49（a）］，而由清华大学的朱育帆教授设计的矿坑花园是植物园中最大的亮点［图2-49（b）］，花园的原址为一处采石场遗址，设计者通过生态修复，并对深潭、坑体、迹地及山崖进行适当的改造，配置以植物，使其成为一座风景秀美的花园。

　　植物、环境、人之间都是相互依存的，它们构成的是一个有机的整体。因此设计师应该统筹兼顾，结合当今文化思想、生活方式、价值观念以及科学发展动态等进行园林景观的设计，使整个景观实用、美观，又兼具品位。

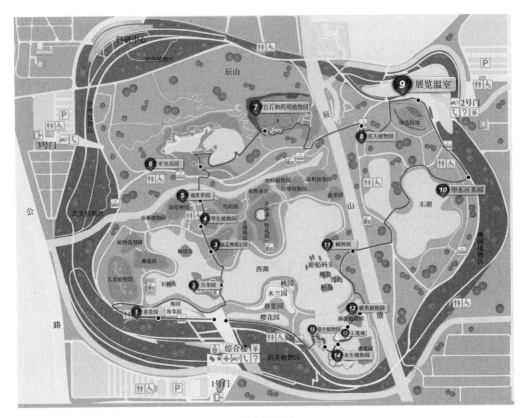

（a）平面图

（b）矿坑花园鸟瞰效果

图2-49   上海辰山植物园

第三章
园林植物的功能

本章主要结构

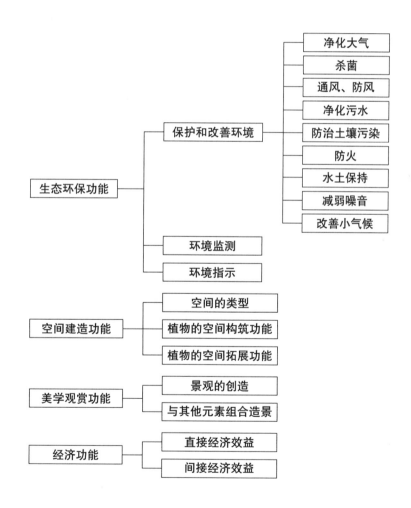

- 生态环保功能
  - 保护和改善环境
    - 净化大气
    - 杀菌
    - 通风、防风
    - 净化污水
    - 防治土壤污染
    - 防火
    - 水土保持
    - 减弱噪音
    - 改善小气候
  - 环境监测
  - 环境指示
- 空间建造功能
  - 空间的类型
  - 植物的空间构筑功能
  - 植物的空间拓展功能
- 美学观赏功能
  - 景观的创造
  - 与其他元素组合造景
- 经济功能
  - 直接经济效益
  - 间接经济效益

植物的功能可以概括为以下几个方面：

生态环保：表现为净化空气、防治污染、防风固沙、保持水土、改善小气候以及环境监测等方面。

空间构筑：与室内空间相对应，植物可以用于空间的界定、分隔、围护以及拓展等方面。

美学观赏：植物作为四大构景要素之一，能够优化美化环境，给人以美的享受。

经济效益：植物还能够产生巨大的直接和间接的经济效益。

设计师应该在掌握植物观赏特性和生态学属性的基础上，对植物加以合理利用，从而最大限度地发挥植物的效益。

第一节   植物的生态环保功能

一、保护和改善环境

植物保护和改善环境的功能主要表现在净化空气、杀菌、通风防风、固沙、防治土壤污染、净化污水等多个方面（图3-1）。

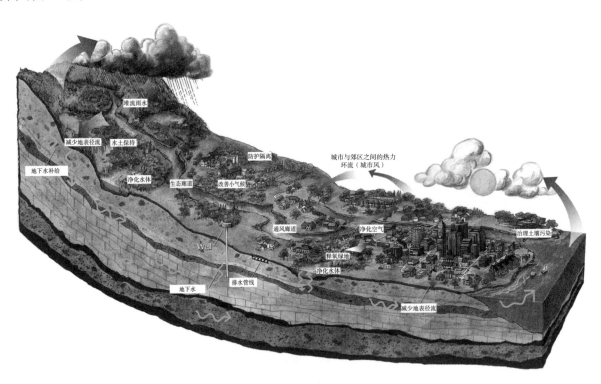

图3-1   植物的生态环保功能

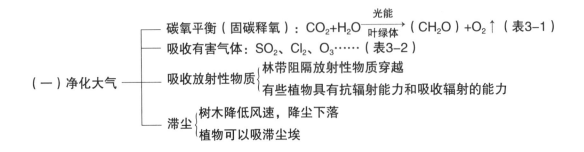

1. 碳氧平衡（固碳释氧）（表3-1）

绿色植物就像一个天然的氧气加工厂——通过光合作用吸收二氧化碳CO_2，释放氧气O_2，调节大气中的CO_2和O_2的比例平衡。有关资料表明，每公顷绿地每天能吸收$900kgCO_2$，生产$600kgO_2$，每公顷阔叶林在生长季节每天可吸收$1000kgCO_2$，生产$750kgO_2$，供1000人呼吸所需要；生长良好的草坪，每公顷每小时可吸收$CO_2$15kg，而每人每小时呼出的CO_2约为38g，所以在白天如有$25m^2$的草坪或$10m^2$的树林就基本可以把一个人呼出的CO_2吸收。因此，一般城市中每人至少应有$25m^2$的草坪或$10m^2$的树林，才能调节空气中CO_2和O_2的比例平衡，使空气保持清新。如考虑到城市中工业生产对CO_2和O_2比例平衡的影响，则绿地的指标应大于以上要求。此外，不同类型的植物以及不同的配置模式其固碳释氧的能力各不相同，具体内容参见表3-1。

表3-1　不同类型植物的固碳释氧能力

植物类别	年均吸收CO_2量（t/hm^2）	年均释放O_2量（t/hm^2）	植物类别	年均吸收CO_2量（t/hm^2）	年均释放O_2量（t/hm^2）
常绿乔木	330	240	落叶灌木	203	147
落叶乔木	217	164	乔、灌木混合	252	183

2. 吸收有害气体

污染空气和危害人体健康的有毒有害气体种类很多，主要有SO_2、NO_x、Cl_2、HF、NH_3、Hg、Pb等，在一定浓度下，有许多种类的植物对它们具有吸收和净化能力，但植物吸收有害气体的能力各有差别，具体内容参见表3-2。

需要注意的是，"吸毒能力"和"抗毒能力"并不一定统一，比如美青杨吸收SO_2的量达到$369.54mg/m^2$，但是叶片会出现大块的烧伤，所以美青杨的吸毒能力强，但是抗毒能力弱，而桑树吸收SO_2的量为$104.77mg/m^2$，叶面几乎没有伤害，所以它的吸毒能力弱，但抗性却较强，这一点在选用植物时应该注意。

表3-2　植物吸收有害气体能力对照表

有害气体	吸收有害气体的能力			吸毒、抗毒能力都强的植物类型	规律
	强	中	弱		
SO_2	忍冬、臭椿、美青杨、卫矛、旱柳、加杨、山楂、洋槐、广玉兰、中国槐、梧桐、樟树、杉、柏树、柳杉等	山桃、榆、锦带、花曲柳、水蜡等	连翘、皂角、丁香、山梅花、圆柏、胡桃、刺槐、桑、银杏、油松、云杉等	卫矛、忍冬、旱柳、榆、臭椿、花曲柳、山桃、水蜡等	木本植物>草本植物>落叶树>常绿阔叶树>针叶树
Cl_2	银柳、旱柳、美青杨、臭椿、赤杨、水蜡、卫矛、忍冬、花曲柳、银桦、悬铃木、柽柳、女贞、君迁子、油松、夹竹桃等	刺槐、雪柳、山梅花、白榆、丁香、山槐、茶条槭、桑等	皂角、银杏、珍珠花、黄檗、连翘等	银柳、旱柳、臭椿、赤杨、水蜡、卫矛、花曲柳、忍冬等	
氟化物	泡桐、梧桐、银桦、滇杨、拐枣、加杨、柑橘类、月季、洋槐、白蜡、海桐、棕榈等	女贞、桑、垂柳、刺槐、朴、梓树、葡萄、桃、大叶黄杨、榉树、毛白杨、臭椿等	侧柏、油松、苹果等	泡桐、月季等	

3. 吸收放射性物质

树木本身不但可以阻隔放射性物质和辐射的传播，而且可以起到过滤和吸收的作用。根据测定，栎树林可吸收1500拉德[①]的中子——伽玛混合辐射，并能正常的生长。所以在有放射性污染的地段设置特殊的防护林带，在一定程度上可以防御或者减少放射性污染产生的危害。通常常绿阔叶树种比针叶树种吸收放射性污染的

[①] 在物质的辐射中放出或吸收的能量称为辐射剂量，它的单位为"拉德"（rad），1拉德表示每克生物组织吸收100尔格的能量。

能力强, 仙人掌、宝石花、景天等多肉植物、栎树、鸭跖草等也有较强的吸收放射性污染的能力。

4.滞尘

虽然细颗粒物只是地球大气成分中含量很少的组分, 但它对空气质量、能见度等有重要的影响。大气中直径小于或等于2.5微米的颗粒物称为可入肺颗粒物, 即PM2.5, 其化学成分主要包括有机碳（OC）、元素碳（EC）、硝酸盐、硫酸盐、铵盐、钠盐（Na^+）等。与较粗的大气颗粒物相比, 细颗粒物粒径小, 富含大量的有毒、有害物质且在大气中的停留时间长、输送距离远, 因而对人体健康和大气环境质量的影响更大。据悉, 2012年联合国环境规划署公布的《全球环境展望5》指出, 每年有70万人死于因臭氧导致的呼吸系统疾病, 有近200万的过早死亡病例与颗粒物污染有关。《美国国家科学院院刊》（PNAS）也发表了研究报告, 报告中称, 人类的平均寿命因为空气污染很可能已经缩短了五年半。

能吸收大气中PM2.5, 阻滞尘埃和吸收有害气体, 能减轻空气污染的植物被称为PM2.5植物。这些植物具有以下特征: 其一, 植物的叶片粗糙, 或有褶皱, 或有绒毛, 或附着蜡质, 或分泌黏液, 可吸滞粉尘; 其二, 能吸收和转化有毒物质的能力, 吸附空气中的硫、铅等金属和非金属; 其三, 植物叶片的蒸腾作用增大了空气的湿度, 尘土不容易飘浮。

吸滞粉尘能力强的园林树种:

北方地区: 刺槐、沙枣、国槐、白榆、刺楸、核桃、毛白杨、构树、板栗、臭椿、侧柏、华山松、木槿、大叶黄杨、紫薇等。

中部地区: 白榆、朴树、梧桐、悬铃木、女贞、重阳木、广玉兰、三角枫、桑树、夹竹桃等。

南方地区: 构树、桑树、鸡蛋花、刺桐、羽叶垂花树、苦楝、黄葛榕、高山榕、桂花、月季、夹竹桃、珊瑚兰等。

（二）杀菌→某些植物的分泌物具有杀菌作用

绿叶植物大多能分泌出一种杀灭细菌、病毒、真菌的挥发性物质, 如侧柏、柏木、圆柏、欧洲松、铅笔松、杉松、雪松、柳杉、黄栌、盐肤木、锦熟黄杨、尖叶冬青、大叶黄杨、桂香柳、胡桃、黑胡桃、月桂、欧洲七叶树、合欢、树锦鸡儿、刺槐、槐、紫薇、广玉兰、木槿、大叶桉、蓝桉、柠檬桉、茉莉、女贞、日本女贞、洋丁香、悬铃木、石榴、枣、水枸子、枇杷、石楠、狭叶火棘、麻叶绣球、银白杨、钻天杨、垂柳、栾树、臭椿以及蔷薇属植物等。除此之外, 芳香植物大多具有杀菌的效能, 比如晚香玉、除虫菊、野菊花、紫茉莉、柠檬、紫薇、茉莉、兰花、丁香、苍术、薄荷等。

（三）通风、防风　┌ **通风: 通过设置风道引导新鲜凉爽的空气进入**

　　　　　　　　　　└ **防风: 利用防风林降低风速, 阻挡风沙或海风的侵袭**

1.通风

无论是城市空间, 还是庭院、公园、居住区, 都需要组织好通风渠道或者通风的廊道, 即 "风道"。城市通风廊道是利用风的流体特性, 将市郊新鲜洁净的空气导入城市, 市区内的原空气与新鲜空气经湿热混合之后, 在风压的作用下导出市区, 从而使城市大气循环良性运转。在城市建设中营造通风廊道有利于城市内外空气循环、缓解热岛效应, 同时也是利用自然条件在城市层面上的一种节能设计措施。城市绿地与道路、水系结合是构成风道的主要形式, 通常进气通道的设置一般与城市主导风向成一定夹角, 并以草坪、低矮的植物为主, 避免阻挡气流的通过, 而城市排气通道则应尽量与城市主导风向一致。另外, 由于城市热岛效应的存在, 如果在城市郊区设置大片的绿地, 则在城市与郊区之间就会形成对流, 可以降低城市温度、加速污染物的扩散。现今, 很多城市都非常重视城市通风廊道的规划和建设, 比如武汉市规划有六条生态绿色走廊, 构成了六条 "风道", 最窄二三公里, 最宽十几公里, 它能使武汉夏季最高温度平均下降1～2℃。南京市也规划有六条 "风道", 即利用山体河谷等自然条件建设的六条生态带。南京冬季以东北风为主, 夏季以东南风为主, 这些生态带的走向基本与这两个风向一致。

一个城市需要设置通风廊道，对于一处庭院、园区或者居住区，也是一样——在夏季主导风向设置绿地、水面，场地内部根据主导风向布置道路绿带，形成释氧绿地和通风通道。

2. 防风

由植物构成的防风林带可以有效地阻挡冬季寒风或海风的侵袭，经测定，防风林的防风效果与林带的结构以及防护距离有着直接的关系，由表3-3可以看出疏透度为50%左右的林带防风效果最佳，而并非林带越密越好。据测算，如果复层防风林高度为H，则在迎风面10H和背风面30H范围内风速都有不同程度的降低，如图3-2所示。另外，防风林带设计还需注意防风树种的选择，具体内容请参见表3-4。

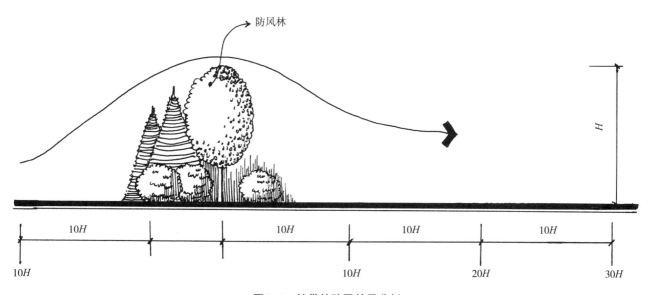

图3-2　林带的防风效果分析

表3-3　不同结构林带的防风效果比照（沈阳以旷野风速为100%）

林带结构					不同位置相对风速（以树高倍数计算）（%）					
结构类型	透风系数	疏透度（%）	有效防风距离（树高的倍数）	最佳位置	0~5	0~10	0~15	0~20	0~25	0~30
紧密结构	<0.3	<20	10~25（以20倍作为标准）	与主导风向垂直	25	37	47	54	60	65
疏透结构	0.4~0.5	30~50			26	31	39	46	52	57
透风结构	>0.6	>60			49	39	40	44	49	54

表3-4　防风林适宜的结构与树种

最佳林带结构	最佳树种选择	北方防风树种	南方防风树种
疏透度为50%	抗风能力强、生长快、寿命长、叶小、树冠为尖塔或圆柱形的乡土树种	杨、柳、榆、桑、白蜡、桂香柳、柽柳、柳杉、扁柏、花柏、紫穗槐、槲树、蒙古栎、春榆、水曲柳、复叶槭、银白杨、云杉、欧洲云杉、落叶松、冷杉、赤松、银杏、朴树、麻栎、光叶榉等	马尾松、黑松、圆柏、榉、乌桕、柳、台湾相思、木麻黄、假槟榔、桃椰、相思树、罗汉松、刚竹、毛竹、青冈栎、栲树、山茶、珊瑚树、海桐等

（四）防火
- 防火：应用防火树种
- 隔火带：利用植物阻止火灾的蔓延

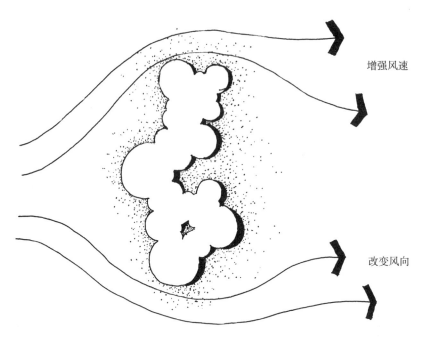

增强风速

改变风向

图3-3 利用防风林增强风速、改变风向

防风林的方向和位置还可以促进气流的运动、改变风的方向，如图3-3所示。

防范和控制森林火灾的发生，特别是森林大火的发生，最有效的办法是在容易起火的田林交界、入山道路营造生物防火林带，变被动防火为主动防火，不但能节约大笔的防火经费，而且能优化改善林分结构。经过多年的实践，人们逐渐筛选出一些具有防火功能的植物，它们都具有含树脂少、不易燃、萌芽力强、分蘖力强等特点，而且着火时不会产生火焰。

常用的防火树种有：刺槐、核桃、加杨、青杨、银杏、荷木、珊瑚树、大叶黄杨、栓皮栎、苦槠、石栎、青冈栎、茶树、厚皮香、交让木、女贞、五角枫、桤木等。

（五）水土保持

— 树冠截留雨水：降水顺着枝干流下，减弱降水对地面的冲刷，枝干截留一部分降水，并蒸发回大气

— 减少地表径流：根系固紧土壤颗粒，枯枝落叶、苔藓等地表覆盖物吸收水分

— 加强水分下渗：改变土壤理化性质，增强土壤保水能力

植物该功能最主要的应用就是护坡，与石砌护坡相比，植物护坡美观、生态、环保、成本低廉，所以现在植物护坡也越来越普遍。园林绿化施工中，护坡绿化难度相对较大，尤其是超过30°的斜坡，土壤较瘠薄、保水力下降，必然影响到植物成活和长势。所以，护坡植物一定要耐干旱、耐贫瘠、适应性强，并且在栽植的过程中，还要与现代的施工技术相结合，保证植物的生长。

（六）减弱噪音→通过枝叶的反射，阻止声波穿过

植物消减噪声的效果相当明显，据测定，10m宽的林带可以减弱噪声30%，20m宽的林带可以减弱噪声40%，30m宽的林带可以减弱噪声50%，40m宽的林带可以减弱噪声60%，草坪可使噪声降低4dB，住宅用攀援植物，如爬山虎、常春藤等进行垂直绿化时，噪声可减少约50%。

经测定，隔音林带在城区以6~15m最佳，郊区以15~30m为宜，林带中心高度为10m以上，林带边沿至声源距离6~15m最好，结构以乔灌草相结合最佳。通常高大、枝叶密集的树种隔音效果较好，比如雪松、桧柏、龙柏、水杉、悬铃木、梧桐、垂柳、云杉、山核桃、柏木、臭椿、樟树、榕树、柳杉、桂花、女贞等。

（七）生态修复 ┬ 吸收污染物：植物能够吸收水中、土壤中污染物并加以利用
　　　　　　　 └ 杀灭细菌 ┬ 植物的分泌物能够杀菌或者将有害污染降解
　　　　　　　　　　　　　└ 植物的存在有利于硝化、反硝化细菌的生存

　　人们发现植物可以吸收、转化、清除或降解土壤中的污染物，所以现阶段对于利用"植物修复（Phytoremediation）"技术治理土壤污染的研究越来越多。比如芝加哥是美国儿童铅中毒数目最多的地区，每年有2万多名6岁以下儿童被确定为血液中铅（Pb）含量超标，当地通过种植向日葵等植物来吸收土壤中的铅（Pb），收效显著。1968年乌克兰切尔诺贝利核电站事故后也通过种植向日葵等植物清除地下水以及土壤中的核辐射。

　　"植物修复"技术的具体操作是将某种特定的植物种植在污染的土壤上，而该种植物对土壤中的污染物具有特殊的吸收、富集能力，将植物收获并进行妥善处理（如灰化回收）后可将该种污染物移出土壤，达到污染治理与生态修复的目的，如图3-4所示。

图3-4　利用向日葵等植物进行"植物修复"

　　利用植物来净化污水也是现今较为经济有效的方法之一。普遍认为漂浮植物吸收能力强于挺水植物，而沉水植物最差；与木本植物相比草本植物对污水中的污染物具有较高的去除率。科学家还发现，一些水生和沼生植物如凤眼莲（又叫凤眼兰或水葫芦）、水浮莲、水风信子、菱角、芦苇和蒲草等，能从污水中吸收金、银、汞、铅、镉等重金属，可用来净化水中有害金属，如表3-5所示、如图3-5所示，由植物组成的种植床可以有效地吸收水中的重金属等污染物质。

　　据测定，1hm²凤眼莲，1天内可从污水中吸收银1.25kg，吸收金、铅、镍、镉、汞等有毒重金属2.175kg；1hm²水浮莲，每4天就可从污水中吸收1.125kg的汞。植物不仅可吸收污水中的有害物质，而且还有许多植物能分泌些特殊的化学物质，与水中的污染物发生化学反应，将有害物质变为无害物质。还有一些植物所分泌的化学物质具有杀菌作用，使污水中的细菌大大减少，比如水葱、水生薄荷和田蓟具有很强的杀菌本领，因此，国外有的城市制备自来水时，就利用水葱来杀菌。

（八）改善小气候（图3-6）┬ 降温：遮阴，避免阳光直射
　　　　　　　　　　　　　├ 增湿：通过蒸腾作用增加空气湿度
　　　　　　　　　　　　　├ 影响地表、地下径流：枝叶截流雨水、根系吸收水分
　　　　　　　　　　　　　├ 影响风速：通风和防风
　　　　　　　　　　　　　└ 杀菌、净化空气：增加空气中负氧离子浓度

表3-5　可净化水体的植物

类型	可供选择的植物
水生或者湿生植物	凤眼莲、莲子草、宽叶香蒲、水芹菜、莲藕、茭白、慈姑、水稻、西洋菜、水浮莲、水风信子、菱角、芦苇、蒲草、水葱、水生薄荷等
陆生植物	丝瓜、金针菜、鸢尾、半枝莲、大蒜、香葱、多花黑麦草等

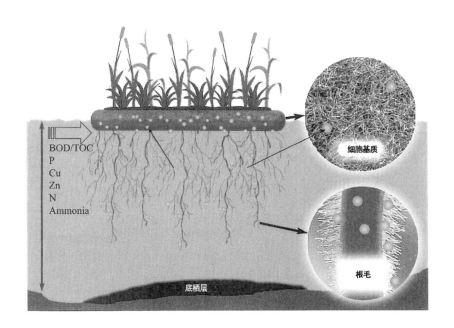

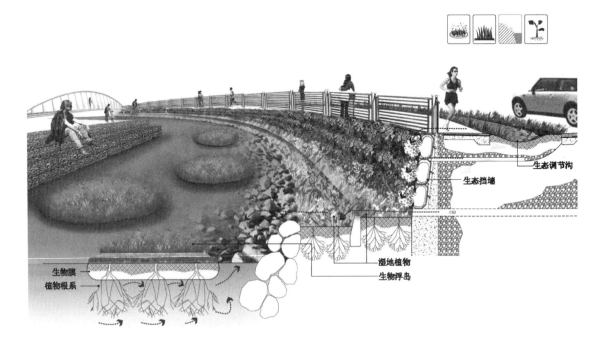

图3-5　植物的水体净化功能示意图

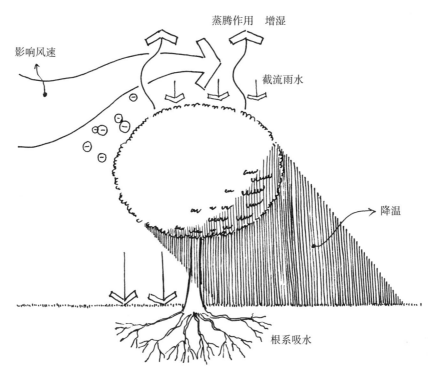

影响风速

蒸腾作用 增湿

截流雨水

降温

根系吸水

图3-6 植物具有调解小气候的功能

二、环境监测与指示植物

科学家通过观察发现，植物对污染物的抗性有很大差异，有些植物十分敏感，在很低浓度下就会受害，而有些植物在较高浓度下也不受害或受害很轻。因此，人们可以利用某些植物对特定污染物的敏感性来监测环境污染的状况，如表3-6所示。利用植物这一报警器，简单方便，既监测了污染，又美化了环境，可谓一举两得。

表3-6 植物的环境监测功能

污染物	症状	受害部位及其顺序	监测植物
SO_2	叶脉间出现黄白色点状"烟斑"，轻者只在叶背气孔附近，重者从叶背到叶面均出现"烟斑"	先期是叶片受害，然后是叶柄受害，后期为整个植株受害 先成熟叶，然后是老叶，最后是幼叶	地衣、紫花苜蓿、菠菜、胡萝卜、凤仙花、翠菊、四季秋海棠、天竺葵、锦葵、含羞草、茉莉、杏、山定子、紫丁香、月季、枫杨、白蜡、连翘、杜仲、雪松、红松、油松、大麦、燕麦、葡萄、桃、李、梧桐、棉花、紫茉莉等
Cl_2 氯化物	点、块状褪色伤斑，叶片严重失绿，甚至全叶漂白脱落	其伤斑部位大多在脉间，伤斑与健康组织之间没有明显界限	波斯菊、金盏菊、凤仙花、天竺葵、蛇目菊、硫华菊、锦葵、四季海棠、福禄考、一串红、石榴、竹、复叶槭、桃、苹果、柳、落叶松、油松、报春花、雪松、黑松、广玉兰等
HF 氟化物	其伤斑呈环带分布，然后逐渐向内扩展，颜色呈暗红色，严重时叶片枯焦脱落	伤斑多集中在叶尖、叶缘，叶脉间较少 先幼叶受害，再老叶受害	唐菖蒲、玉簪、郁金香、锦葵、地黄、万年青、萱草、草莓、雪松、玉蜀、杏、葡萄、榆叶梅、紫薇、复叶槭、梅、杜鹃、剑兰等
光化学烟雾	片背面变成银白色、棕色、古铜色或玻璃状。叶片正面还会出现一道横贯全叶的坏死带，受害严重时会使整片叶变色，很少发生点块状伤斑	伤斑大多出现在叶表面，叶脉间较少 中龄叶最先受害	菠菜、莴苣、西红柿、兰花、秋海棠、矮牵牛、蔷薇、丁香、早熟禾、美国五针松、银槭、梓树、皂荚、葡萄、悬铃木、连翘、女贞、垂柳、山荆、杏、桃、烟草、菠萝等
NO_2	出现黄化现象，呈条状或斑状不一，幼叶在黄化现象产生之前就可能先脱落	多出现在叶脉间或叶缘处	榆叶梅、连翘、复叶槭等
NH_3	伤斑点、块状，颜色为黑色或黑褐色	多为叶脉间	悬铃木、杜仲、龙柏、旱柳等

由于植物生活环境固定，并与生存环境有一定的对应性，所以植物可以指示环境的状况。那些对环境中的一个因素或某几个因素的综合作用具有指示作用的植物或植物群落被称为指示植物（indicator plant, plant indicator）。按指示对象可分为以下几类：

（1）土壤指示植物：如杜鹃、铁芒箕（狼箕）、杉木、油茶、马尾松等是酸性土壤的指示植物；柏木为石灰性土壤的指示植物；多种碱蓬是强盐渍化土壤的指示植物；马桑为碱性土壤的指示植物；荨草是富氮土壤的指示植物……

（2）气候指示植物：如椰子开花是热带气候的标志。

（3）矿物指示植物：如海洲香薷是铜矿的指示植物。

（4）环境污染指示植物：如表3-6中所列举的环境监测植物。

（5）潜水指示植物：可指示潜水埋藏的深度、水质及矿化度，如柳属是淡潜水的指示植物，骆驼刺为微咸潜水的指示植物。

此外，植物的某些特征，如花的颜色、生态类群、年轮、畸形变异、化学成分等也具有指示某种生态条件的作用，在这里就不一一列举了。

第二节　植物的空间构筑功能及其应用

一、空间的类型及植物的选择

根据人们视线的通透程度可将植物构筑的空间分为开敞空间、半开敞空间、封闭空间三种类型，不同的空间需要选择不同的植物，具体内容请参见表3-7。

表3-7　空间的类型与植物的选择

空间类型	空间特点	选用的植物	适用范围	空间感受
开敞空间	人的视线高于四周景物的植物空间，视线通透，视野辽阔	低矮的灌木、地被植物、花卉、草坪	开放式绿地、城市公园、广场等	轻松、自由
半开敞空间	四周不完全开敞，有部分视角用植物遮挡	高大的乔木、中等灌木	入口处，局部景观不佳，开敞空间到封闭空间的过渡区域	若即若离、神秘
封闭空间	植物高过人的视线，使人的视线受到制约	高灌木、分枝点低的乔木	小庭园、休息区、独处空间	亲切、宁静

二、植物的空间构筑功能（表3-8）

（一）利用植物创造空间

与建筑材料构成室内空间一样，在户外植物往往充当地面、天花板、围墙、门窗等作用，其建筑功能主要表现在空间围合、分隔和界定等方面。

表3-8　植物的空间构筑功能

植物类型		空间元素	空间类型	举例
乔木	树冠茂密	屋顶	利用茂密的树冠构成顶面覆盖，树冠越茂密，顶面的封闭感越强	如图3-7所示，高大乔木构成封闭的顶面，创造舒适凉爽的林下休闲空间
	分枝点高	栏杆	利用树干形成立面上的围合，但此空间是通透的或半通透的空间，树木栽植越密，则围合感也越强	如图3-8所示，分枝点较高的乔木在立面上能够暗示空间的边界，但不能完全阻隔视线 如图3-9所示，道路两侧栽植银杏，在界定空间的同时，又保证了视线的通透
	分枝点低	墙体	利用植物冠丛形成立面上的围合，空间的封闭程度与植物种类、栽植密度有关	如图3-10所示，常绿植物阻挡了视线，形成围合空间

续表

植物类型		空间元素	空间类型	举例
灌木	高度没有超过人的视线	矮墙	利用低矮灌木形成空间边界，但由于视线仍然通透，相邻两个空间仍然相互连通，无法形成封闭的效果	如图3-10所示，低矮的灌木仅能够界定空间，而不能够封闭空间
	高度超过人的视线	墙体	利用高大灌木或者修剪的高篱形成封闭的空间	如图3-11所示，高大灌木阻挡了视线，形成空间的围合
草坪、地被		地面	利用质地的变化暗示空间范围	如图3-12所示，尽管没有立面上具体的界定，但草坪与地被之间的交界线暗示了空间的界限，预示了空间转变

（二）利用植物组织空间

在园林设计中，除了利用植物组合创造一系列不同的空间之外，有时还需要利用植物进行空间承接和过渡——植物如同建筑中的门、窗、墙体一样，为人们创造一个个"房间"，并引导人们在其中穿行。如图3-13所示，在A位置道路两侧为乔木、灌木组成的封闭空间，如同建筑中的走廊，引导游人前行；在B位置，空间打

图3-7　高大乔木形成的林下空间

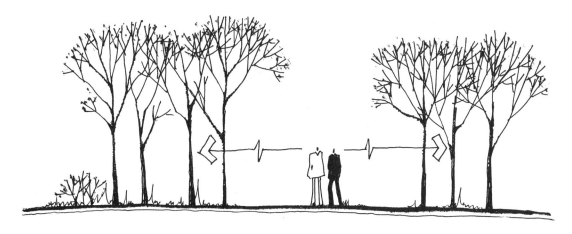

图3-8　分枝点较高的乔木形成的半开敞的空间效果

图3-9   银杏行植形成通透的视觉效果

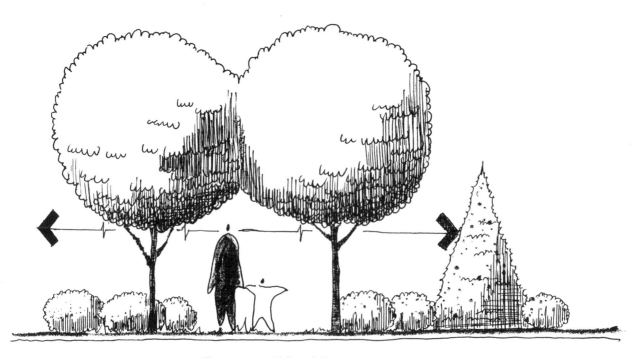

图3-10   不同植物形成的空间围合效果对比

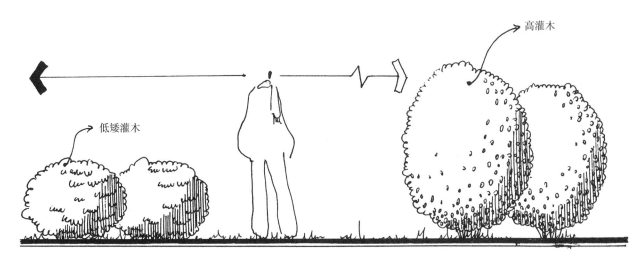

图3-11 高大灌木形成封闭空间

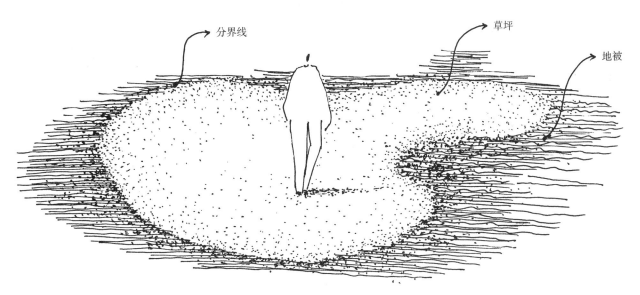

图3-12 利用地被、草坪暗示空间的变化

开，引入主景——草坪中的孤植树及其后的背景，如同进入"玄关"；在C位置，空间完全打开，主体景观逐步显现，可以看到主体建筑、左侧孤植树和右侧开阔草坪，如同进入"客厅"。

（三）利用植物拓展空间

在景观设计中，经常会采用"欲扬先抑"的手法，创造"柳暗花明"的效果，最常用的方法是借助植物创造一系列明暗、开合的对比空间，利用人的视觉错觉，使得开敞空间比实际还要开阔。比如在入口处栽植密集的植物，形成围合空间，紧接着一个相对开敞的空间，会令人产生豁然开朗的感觉，会显得这一空间更加开阔，如图3-13所示，A处空间封闭感强，因此会显得B处和C处空间更为开敞。

另外，在室内外空间分界处，常利用高大乔木或者攀援植物覆盖的廊架构筑过渡空间，如图3-14所示，在建筑旁栽植高大乔木，利用植物构筑的"屋顶"使建筑室内空间得以延续和拓展。再如图3-15所示，利用扁球形植物强化了水平方向线，仿佛花架构成的空间被延长了。其实以上两点都是利用植物的造型令人们产生视觉上的错觉，从而使得空间具有了可延展性。

多数时候，植物的空间构筑功能要与景观或者景点的设计相结合，为了更好地发挥植物这方面的功能，往往需要对视线、景观等各方面进行翔实的分析。

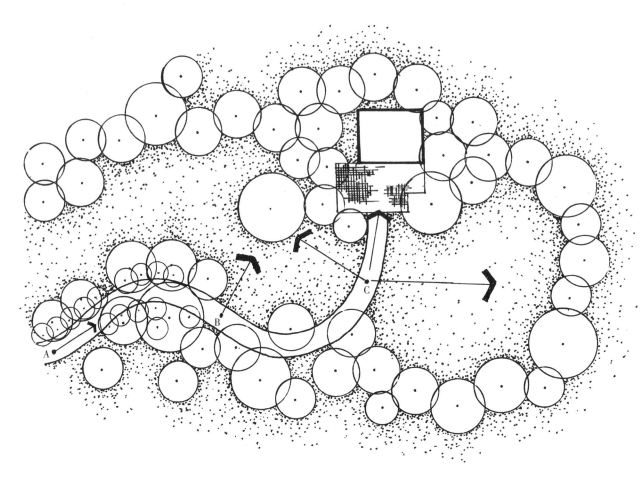

图3-13　利用植物进行空间的组织

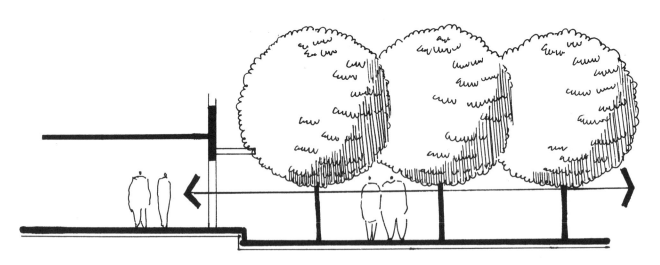

图3-14　树冠构筑的"屋顶"拓展了建筑空间

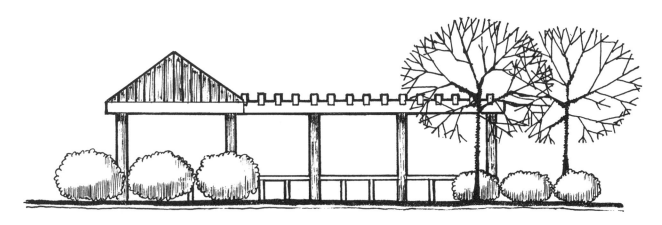

图3-15 扁球形植物使得花架空间水平延续

第三节 美学观赏功能

植物的美学观赏功能也就是植物美学特性的具体展示和应用，其主要表现为利用植物美化环境、构成主景、形成配景等方面。

一、植物的造景功能

（一）主景

植物本身就是一道风景，尤其是一些形状奇特、色彩丰富的植物更会引起人们的注意，如图3-16中城市街道一侧的羊蹄甲成为城市街景中的"明星"。但是并非只有高大乔木才具有这种功能，应该说，每一种植物都拥有这样的"潜质"，问题是设计师是否能够发现并加以合理利用。比如在草坪中，一株花满枝头的紫薇就会成为视觉焦点（图3-16）；一株低矮的红枫在绿色背景下会让人眼前一亮（图3-17）；在阴暗角落，几株玉簪会令人赏心悦目……也就是说，作为主景的，可以是单株植物，也可以是一组植物，景观上或者以造型取胜，或者以叶色、花色等夺人眼球，或者以数量形成视觉冲击性，此类种种，在此就不一一列举了。

图3-16 城市街景中的明星——羊蹄甲

（二）障景之景屏

古典园林讲究"山穷水尽、柳暗花明"，通过障景，使得视线无法通达，利用人的好奇心，引导游人继续前行，探究屏障之后的景物，即所谓引景。其实障景的同时就起到了引景的作用，而要达到引景的效果就需要借助障景的手法，两者密不可分。如图3-18所示，道路转弯处栽植一株花灌木，一方面遮挡了路人的视线，使其无法通视，增加的景观的神秘感，丰富了景观层次，另一方面这株花灌木也成为视觉的焦点，构成吸引游人前行的引景。

在景观创造的过程中，尽管植物往往同时担当障景与引景的作用，但面对不同的状况，某一功能

图3-17　红枫成为主景

也可能成为主导，相应的所选植物也会有所不同。比如在视线所及之处景观效果不佳，或者有不希望游人看到物体，在这个方向上栽植的植物主要承担"屏障"的作用，而这个"景"一般是"引"不得的，所以应该选择枝叶茂密、阻隔作用较好的植物，并且最好是"拒人于千里之外"的，一些常绿针叶植物应该是最佳的选择，比如云杉、桧柏、侧柏等就比较适合。如图3-19所示，某企业庭院紧邻城市主干道，外围有立交桥、高压电线等设施，景观效果不是太好，所以在这一方向上栽植高大的桧柏，阻挡视线。与此相反，某些景观隐匿于园林深处，此时引景的作用就要更重要些了，而障景也是必要的，但是不能挡得太死，要有一种"犹抱琵琶半遮面"的感觉，此时应该选择枝叶相对稀疏、观赏价值较高的植物，如油松、银杏、栾树、红枫（图3-20），或者几杆翠竹等，正所谓"极目所至，俗则屏之，嘉则收之"。

图3-18　植物的障景和引景功能

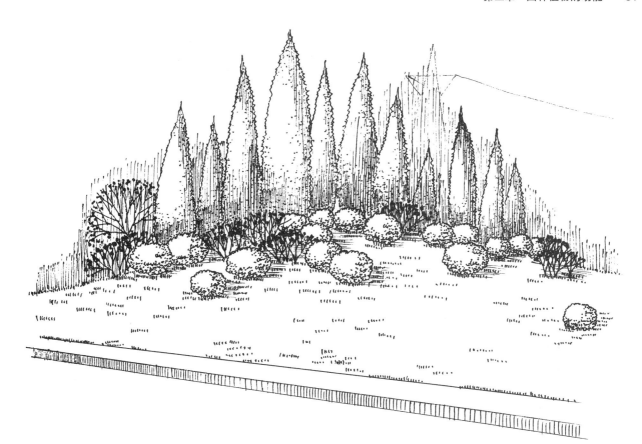

图3-19　利用植物屏障遮挡不佳的景观

图3-20　道路转弯处的日本红枫形成障景和引景

（三）框景之景框

　　将优美的自然景色通过门窗或植物等材料加以限定，如同画框与图画的关系，这种景观处理方式称为框景。框景常常让人产生错觉，疑是挂在墙上的图画，所以有"尺幅窗，无心画"之称，古典园林中框景的上方还常常配有"画中游"或者"别有洞天"之类的匾额，加以点题。利用植物构成框景在现在园林中非常普遍，如图3-21所示，高大的乔木构成一个视窗，通过"窗口"可以看到远处优美的景致。所以利用植物框景也常常与透景组合，如图3-22所示，两侧的植物构成框景，将人的视线引向远方，这条视线则称为"透景线"。

图3-21　利用植物构成框景效果

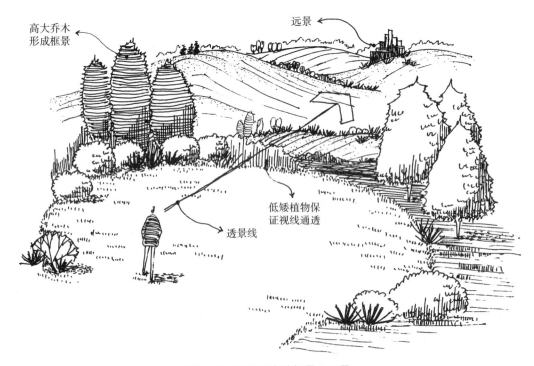

图3-22　植物形成的框景和透景

　　构成框景的植物应该选用高大、挺拔、形状规整、分枝点相对较高或者枝条紧凑的植物，比如桧柏、侧柏、油松、新疆杨、银杏、悬铃木、水杉、梧桐、国槐等。而位于透景线上的植物则要求比较低矮，不能阻挡视线，并且具有较高的观赏价值，比如一些草坪、地被植物、低矮的花灌木等，如图3-23所示。

图3-23　适合做"景框"的植物

（四）漏景之疏漏

　　漏景是从框景发展而来。框景以物为框，以景为画，目的是突出景观，而漏景则是以物为屏，以屏掩景，景观若隐若现，含蓄雅致，漏景的目的是打造或神秘或朦胧的景观氛围。疏透处的景物构设，既要考虑定点的静态观赏，又要考虑移动视点的漏景效果，以丰富景色的闪烁变幻情趣。漏景可以用漏窗、漏墙、漏屏风、疏林等手法，在漏景中如果使用植物作为疏漏，通常应选择干型通直、分枝较少、造型朴素、色彩单一的植物，比如竹、银杏、白桦、新疆杨等，并要适当控制栽植密度，如图3-24中绿树掩映中的晋祠宾馆更显古朴神秘，而如图3-25中则是中国古典园林中经常采用的手法——利用竹林形成漏景效果，使入口若隐若现。

（五）添景之媒介

　　当远方自然景观或人文景观，如果中间或近处没有过渡景观，眺望时就缺乏空间层次。如果在中间或近处有乔木或花卉作中间或近处的过渡，这乔木或花卉便是添景。通常选择体型高大姿态优美的树木，无论一株或几株往往都能起到良好的添景作用（图3-26），或者选择色彩亮丽、自然灵动的花带，由近及远，形成视觉纽带（图3-27）。

（六）夹景之景廊

　　远景在水平方向视界很宽，但其中又并非都很动人，因此，为了突出理想景色，常将左右两侧以树丛、树干、土山或建筑等加以屏障，于是形成左右遮挡的狭长空间，这种手法叫夹景，夹景是运用轴线，透视线突出对景的手法之一，可增加园景的深远感。如图3-28中颐和园后山的苏州河，远方的苏州桥是主景，为两岸起伏的土山和美丽的林带所夹峙。

图3-24   绿树掩映中的晋祠宾馆

图3-25   竹林掩映的入口

图3-26　在远山与近景之间添加的树丛丰富了景观层次

图3-27　色彩亮丽的花带形成视觉纽带

图3-28   颐和园后山的苏州河

夹景是一种带有控制性的构景方式，它不但能
表现特定的情趣和感染力（如肃穆、深远、向前、
探求等），以强化设计构思意境、突出端景地位，
而且能够诱导、组织、会聚视线，使景视空间定向
延伸，直到端景的高潮。因此作为夹景两侧构筑景
廊的植物，应该造型整齐、枝叶茂密，色彩以绿色
为主，比如意大利丝柏（图3-29）、桧柏、云杉、
玉兰、银杏、新疆杨、雪松等植物。

二、植物的统一和联系功能

在景观中植物，尤其是同一种植物，能够使得
两个无关联的元素在视觉上联系起来，形成统一的
效果。如图3-30所示，临街的两栋建筑之间缺少联

图3-29   由意大利丝柏形成的夹景效果

系，而在两者之间栽植上植物之后，两栋建筑物之间似乎构成联系，整个景观的完整性得到了加强。再如图
3-31所示，（a）图中两组植物之间缺少联系，各自独立，没有一个整体的感觉，而（b）图中在两者之间栽植
低矮的球形灌木，原先相互独立的两个组团被联系起来，形成了统一的效果。其实要想使独立的两个部分（如
植物组团、建筑物或者构筑物等）产生视觉上的联系，只要在两者之间加入相同的元素，并且最好呈水平延展
状态，比如扁球形植物或者匍匐生长的植物（如铺地柏、地被植物等），从而产生"你中有我，我中有你"的
感觉，以保证景观的视觉连续性，获得统一的效果，如图3-32所示。

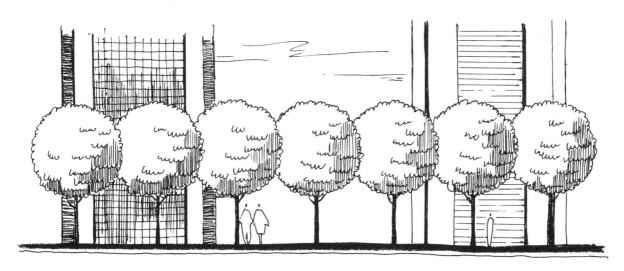

图3-30 利用植物加强两栋建筑物之间的联系

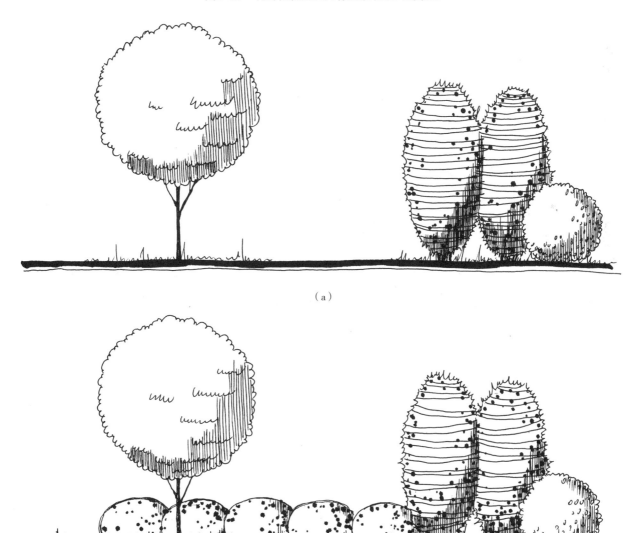

（a）

（b）

图3-31 利用灌木将两个组团联系起来

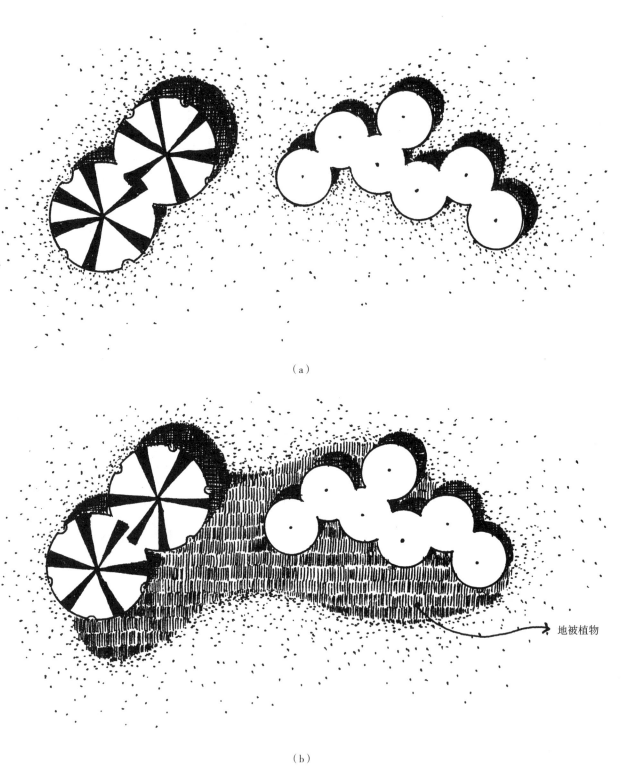

（a）

（b）

图3-32　利用地被植物形成统一的效果

　　小到一处园林，大到一座城市，往往都要确定一种或者几种植物作为基调植物，其目的也是为了保证景观的完整和统一——广泛分布的基调植物有利于形成统一的景观基底。北方地区多以常绿植物为主搭配当地乡土植物，比如北京的白皮松、沈阳的油松、大连的雪松和青岛的塔松等，而南方则多以开花乔木为主，比如木棉类、玉兰类、羊蹄甲类等。

三、植物的标示及强化功能

（一）景观标示功能

　　某些植物具有特殊的外形、色彩、质地，能够成为众人瞩目的对象，同时也会使其周围的景物被关注，这一点就是植物强调和标示的功能。在一些公共场所的出入口、道路交叉点、庭院大门、建筑入口等需要强调、指示的位置，合理配置植物能够引起人们的注意。比如居住区中由于建筑物外观、布局和周围环境都比较相似，环境的可识别性较差，为了提高环境的可识别性，除了利用指示标牌之外，还可以在不同的组团中配置不同的植物，既丰富了景观，又可以成为独特的标示（图3-33）。

图3-33　植物的标示功能

（二）景观强化功能

　　园林中地形的高低起伏，增加了空间的变化，也易使人产生新奇感。利用植物材料能够强调地形的高低起伏。如图3-34（a）所示，在地势较高处种植高大、挺拔的乔木，可以使地形起伏变化更加明显；与此相反，如果在地形凹处栽植植物，或者在山顶栽植低矮的、平展的植物可以使地势趋于平缓，如图3-34（b）所示。在园林景观营造中可以应用这种功能巧妙配置植物材料，形成或突兀起伏或平缓的地形景观，与大规模的地形改造相比，可以说是事半功倍。

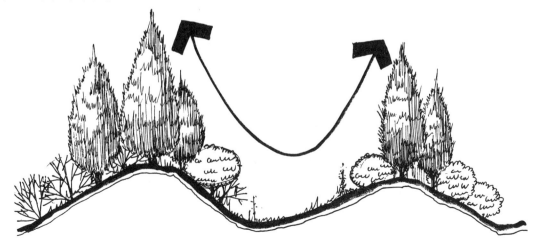

（a）

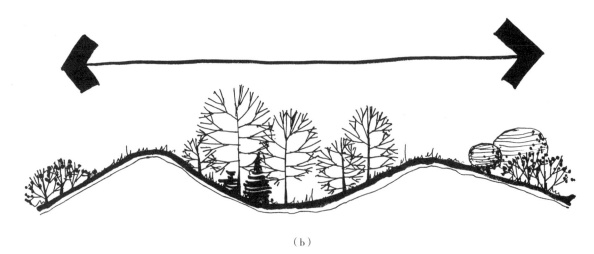

（b）

图3-34　利用植物强化或者削弱地形

四、植物的柔化功能

植物景观被称为软质景观，主要是因为植物造型柔和、较少棱角，颜色多为绿色，令人放松。因此在建筑物前、道路边缘、水体驳岸等处种植植物，以达到柔化的效果，如图3-35、图3-36、图3-37所示。 建筑物墙基、拐角处、道路沿线、水岸边沿栽植的植物软化了僵硬的边界线，并在平面上、立面上落下斑驳的落影或者倒影，树与影、虚与实形成对比，也使得整个环境变得温馨、柔和。但需要注意的是，造型奇特的植物，如曲枝类植物，比如龙爪桑、龙爪柳等，因为这些植物的枝干在墙面上投下的影子会很奇异，会令人感觉不舒服，因此在居住环境中尽量避免。

图3-35　建筑基础绿化的柔化作用

图3-36　道路景观中利用植物进行柔化

图3-37 植物的柔化功能

第四节 植物的经济功能

无论是日常生活，还是工业生产，植物一直都在为人类无私的奉献着，植物作为建筑、食品、化工等的主要原材料，产生了巨大的直接经济效益（表3-9）；通过保护、优化环境，植物又创造了巨大的间接经济效益。如此看来，如果我们在利用植物美化、优化环境的同时，又能获取一定的经济效益，这又何乐而不为呢！当然，片面地强调经济效益也是不可取的，园林植物景观的创造应该是在满足生态、观赏等各方面需要的基础上，尽量提高其经济收益。

表3-9 园林植物产生的经济效益

	具体应用	园林植物
木材加工	建筑材料、装饰材料、包装材料等	落叶松、红松、椴树、白蜡、水曲柳、核桃楸、柚木、美国花旗松、欧洲赤松、芸香、黄檀、紫檀、黑槐、栓皮栎（软木）等
畜牧养殖	枝、梢、叶作为饲料、肥料	牧草，如紫花苜蓿、红豆草等；饲料原材料，如象草
工业原料	树木的皮、根、叶可提炼松香、橡胶、松节油等	松科松属的某些植物，如油松、红松等可以提取松节油、松香油，橡胶树可以提取橡胶
燃料	薪材	杨树、白榆、落叶松、云杉等
	燃油（汽油、柴油）	油楠、苦配巴（巴西）、文冠果、小桐子、黄连木、光皮树、油桐、乌桕、毛梾、欧李、翅油果、石栗树、核桃、油茶等
医药	药用植物	金银花、杜仲、贝母、沙棘、何首乌、芦荟、石刁柏、番红花、唐松草、苍术、银杏、樟、多数芳香植物等
食品	果实、蔬菜、饮料、酿酒、茶、食用油	苹果、梨、葡萄、海棠、玫瑰、月季、枇杷、杏、板栗、核桃、柿、松属（松子）、榛、无花果、莲藕、茭白、荔枝、龙眼、柑橘等

在景观设计中，尤其是植物景观设计中，应该首先明确各处需要植物承担的功能，再有针对性地选择相应的植物或者植物组团，以保证景观达到预期效果。

第四章
植物造景的生态学原理

本章主要结构

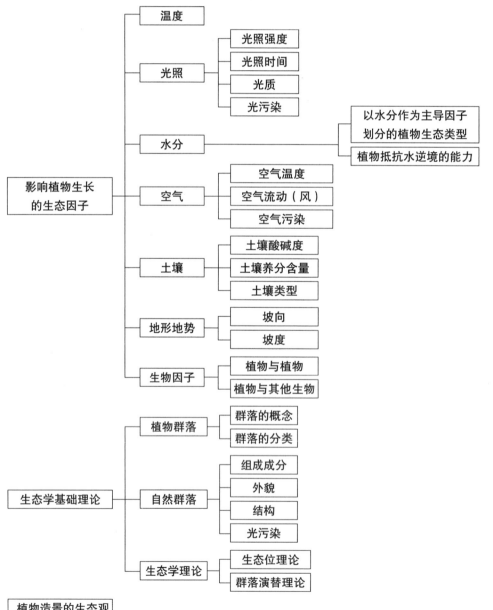

- 影响植物生长的生态因子
  - 温度
  - 光照
    - 光照强度
    - 光照时间
    - 光质
    - 光污染
  - 水分
    - 以水分作为主导因子划分的植物生态类型
    - 植物抵抗水逆境的能力
  - 空气
    - 空气温度
    - 空气流动（风）
    - 空气污染
  - 土壤
    - 土壤酸碱度
    - 土壤养分含量
    - 土壤类型
  - 地形地势
    - 坡向
    - 坡度
  - 生物因子
    - 植物与植物
    - 植物与其他生物
- 生态学基础理论
  - 植物群落
    - 群落的概念
    - 群落的分类
  - 自然群落
    - 组成成分
    - 外貌
    - 结构
    - 光污染
  - 生态学理论
    - 生态位理论
    - 群落演替理论
- 植物造景的生态观

植物的生态学特性就是植物正常生长发育所需的生态环境因子，如温度、水分、光照、土壤、空气等，是影响植物选择、景观创造的重要因素之一。

第一节　影响植物生长的生态因子

一、温度

（一）与温度有关的概念

温度的三基点：植物在生长发育过程中所需的最低、最适、最高温度。

植物生长期积温：植物在生长期中高于某温度值以上的昼夜平均温度的总和。

植物有效积温：植物开始生长活动的某一段时期内的温度总和。

温周期：植物对昼夜温度变化的适应性，主要表现为种子发芽、植物生长、开花结果等。

物候期：五天为一"候"，凡是每候的平均温度为10～22℃的属于春秋季，在22℃以上的属夏季，在10℃以下的为冬季，为了适应季节性的变化植物表现的生长发育节律就称为物候期，例如大多数植物春季发芽，夏季开花，秋季结实，冬季休眠。

寒害：植物在温度不低于0℃受害甚至死亡，称之为寒害。

冻害：当气温降至0℃以下，导致一些植物受害，称之为冻害。

霜害：当气温降至0℃时，空气中过饱和的水汽在植物表面凝结成霜，导致植物受害，称之为霜害。

（二）植物与温度

温度是影响植物分布的重要因子，因温度直接影响着植物的光合作用、呼吸作用、蒸腾作用，从而影响到植物的成活率和生长势，温度过高或者过低都不利于植物的生长发育。如表4-1所示，各气候带温度不同，植物类型也有所差异，选择植物时应该注意植物分布的南北界限以及植物所能承受的极限高温或者极限低温。

表4-1　温度与植物的分布

分类	能够忍耐的最低温度	原产地	代表植物
耐寒性植物	−5～−10℃，甚至更低	寒带或温带	油松、落叶松、龙柏、榆叶梅、榆树、紫藤、金银花等
半寒性植物	−5℃可以露地越冬	温带南缘或亚热带北缘	香樟、广玉兰、桂花、夹竹桃、南天竹等
不耐寒性植物	0～5℃，或更高的温度	热带及亚热带	棕榈、栀子花、无患子、青桐等

另外，由于季节性变温，植物形成了与此相适应的物候期，呈现出有规律的季相变化，在进行植物配置时应该熟练掌握植物的物候期以及由此产生的季相景观，合理配置，充分发挥植物的花、果、叶等的观赏特性。

二、光照

光对植物的作用主要表现在光照强度、光照时间和光谱成分三方面。

（一）光照强度对植物的影响

根据园林植物对光照强度的要求，植物可以分为阳性、耐阴、阴性三种类型，具体内容请参见表4-2。

由于植物具有不同的需光性，使得植物群落具有了明显的垂直分层现象，阳性树种作为上木，以获得更多的阳光，中层为耐阴植物，而最下层获得的阳光最少，甚至没有，所以只有阴生植物可以生存。自然规律是无法违背的，所以植物造景时，应按照植物的需光类型进行植物选择和搭配。

（二）光照时间对植物的影响

植物开花要求一定的日照长度，这种特性与其原产地日照状况密切相关，也是植物在系统发育过程中对于

表4-2　光照强度与植物

需光类型	光照强度	环境	植物种类	
阳性	全日照70%以上	林木的上层	月季，紫薇，木槿，银杏，悬铃木，泡桐以及大部分针叶植物等	
耐阴 （中性）	全日照的5%～20%	植物群落中、下层，或生长在潮湿背阴处	偏阳性	榆属、朴属、榉属、樱花、枫杨等
			稍偏阴	槐、木荷、圆柏、珍珠梅属、七叶树、元宝枫、五角枫等
			偏阴性	冷杉属、云杉属、铁杉属、粗榧属、红豆杉属、椴属、荚蒾属、八角金盘、常春藤、八仙花、山茶、桃叶珊瑚、枸骨、海桐、杜鹃、忍冬、罗汉松、紫楠、棣棠、杜英、香榧等
阴性	80%以上的遮阴度	潮湿、阴暗的密林	蕨类植物、兰科、苦苣苔科、凤梨科、天南星科、竹芋科、秋海棠属植物	

所处的生态环境长期适应的结果。每天的光照时数与黑暗时数的交替对植物开花的影响称为光周期现象，按照此现象将植物分为三类，具体内容见表4-3。

表4-3　光照时间与植物

光照时间	光照时数	分布	植物种类
长日照	>14h	高纬度（纬度超过60°的地区）	唐菖蒲、樱花、金盏菊、矢车菊、天人菊、罂粟、薄荷、薰衣草、牡丹、剑兰、矮牵牛、郁金香、睡莲等
短日照	<12h	低纬度（热带、亚热带和温带）	菊花、大丽花、大波斯菊、紫花地丁、长寿花、一品红、牵牛花、蒲公英等
中间性	无要求	广泛	月季、扶桑、天竺葵、美人蕉等

通常延长光照时数会促进或延长植物生长，而缩短光照时数则会减缓植物生长或使植物进入休眠期。了解植物的光周期现象对植物的引种驯化工作非常重要，如果将植物由南方向北方引种，为了使其做好越冬的准备，可以缩短日照时数，使其提早进入休眠期，从而增强其抗逆性。植物开花也受到光照时数的影响，所以在现代切花生产、节日摆花等方面往往利用人工光源或遮光设备来控制光照时数，从而控制植物的花期，满足生产、造景的需要。

（三）光质对植物的影响

光按照波长分为短波光（波长390～470nm）、极短波光（波长300～390nm）和长波光（波长640～2600nm）。短波光对植物的加长生长有着抑制作用，但可以促进幼芽的形成和细胞的分化，长波光可促进种子萌发和植物的长高，极短波光则可促进植物花青素和色素的形成，使花色更加鲜艳。

（四）光污染与植物

科学研究已经证实"光污染"对生命体的健康有着很大的危害，比如人工白昼可能破坏昆虫在夜间的正常繁殖过程，许多依靠昆虫授粉的植物也将受到不同程度的影响。此外，"光污染"对植物还有其他的影响，比如破坏了植物生物节律，特别是夜里长时间、高辐射能量作用于植物，会使植物的叶或茎变色，甚至枯死，比如梧桐、刺槐的叶子由于长期强光照射密度将会降低，留下的叶片也会慢慢枯死；长时间、大剂量的夜间灯光照射，还会导致植物花芽过早形成，影响植物休眠和冬芽的形成……当然，光污染的危害远不止这些，当务之急在城市规划阶段就要通过合理的规划为植物以及其他生物创造一个健康的适宜的光照环境。另外，对于城市繁华商业地段或者城市主要交通道路，必须长时间、高亮度照明的区域，应栽植对光不敏感的植物，具体内容参见表4-4。

表4-4　植物对城市光污染敏感程度

敏感程度	植物种类
很敏感	茶条槭、挪威槭、北美白桦、红瑞木、悬铃木、榆树、光叶榉、红花槭、枫树、四照花、垂柳等
中等	鸡爪槭、灯台树、欧洲红瑞木、栾树、国槐、小叶椴、日本鹅耳枥、欧洲水青冈等
不敏感	银杏、美洲冬青、山荆子、黑松、豆梨、柳叶栎、欧洲椴等

三、水分

（一）以水分作为主导因子划分的植物生态类型

水分是植物体重要组成成分，是保证植物正常生理活动、新陈代谢的主要物质。根据植物对水的依赖程度（图4-1）可把植物分为水生植物和陆生植物两大类，具体内容参见表4-5。

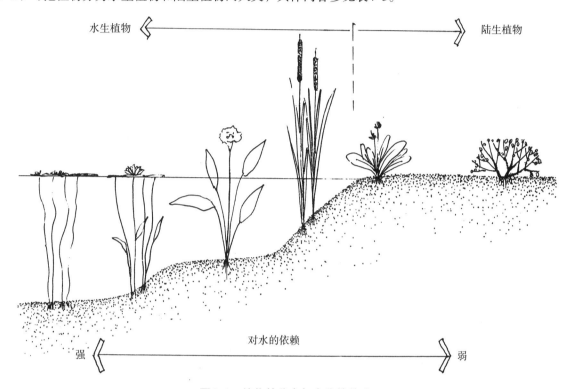

图4-1 植物的分布与水分的关系

表4-5 水生植物与陆生植物对照表

类别	名称	特征	代表植物	适宜环境
水生植物	沉水植物	整个植物沉在水中，跟空气完全隔离	金鱼藻、黑藻、苦草、水毛茛、水车前、海菜花、菹草、眼子菜类、茨藻类、狸藻类等	水体中
	浮水植物	叶片漂浮在水面上	浮萍、槐叶萍、睡莲、萍蓬草、莕菜、金银莲花、芡实、水龙、浮叶慈姑、水八角、水罂粟、水蕹、茶菱、粗梗水蕨、槐叶萍、莼菜、菱角、凤眼莲（水葫芦）等	水体中
	挺水植物	茎叶大部分挺伸在水面上	芦苇、花叶芦苇、菖蒲、香蒲、宽叶香蒲、水浊菰、水葱、花叶水葱、再力花、席草、红穗芦苇、黄花鸢尾、纸莎草、泽泻、千屈菜、荷花、雨久花、花蔺、泽芹、水芹、水蓼等	浅水中、水边
陆生植物	湿生植物	抗旱能力差，不能长时间忍受缺水	阳性湿生植物：鸢尾、毛茛、黄花蔺、野芋、紫梗芋、伞草、千屈菜、水生美人蕉、问荆、水毛花、黑三棱、雨久花、泽泻、慈姑、沼生柳叶菜、豆瓣菜、埃及莎草、梭鱼草、鱼腥草、石菖蒲、水蓑衣、落羽杉、水松、垂柳等	日光充足但土壤水分饱和的环境中，如沼泽化草甸、河湖沿岸低地
			阴性湿生植物：蕨类、海芋、秋海棠及多种附生植物	林下，热带雨林或亚热带雨林中、下层
	中生植物	无法忍受过干或者过湿的条件	大多数植物	一般陆地环境
	旱生植物	耐旱较强，能忍受较长期的空气或土壤的干旱	合欢、紫藤、夹竹桃、雪松、马齿苋、景天类、芦荟、龙舌兰、台湾相思、珊瑚树等	沙漠、裸岩、陡坡等含水量低、保水力差的地段

（二）植物抵抗水逆境的能力

植物或多或少都有一定抵抗水逆境的能力，但由于品种及其他环境因子的差异，植物的适应性还是有所不同，具体内容参见表4-6和表4-7。

表4-6　植物的耐旱能力

忍耐程度	忍耐干旱高温的能力	代表植物
强	2个月以上仍正常生长或仅生长缓慢	雪松、黑松、响叶杨、加杨、垂柳、旱柳、杞柳、小叶栎、白栎、栓皮栎、石栎、苦槠、榔榆、构树、柘树、山胡椒、狭叶山胡椒、枫香、桃、枇杷、石楠、光叶石楠、楝树、山槐、合欢、黄檀、臭椿、乌桕、野桐、黄连木、盐肤木、飞蛾槭、木芙蓉、君迁子、栀子花、火棘、菝葜、小檗、紫穗槐、夹竹桃、紫藤、葛藤、野葡萄、荷兰菊、丛生福禄考、鸡眼草、算盘子、德国景天、千屈菜、龙舌兰、仙人掌类、胡枝子类等
较强	2个月以上仅生长缓慢或枯梢落叶	马尾松、油松、赤松、湿地松、侧柏、千头柏、圆柏、柏木、龙柏、偃柏、毛竹、水竹、棕榈、毛白杨、滇柳、龙爪柳、青钱柳、麻栎、槲栎、青冈栎、板栗、锥栗、白榆、朴树、小叶朴、榉树、糙叶树、桑、崖桑、无花果、广玉兰、樟树、豆梨、杜梨、沙梨、杏、李、皂荚、槐、香樟、油桐、千年桐、重阳木、野漆、枸骨、冬青、丝棉木、无患子、栾树、木槿、梧桐、杜英、厚皮香、柽柳、柞木、黄杨、瓜子黄杨、南天竹、紫薇、银薇、胡颓子、马甲子、扁担杆子、山麻杆、溲疏、薜荔、云实等
中等	2个月以上植株不死，但落叶、枯梢现象明显	罗汉松、日本五针松、白皮松、落羽杉、刺柏、香柏、银白杨、小叶杨、钻天杨、杨梅、胡桃、核桃楸、山核桃、长白核桃、桦木、大叶朴、木兰、厚朴、桢楠、杜仲、悬铃木、木瓜、樱桃、樱花、梅、刺槐、龙爪槐、柑橘、柚、橙、大木漆、锦熟黄杨、三角枫、鸡爪槭、五叶槭、枣树、枳椇、椴树、山茶、喜树、灯台树、刺楸、白蜡、女贞、黄荆、大青、泡桐、梓树、黄金树、水冬瓜、八仙花、山梅花、蜡瓣花、海桐、海棠、郁李、绣线菊属、紫荆、朝鲜黄杨、杜鹃、野茉莉、荚蒾、锦带花、接骨木、连翘、金钟花、水蜡、小蜡、葡萄等
较弱	1个月以内落叶、枯梢现象明显	粗榧、三尖杉、香榧、金钱松、华山松、柳杉、鹅掌楸、玉兰、八角茴香、蜡梅、雅楠、大叶黄杨、糖槭、油茶、珙桐、四照花、白辛等
弱	1个月左右植株即死亡	银杏、杉木、水杉、水松、日本花柏、日本扁柏、白兰花、檫木、珊瑚树等

表4-7　植物的耐涝能力

忍耐程度	忍耐水淹的能力	代表植物
强	3个月以上	垂柳、旱柳、龙爪柳、榔榆、桑、柘树、豆梨、杜梨、柽柳、紫穗槐、落羽杉等
较强	2个月以上	水松、棕榈、栀子、麻栎、枫杨、榉树、山胡椒、狭叶山胡椒、沙梨、枫香、悬铃木属、楝树、乌桕、重阳木、柿、雪柳、白蜡、紫藤、凌霄、葡萄等
中等	1~2个月	侧柏、千头柏、圆柏、龙柏、水杉、水竹、紫竹、竹、广玉兰、酸橙、夹竹桃、木香、李、苹果、槐、臭椿、香椿、丝棉木、石榴、喜树、黄金树、卫矛、紫薇、迎春、枸杞、黄荆等
较弱	2~3周	罗汉松、黑松、百日青、樟树、枸橘、花椒、冬青、黄杨、胡桃、板栗、白榆、朴树、梅、杏、合欢、皂角、无患子、刺楸、三角枫、梓树、小蜡、紫荆、南天竹、溲疏、连翘、金钟花等
弱	1周以下	马尾松、杉木、柳杉、柏木、海桐、枇杷、桂花、大叶黄杨、女贞、构树、无花果、玉兰、木兰、蜡梅、杜仲、桃、刺槐、盐肤木、栾树、木芙蓉、木槿、梧桐、泡桐、楸树、绣球花等

四、空气

（一）空气湿度与植物

空气湿度影响植物蒸腾作用以及植物体的水分、养分平衡——相对湿度小，则植物蒸腾旺盛，吸水较多，植物对养分的吸收也多，生长加快。所以在一定程度上，空气湿度小对植物是有利的。如果空气中水分达到饱和，植物的生长会受到抑制，而湿度过低可能导致干旱，特别是高温低湿，危害更加严重。

（二）风与植物

就大气环流而言，风分为季候风、海陆风、台风等，以及在局部地区因地形影响而产生的地形风或者山谷风。风按照速度分为12个等级，低速风有利于植物花粉、种子的传播，所以对植物是有益的，而高速风，也就是强风对植物的生长会产生不利的影响，比如强风可降低植物的生长量，风力越大树木越矮小，基部越粗，尖削度也越大。同时，强风也会造就植物独特的外貌和特殊的结构，如果当地盛行同一方向强风，植物常形成旗形树冠，称为旗形树，如图4-2所示。强风还会影响植物根系的分布，在背风方向根系尤为发达，可以起到支撑作用，增加植物的抗风力。

图4-2　由于风的作用而形成的旗形树效果

通常意义上，树冠密实、材质坚韧、根系发达、深根性的树木抗风能力较强；与此相反，树冠大、材质柔软或硬脆、根系不发达、浅根性的树木抗风力就弱，具体内容参见表4-8。

表4-8　植物的抗风能力

抗风能力	代表植物
强	马尾松、黑松、圆柏、榉树、胡桃、白榆、乌桕、樱桃、枣树、葡萄、臭椿、朴、栗、槐、梅、樟、麻栎、河柳、台湾相思、大麻黄、柠檬桉、假槟榔、桃榔、南洋杉、竹、柑橘等
中	侧柏、龙柏、杉木、柳杉、檫木、枫杨、银杏、广玉兰、重阳木、椰榆、枫香、凤凰木、桑、梨、柿、桃、杏、合欢、紫薇、木绣球、长山核桃、旱柳等
弱	大叶桉、榕树、雪松、木棉、悬铃木、梧桐、加杨、钻天杨、银白杨、泡桐、垂柳、刺槐、杨梅、枇杷、苹果等

此外，植物的抗风能力与其生长环境和繁殖方法密切相关，如土壤疏松或地下水位较高的地区树木易倒伏；孤立木或者稀植的树木要比密植的树木易倒伏，扦插繁殖的树木根系往往较浅，易倒伏。

（三）空气污染与植物

在现代城市中由于大规模的工业生产，空气中包含了很多有害的成分，比如二氧化硫、一氧化碳、氮氧化物、可吸入颗粒物等，植物对于这样的环境有着不同的适应能力和抵抗能力，具体内容请参见表4-9。

表4-9 空气污染与植物的抗性

污染物	污染源	植物对空气污染的抵抗能力		
		强	中	弱
SO_2	以煤为主要能源的工厂（如发电厂），采用燃煤锅炉的供暖点，硫铵化肥厂等	山皂角、刺槐、国槐、加杨、银杏、臭椿、美国白蜡、小叶白蜡、华北卫矛、欧洲红豆杉、茶条槭、榆树、大叶朴、梓树、黄檗、垂柳、馒头柳、栾树、杜梨、君迁子、北京丁香、丁香、胡桃、龙柏、太平花、紫穗槐、野蔷薇、木槿、珍珠梅、雪柳、黄栌、构树、柿、小叶黄杨、云杉、连翘、山楂、火炬树、紫薇、海州常山、五叶地锦、大叶黄杨、地锦、对叶榕、黄槿、木麻黄、蒲桃、九里香、夹竹桃、台湾相思、紫珠、女贞、无花果、蚊母树、山茶、冬青、油橄榄、棕榈、厚皮香、丝兰、月桂、石榴、胡颓子、柑橘、丝棉木、美人蕉、野牛草、狗牙根、细叶结缕草等	小叶杨、小青杨、旱柳、复叶槭、辽杏、山荆子、北京杨、钻天杨、桑、金银花、西府海棠、榆叶梅、栗、合欢、元宝枫、悬铃木、接骨木、桂香柳、白皮松、木棉、凤凰木、大叶合欢、油棕、茉莉、一品红、枫杨、八角金盘、木棉、木芙蓉、番石榴、黄栀子、变叶榕、苏铁、广玉兰、金边凤尾兰、大叶榕、迎春等	黄花落叶松、辽东冷杉、红松、侧柏、青杆、杜松、油松、黄金树、五角枫、山杏、美国凌霄、黄刺玫、雪松、马尾松、湿地松、水杉、羊蹄甲、荔枝、龙眼、木瓜、杨桃、大红花、假连翘、华山松、杜仲、小叶女贞、日本樱花、油桐等
Cl_2和氯化物	化工厂、电化厂、农药厂、塑料厂、玻璃厂、冶炼厂、自来水厂	木槿、合欢、五叶地锦、黄檗、构树、榆、接骨木、紫荆、槐、紫藤、紫穗槐、棕榈、枇杷、桧柏、龙柏、海桐、无花果、沙枣、美人蕉、凤尾兰、大叶黄杨、海桐、广玉兰、夹竹桃、珊瑚树、丁香、矮牵牛、紫薇、狗牙根、竹节草、细叶结缕草等	皂角、桑、加杨、臭椿、二青杨、侧柏、复叶槭、树锦鸡儿、丝棉木、文冠果、刺槐、银杏、杜梨、木槿、枸杞、白榆、梓树、楸树、栀子花、丝兰、百日草、醉蝶花、蜀葵、五角枫、悬铃木等	香椿、枣、红瑞木、黄栌、圆柏、洋白蜡、金银木、刺槐、旱柳、南蛇藤、海棠、苹果、槲栎、毛樱桃、小叶杨、钻天杨、连翘、鼠李、油松、栾树、山桃、榆叶梅、黄刺玫、胡枝子、水杉、茶条槭、雪柳、华山松、白皮松、核桃、柿等
光化学烟雾（O_3）	车流量大的城市，尤其是主要交通干道	银杏、柳杉、日本扁柏、日本黑松、樟树、海桐、青冈栎、夹竹桃、海州常山、日本女贞、悬铃木、连翘、冬青、圆柏、侧柏、刺槐、臭椿、旱柳、紫穗槐、桑树、毛白杨、栾树、白榆、五角枫等	日本赤松、锦绣杜鹃、东京樱花、日本梨等	日本杜鹃、大花栀子、胡枝子、木兰、牡丹、垂柳等
氟化物	使用水晶石、萤石、磷矿石和氟化氢的企业	榆、梨、国槐、臭椿、泡桐、龙爪柳、悬铃木、胡颓子、白皮松、侧柏、丁香、山楂、金银花、连翘、锦熟黄杨、大叶黄杨、地锦、五叶地锦、玫瑰、苜蓿、夹竹桃、木槿、桂花、海桐、山茶、白兰、金钱松、苏铁、月季、鸡冠花等	刺槐、桑、接骨木、桂香柳、火炬树、君迁子、杜仲、文冠果、紫藤、美国凌霄、华山松、油茶、乌桕、紫薇、柳杉、水杉、圆柏、石榴、无花果、冬青、卫矛、牡丹、长春花、八仙花、米兰、晚香玉等	唐菖蒲、杏、李、梅、榆叶梅、山桃、葡萄、白蜡、油松、柑橘、柿、华山松、香椿、天竺葵、珠兰、四季海棠、茉莉等

五、土壤

植物的水分、养分大部分源自土壤，因此土壤是影响植物生长、分布的又一重要因子，表4-10中列出不同土壤类型的属性特征以及与其相适应的植物品种。

表4-10 土壤类型及与之相适应的植物

土壤类型	土壤属性描述	适应该种土壤类型的植物
酸性土	pH<6.5，分布于南方高温多雨地区，如南方红壤、黄壤	柑橘类、茶、山茶、白兰、含笑、珠兰、茉莉、构骨、八仙花、肉桂、杜鹃、乌饭树、马尾松、石楠、油桐、吊钟花、马醉木、栀子、红松、印度橡皮树、大多数棕榈类植物
中性土	pH6.5 ~ 7.5，大多数土壤	大多数植物，如菊花、矢车菊、百日草、杉木、雪松、杨、柳等
碱性土	pH>7.5	新疆杨、合欢、文冠果、黄栌、木槿、柽柳、油橄榄、木麻黄、紫穗槐、沙枣、沙棘、侧柏、非洲菊、石竹类、香豌豆等

续表

土壤类型	土壤属性描述	适应该种土壤类型的植物
盐碱土	盐土pH为中性，碱土pH为碱性，分布于沿海地区、西北内陆干旱地区或者地下水位高的地区	柽柳、白榆、加杨、小叶杨、食盐树、桑、杞柳、旱柳、枸杞、刺槐、臭椿、紫穗槐、黑松、皂荚、国槐、美国白蜡、白蜡、杜梨、桂香柳、乌桕、合欢、枣、复叶槭、杏、钻天杨、胡杨、君迁子、侧柏等
肥沃土壤	养分含量高	多数植物，但对于喜肥植物尤为重要，如胡桃、梧桐、梅花、樟树、牡丹等
贫瘠土壤	养分含量低	马尾松、油松、构树、木麻黄、牡荆、酸枣、小檗、小叶鼠李、金老梅、锦鸡儿、沙地柏、景天类植物等
沙质土	沙粒含量在50%以上，沙漠、半沙漠地区多见	沙竹、沙柳、黄柳、骆驼刺、沙冬青等
钙质土	土壤中含有游离的碳酸钙	南天竺、柏木、青檀、臭椿、栓皮栎等

六、地形地势

地形地势包括坡向和坡度等两个方面。

（一）坡向

（二）坡度

坡度通常分为六级，如表4-11所述。坡面上水流的速度与坡度成正比，坡度越大，流速越快，径流量越大，则水土流失越严重。

表4-11　坡度等级

坡度等级	名称	坡度值（°）	坡度等级	名称	坡度值（°）
1	平坦	<5	4	陡坡	26～35
2	缓坡	6～15	5	急坡	36～45
3	中坡	16～25	6	险坡	>45

地形坡度不仅会影响到水分的流失和积聚，而且还会影响到植物的生长和分布，不同坡度范围栽植的植物也是不同，如草坪最大栽植坡度为45°，中、高乔木栽植最大坡度为30°。但是随着现代种植施工技术的发展，坡度对于植物的栽植影响也逐渐减小。

七、生物因子

生物有机体不是孤立的，它们之间存在着各种相互的联系，这种相互关系既存在于种内个体之间，也存在于不同的种间，有的是有利的，有的是有害的。不同植物组合，如果可以相互促进，则互为"相生植物"（mutual plant），反之，排斥关系，则互为"相克植物"。进行植物配置时应该充分利用植物之间有利的关系，促进植物生长，同时也应该避免将一些相互之间有损害的植物栽植在一起，具体内容请参考表4-12。

植物的分布、生长是一系列生态因子共同作用的结果，所以在进行植物配置的时候，应该尽量全面地了解并掌握基地的各项生态因子，从而选择适宜的植物，即所谓的"适地适树"原则。

表4-12　植物之间的相互作用

作用		相互作用的植物
有利的	相互促进	皂荚+黄栌/百里香/骰旦槭（增加株高）、牡丹+芍药（间种促进牡丹生长）、葡萄+紫罗兰（葡萄香味更浓）、红瑞木+槭树、接骨木+云杉、核桃+山楂、板栗+油松、朱顶红+夜来香、石榴花+太阳花、泽绣球+月季、一串红+豌豆花、松树/杨树+锦鸡儿、百合+玫瑰
	控制病虫害	金盏菊+月季（土壤线虫）、杨树和臭椿（蛀干天牛）、大豆+蓖麻（金龟子）、山茶花/茶梅/红花油茶+山苍子（霉污病）、苦楝/臭椿+杨/柳/槭（光肩星天牛） 注："（ ）"内是控制的病虫害种类
有害的	抑制生长，甚至导致死亡	桃+杉树、葡萄+小叶榆、榆+栎树/白桦/葡萄、松+云杉/栎树/白桦、柏+橘树、接骨木+松/杨、丁香+紫罗兰/郁金香+勿忘我（互相伤害）、玫瑰花+木樨草、绣球+茉莉、大丽菊+月季、水仙+铃兰、玫瑰+丁香、刺槐+果树（抑制果树结果）、铃兰+丁香（丁香迅速萎蔫） 刺槐、丁香、稠李、夹竹桃会危害周围的植物；胡桃的根系分泌物（胡桃醌）毒害松树、苹果、海棠等蔷薇属植物及马铃薯、西红柿、桦木及多种草本植物；侧柏可使周围植物的呼吸减缓
	互为寄主，传播病虫害	二针松（油松、马尾松、黄山松等）+芍药科/玄参科/毛茛科/马鞭草科/龙胆科/凤仙花科/萝摩科/爵床科/旱金莲科（二针松疱锈病）、松树+栎/栗（锈病）、海棠/樱花+构树/无花果等桑科植物（桑天牛、星天牛）、桧柏+苹果/梨/山楂/山定子/贴梗海棠（苹桧锈病）、落叶松+杨树（青杨叶锈病）、垂柳+紫堇（垂柳锈病）、油松+黄檗（油松针叶锈病）、云杉+稠李（球果锈病）、洋槐+苹果/梨（果树炭疽病） 注："（ ）"内是互为寄主的病虫害种类

第二节　植物配置的生态学基础理论

一、植物群落及其类型

（一）植物群落概念

生态学认为，植物群落（plant community）是指一定的生境条件下，不同种类的植物群居在一起，占据了一定的空间和面积，按照自己的规律生长发育、演替更新，并同环境发生相互作用而成的一个整体，在环境相似的不同地段有规律地重复出现。植被（vegetation）就是一个地区所有植物群落的总和。

（二）植物群落的分类

1. 自然群落

自然群落是指在不同的气候条件及生境条件下自然形成的群落，自然群落都有自己独特的种类、外貌、层次、大小、边界、结构等。如西双版纳热带雨林群落，在很小的面积中往往就有数百种植物，群落结构复杂，常分为6～7个层次，林内大小藤本植物、附生植物丰富，如图4-3所示；而东北红松林群落中最小群落仅有40多种植物，群落结构简单，常分为2～3个层次，如图4-4所示。总之，对于自然群落，环境越优越，群落中植物种类就越多，群落结构也越复杂。

图4-3　热带雨林群落效果　　　　　　　　　　　图4-4　红松林效果

2. 人工群落

人工群落是指按人类需要把同种或不同种的植物配置在一起而形成的植物群落，其目的是为了满足生产、观赏、改善环境等需要，常见的类型有果园、苗圃、行道树、林荫道、林带等。植物造景中人工群落的设计，必须遵循自然群落的发展规律，并以自然群落组成、结构为依据，只有这样才能在科学性、艺术性上获得成功。

二、自然群落的特征

（一）自然群落的组成成分

植物群落是由一定数量的不同植物种类组成，这是群落最重要的特征，是决定群落外貌及结构的基础条件，植物群落内每种植物的数量是不等的，其中数量最多的植物种称为"优势种"（dominant species），除此之外，还有亚优势种、伴生种、偶见种等组成类型。

不同群落其种类组成的优势种是不同的，以森林群落为例，组成热带雨林的植物种类特别丰富，数量占绝对优势的是木本植物。在物种组成上，高等植物多为乔木，还富含藤本植物和附生植物。常绿阔叶林则主要以壳斗科、樟科、山茶科、木兰科等常绿阔叶树种为主。落叶阔叶林的优势树种为壳斗科的落叶乔木，如山毛榉属、栎属、栗属、椴属等，其次为桦木科、槭树科、杨柳科的一些种。北方针叶林种类组成相对比较贫乏，乔木以松、云杉、冷杉和落叶松等属的树种占优势。另外，"优势种"能影响群落的发育和外貌特点，有着最适宜的环境条件，如云杉、冷杉或水杉群落的外形是尖塔形，整个群落表现为尖峭耸立的状态。

（二）自然群落的外貌

1. 生活型（life form）

生活型（life form）是植物长期适应外界环境而形成的独特外部形态、内部结构和生态习性，比如针叶、阔叶、落叶、常绿、干旱草本等都是植物长期适应外界环境而形成的生活型。植物的生活型有两种主要的分类体系，一种是生物型（又称为休眠型），由拉恩基尔（C. Raun-kiaer）提出，以休眠芽在不良季节的着生位置作为植物适应环境特征的主要标志，如图4-5所示。另一种是以植物枝干、叶等特征作为植物综合适应环境的形态标志，称为生长型（growth form），具体内容请参见表4-13。

表4-13 生活型分类体系之一——生长型

分类	包含的种类
乔木	常绿阔叶，常绿硬叶，落叶阔叶，常绿针叶，落叶针叶，有刺乔木，丛生叶乔木（如棕榈、树蕨），竹类等
灌木	常绿阔叶，常绿硬叶，落叶阔叶，常绿针叶，小叶旱生，无叶旱生，有刺旱生，肉质茎灌木（如仙人掌科等），丛生叶（或莲座状）灌木（如剑麻、丝兰等），硬质枕状灌木，垫状灌木等
半灌木	常绿叶，落叶，有刺旱生等
附生植物	木质附生，草质附生，蕨类附生等
藤本植物	木质藤本，草质藤本等
草本植物	高大草质茎植物（叶鞘叶柄紧密包裹形成茎，如芭蕉），直立型（叶生茎上），半莲座状（下部是基生叶，上部直立地上枝），莲座状（具基生叶），匍匐状，丛生型禾草，根茎型禾草，蕨类等
水生植物	固着型浮叶植物、浮游植物、沉水植物等
叶状体植物	苔藓、地衣、藻菌等

2. 群落的高度（height）

植物群落中最高一群植物的高度，就是群落的高度。群落的高度与所处环境的海拔高度、温度及湿度有关。一般说来，在植物生长季节气候温暖多湿的地区，群落高大；在植物生长季节中气候寒冷或干燥的地区，群落矮小。热带雨林的高度多在25～35m，最高可达45m，甚至更高（图4-6）；亚热带常绿阔叶林高度在

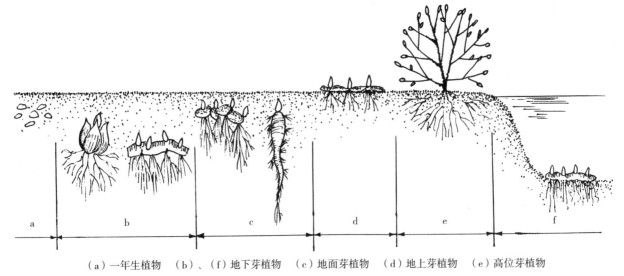

（a）一年生植物　（b）、（f）地下芽植物　（c）地面芽植物　（d）地上芽植物　（e）高位芽植物

图4-5　拉恩基尔（C. Raun-kiaer）的生活型体系——生物型（休眠型）

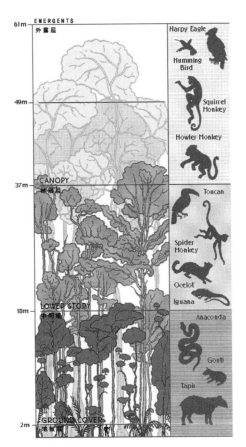

图4-6　森林植物群落的垂直成层现象

15～25m，最高可达30m；山顶矮林的一般高度在5～10m，有的甚至仅有2～3m。

3.群落的季相（aspect）

群落结构随时间呈现明显的变化，群落中各种植物的生长发育也相应地有规律地进行。其中主要层的植物发生季节性变化，使得群落表现为不同的季节性外貌，即为群落的季相（aspect）。季相变化的主要标志是群落主要层的物候变化，其中草本植物群落季相变化最为明显，落叶阔叶树次之。

（三）自然群落的结构

1.垂直成层现象（vertical stratification）

垂直成层现象（vertical stratification）：在群落中不同的植物生态幅度和适应特点各有差异，并占据各自的空间，排列在空间的不同高度和土壤的不同深度中。群落这种垂直分化就形成了群落的垂直层次，称为群落垂直成层现象。

对于陆生植物，成层现象包括地上和地下部分。决定地上部分分层的环境因素主要是光照、温度等条件，而决定地下分层的主要因素，则是土壤的理化性质，特别是水分和养分。成层现象最明显的是森林群落，如图4-6所示，群落中有林冠、下木、灌木、草本和地被等多个层次。位于最上层的林冠，接受最多的阳光，为其他各层创造生存环境，如果林冠郁闭度大，林下灌木和草本植物就以阴生植物为主，阳性植物发育不良；而如果林冠郁闭度不高，就可以为一些阳性或者中性植物提供生存空间。地下各层次之间的关系，主要围绕着水分和养分的吸收展开，地下（根系）的成层现象和层次之间的关系和地上部分是对应的，一般在森林群落中，草本植物的根系分布在土壤的最浅层，灌木及幼树根系分布较深，成龄乔木、大乔木的根系则深入到地下更深处。因此，群落的成层现象保证了植物群落在单位空间中更充分地利用自然条件。

2. 群落的水平格局（horizonal pattern）

群落结构的另一特征就是水平格局（horizonal pattern），植物群落的水平分布大多是不均匀的，比如群落中林下阴暗的地段与明亮的地段会有不同的植物组团分布。群落内部的这种小型组团可以称为小群落（microcoenosis），它是整个群落的一小部分。小群落的形成主要是由于环境因素在群落内不同地点不均匀分布的结果，如地形和微地形的变化、土壤湿度和盐渍化程度的不同，以及群落内植物环境（如光照）等的不同。另外，植物的繁殖、迁移和竞争等活动也会造成环境的差异，对小群落的形成也有重要作用。

3. 群落的交错区和边缘效应

不同群落的交界区域，或两类环境相接触部分，称为群落交错区（ecotone）。群落交错区实际上是一个过渡地带，这种过渡地带大小不一，有宽有窄，有的两种群落互相交错形成镶嵌状，称为镶嵌状边缘，有的变化很突然，称为断裂边缘，比如受到人工干预的群落交错区。

由于群落交错区具有更活跃的能流和物流，具有丰富的物种和更高的生产力，所以在群落交错区，单位面积的生物种类和种群密度较之相邻群落有所增加，这种现象称为边缘效应（edge effect）。比如森林边缘、农田边缘、水体边缘以及村庄、城市或建筑物的边缘，在自然状态下往往都是生物群落最丰富、生态效益最高的地段。在自然界中，边缘效应是比较普遍的，并产生了边缘优势，即群落交错区中植物的长势、生长量等都要高于其他区域。因此，对于自然形成的边缘效应，应该加以保护和合理的开发，对于人工群落则应努力去模拟、塑造"边缘"，创造更大的"边缘效益"。然而，在规划设计环节，我们常忽视生态边缘效应的存在，很少把这种边缘效应与设计结合，常常是利用生硬的红线把本来柔和的边缘带无情地毁坏，仅留下生硬的水泥护岸，修剪整齐的草坪，建筑物四周硬质铺装……在这种遭受强烈干扰的过渡地带和人类创造的临时性过渡地带中，由于生态位简单，使群落的边缘效应很难形成。

三、生态学基础理论简介

（一）生态位（ecological niche）及生态位理论

1. 生态位（ecological niche）的概念

生态位（ecological niche）是指自然生态系统中一个种群在时间、空间上的位置以及它与相关种群之间的功能关系。生态位不只是具体的栖息地，它除了说明栖息地以外，还说明这一物种在这一群落中的营养地位，包括所需的物理和生物条件（如温度、湿度、pH等）以及与其他生物的关系等。

一个物种所利用的各种资源总和的幅度称为生态幅。它有助于了解各个种在群落中的优势地位以及彼此间的关系，并在某种程度上反映了生物对生态环境的适应程度。当两个或更多的物种共同利用某些资源，即出现了生态位重叠（niche overlap），如果资源供应不足，就会产生利用性竞争，如果环境压迫或是竞争激烈，种群对资源的利用就会发生改变，即出现了生态位移动（niche drift），如图4-7（a）所示；也可能如图4-7（b）所示，某一物种由于适应性较差而被淘汰掉。

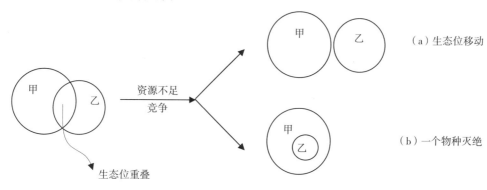

图4-7　生态位与竞争

2.生态位理论的意义

根据生态位概念与理论，自然群落的发展存在以下规律：

（1）一个稳定的群落中占据了相同生态位的两个物种，其中一个终究要灭亡，即竞争排斥原理。

（2）一个稳定的群落中，由于各种群在群落中具有各自的生态位，种群间能避免直接的竞争，从而保证了群落的稳定。

（3）由多个种群组成的生物群落，要比单一种群组成的群落更能有效地利用环境资源，维持长期较高的生产力，具有更大的稳定性。

这三点规律对于确定植物群落组成有着重要的指导意义，也是生物多样性理论基础之一。

（二）群落演替

植物群落的发展主要包括群落的形成、发育、变化、演替及演化，在群落发展的过程中，群落中一些种群兴起了，一些种群衰落以至消失了，同时环境条件也在发生着变化。群落的这种随着时间的推移而发生的有规律的变化称为演替（succession），演替是一个植物群落被另一个植物群落所取代的过程，经过演替群落达到最终稳定状态，这一群落称为顶极群落（climax community）。群落演替分为原生演替和次生演替两种类型，主要内容及其特点参见表4-14。

表4-14　植物群落演替类型

类型	特点	具体分类	起点	阶段	终点
原生演替	在原生裸地[①]上开始的演替，由自然条件引发的	旱生演替	岩石表面	地衣植物阶段、苔藓植物阶段、草本植物阶段、木本植物阶段	中生生境
		水生演替	淡水湖沼	自我漂浮植物阶段、沉水植物阶段、浮叶根生植物阶段、直立水生植物阶段、湿生草本植物阶段、木本植物阶段	中生生境
次生演替	在次生裸地[②]上开始的演替，由外界因素引发，其中以人为活动为主	—	停止影响的那一阶段	任何次生群落只是次生演替系列中的一个阶段，如果利用不当，它会不断地继续消退，而且不大可能恢复到原来的状态	受破坏前原生群落

如图4-8是一个淡水湖泊植物群落演替的过程。首先湖泊中的浮游植物和动物死后沉入水底，加上湖岸冲刷下来的矿物质颗粒，湖底逐渐升高，湖水逐渐变浅；接下来浮叶植物和浮叶根生植物出现，这些植物的叶盖满水面，阳光不能透入水底，因而水下植物不能生存而逐渐消失，浮叶根生植物死后沉入水底，这些都促成湖底进一步升高；此后，一些直立扎根的水生植物如芦苇、菖蒲、泽泻等逐渐出现；湖底上升之后，湖泊变成高低不平的沼泽，于是各种湿生草本植物生长出来，接着灌木、乔木陆续长出。

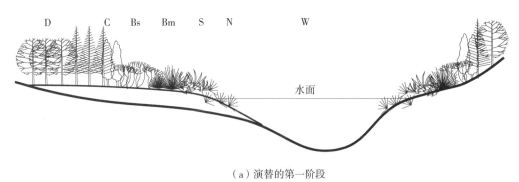

（a）演替的第一阶段

[①]原生裸地是指从来没有植被覆盖的地段（如冰川移动，流水沉积等所形成的裸地），或者原来存在过的植被，但植被，包括原有植被下的土壤条件都被彻底消灭。

[②]次生裸地是指原有群落虽然被消灭，但群落下的土壤条件还多少保留着，甚至土壤中还保存着原有群落中某些植物种类的繁殖体。

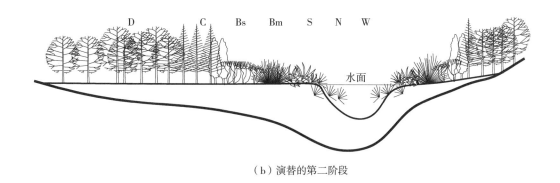

（b）演替的第二阶段

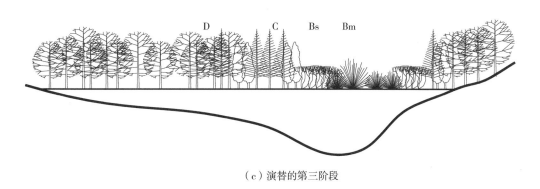

（c）演替的第三阶段

W 水面植物　N 水边植物　S 岸上植物　Bm 沼泽草地植物　Bs 沼泽灌木　C 松树林　D 落叶树林

图4-8　植物群落演替过程

植物群落的演替，是由于群落内部矛盾的发展所引起的，实质上是群落生活型组成和植物环境的更替——植物群落的发展，引起群落内部环境条件以及植物之间相互关系的变化，这些变化为新群落的产生创造了条件，于是新的代替旧的，演替就发生了。如果没有人工的干预，群落演替往往从低级到高级，构成一个低耗能、相对稳定的顶级群落。基于这一点，我们可以通过模拟自然植物群落，恢复地带性植被，建造结构相对稳定、生态保护功能强、养护成本低，并具有良好自我更新能力的人工植物群落。应该注意的是，人工模拟自然植物群落、恢复地带性植被，应大量种植演替成熟阶段的物种（首选乡土树种），尽可能地按照该生态系统退化以前的群落组成及多样性水平配置植物。

第三节　植物造景的生态观

生态学理论的引入，使景观设计的思想和方法发生了重大转变，景观设计不再停留在某一个狭小的空间，植物景观也不是单纯为了好看，更多地担负起优化环境的作用。尤其是后工业时期，设计师面对大量工业废弃地，尊重自然规律、倡导循环利用等生态理念浮出水面，并被广泛地应用。

一、生态规划

（一）相关概念

生态规划（Ecological Planning）是以生态学原理为指导，应用系统科学、环境科学等多学科手段辨识、模拟和设计生态系统内部各种生态关系，确定资源开发利用和保护的生态适宜性，探讨改善系统结构和功能的生态对策，促进人与环境系统协调、持续发展的规划方法。

景观生态规划（Landscape Ecological Planning）是一项系统工程，它根据景观生态学的原理及其他相关学科的知识，以区域景观生态系统整体优化为基本目标，通过研究景观格局与生态过程以及人类活动与景观的相互作用，建立区域景观生态系统优化利用的空间结构和模式，使廊道、斑块、基质等景观要素的数量及其空间分布合理，使信息流、物质流与能量流畅通，并具有一定的美学价值，且适于人类居住。注重景观的资源与环境特性，强调人是景观的一部分及人类干扰对景观的作用。

（二）相关理论

1. 共生原理

"共生"一词源于生物学，指不同种属的生物互相利用对方的特性和自己的特性一同生活、相依为命的现象。在我国古人早就提出了"五行学说"、"相生相克"的"共生理论"。该理论着意使人类通过共生，实现与自然的合作，并确保它们之间的相互耦合与镶嵌，使整个体系向着有利于系统稳定的方向发展。对于植物，处于由人、场地以及其他生物构筑的体系中，同样要符合共生原理，方可实现景观体系的完整和稳定。

2. 多重利用原理

所谓多重利用，可以理解为规划的多功能、多途径，即规划远不止一个目标，而对于每一个目标都可能会有若干方法加以实现。自然生态系统生生不息，为维持人类生存和满足其需要提供各种条件和过程，这就是所谓的生态系统的服务（Daily，1997），这些服务包括：空气和水的净化，减缓洪灾和旱灾的危害，废弃物的降解和去毒，维持文化的多样性，提供美感和智慧启迪以提升人文精神……对于规划方案应该解决两个问题，一个是如何实现更多的目标，另一个是如何利用最快捷、最经济的方式实现目标。

3. 循环再生原理

一个闭合的生产流程线可以实现两个方面的生态目标，一是，它将废物变成资源，取代对原始自然材料的需求；二是，避免将废物转化为污染物。基于这一概念，Lyle等人提出了再生设计理论（Regenerative Design），即用"源—消费中心—汇"循环系统取代目前的线性流，形成一个再生系统（Regenerative system），使前一流程中的汇变成下一流程中的源。主要包括：让自然做功，向自然学习，以自然为背景；可持续性优先等内容。也就是说自然界没有废物——每一个健康生态系统，都有一个完善的食物链和营养级，比如秋天的枯枝落叶是春天新生命生长的营养。基于这一原理，规划目标就应该是让自然做功，以最小的人工干预实现整个系统的循环再生。

4. 生物多样性原则

自然系统包容了丰富多样的生物，主要表现在三个层次上：生物遗传基因的多样性，生物物种的多样性和生态系统的多样性。多样性维持了生态系统的健康和高效，以及外观形态，因此是生态系统服务功能以及景观表现的基础。保持有效数量的乡土动植物种群；保护各种类型的演替阶段的生态系统；尊重各种生态过程和干扰。

（三）生态规划的原则

自然优先原则：保护自然景观资源和维持自然景观生态过程及功能。

持续性原则：满足人类基本需要和维持景观生态整体性，达到生态、社会、经济的协调统一与同步发展，达到景观的整体优化。

针对性原则：针对不同的地区、地域、历史文化，针对不同功能，有针对性地进行规划。

多样性原则：景观结构与功能上的多样性。

综合性原则：景观生态规划是在对资源与景观条件的综合分析基础上，综合运用多学科，如生态学、景观生态学、植物学、植物群落学等进行的系统性规划。

二、生态设计

（一）生态设计

生态设计也称绿色设计、生命周期设计或环境设计，狭义层面是指以景观生态学的原理和方法进行的景观设计。它注重的是景观空间格局和空间过程的相互关系。景观空间格局由斑块、基质、廊道、边界等元素构成。广义层面是指运用生态学包括生物生态学、系统生态学、人类生态学和景观生态学等的原理、方法和知识，对某一尺度的景观进行规划和设计。这个层面上的景观生态设计，实质上是对景观的生态设计，它与常规设计有着本质的区别，详见表4-15。

表4-15　常规设计与生态设计之比较（参照Vander Ryn and Cowan）

问题	常规设计	生态设计
能源	消耗自然资本，基本上依赖于不可再生的能源，包括石油和核能	充分利用太阳能、风能、水能或生物能
材料利用	过量使用高质量材料，使低质材料变为有毒、有害物质，遗存在土壤中或释放入空气中	循环利用可再生物质，废物再利用，易于回收、维修、灵活可变、持久
污染	大量、泛滥	减少到最低限度，废弃物的量与成分与生态系统的吸收能力相适应
有毒物	普遍使用，从除虫剂到涂料	非常谨慎使用
生态测算	只出于规定要求而做，如环境影响评价	贯穿于项目整个过程的生态影响测算，从材料提取，到成分的回收和再利用
生态学和经济学关系	视两者为对立，短期眼光	视两者为统一，长远眼光
设计指标	习惯、舒适，经济学的	人类和生态系统的健康，生态经济学的
对生态环境的敏感性	规范化的模式在全球重复使用，很少考虑地方文化和场所特征，摩天大楼从纽约到上海，如出一辙	应生物区域不同而有变化，设计遵从当地的土壤、植物、材料、文化、气候、地形，解决之道来自场地
对文化环境的敏感性	全球文化趋同，损害人类的共同财富	尊重和培植地方的传统知识、技术和材料，丰富人类的共同财富
生物、文化和经济的多样性	使用标准化的设计，高能耗和材料浪费，从而导致生物文化及经济多样性的损失	维护生物多样性和与当地相适应的文化以及经济支撑
知识基础	狭窄的专业指向，单一的	综合多个设计学科以及广泛的科学，是综合性的
空间尺度	往往局限于单一尺度	综合多个尺度的设计，在大尺度上反映了小尺度的影响，或在小尺度上反映大尺度的影响
整体系统	画地为牢，以人定边界为限，不考虑自然过程的连续性	以整体系统为对象，设计旨在实现系统内部的完整性和统一性
自然的作用	设计强加在自然之上，以实现控制和狭隘地满足人的需要	与自然合作，尽量利用自然的能动性和自组织能力
潜在的寓意	机器、产品、零件	细胞、机体、生态系统
可参与性	依赖于专业术语和专家、排斥公众的参与	致力于广泛而开放的讨论，人人都是设计的参与者
学习的类型	自然和技术是掩藏的，设计无益于教育	自然过程和技术是显露的，设计带我们走近维持我们的系统
对可持续危机的反应	视文化与自然为对立物，试图通过微弱的保护措施来减缓事态的恶化，而不追究更深的、根本的原因	视文化与生态为潜在的共生物，不拘泥于表面的措施，而是探索积极地再创人类及生态系统健康的实践

注：该表格摘自俞孔坚《绿色景观：景观的生态化设计原理与案例》。

（二）生态设计模式

从19世纪下半叶至今，西方景园的生态设计思想先后出现了四种倾向。

（1）自然式设计——与传统的规划设计相对应，通过植物群落设计和地形起伏处理，从形式上表现自然，立足于将自然引入城市的人工环境，美国奥姆斯特德（Frederick Law Olmsted）极为推崇此模式。运用这一园林形式，奥姆斯特德于1857年在曼哈顿规划之初，就在其核心部位设计了长2英里、宽0.5英里的巨大的城市绿肺——中央公园；1881年开始，他又进行了波士顿公园系统设计，在城市滨河地带形成2000多一连串绿色空间。

（2）乡土化设计——对区域的生态因子及其周围环境中植被状况和自然史的调查研究，使设计切合当地的自然条件并反映当地的特色，代表人物为西门德斯（Simonds）和詹逊（Jenson）。

（3）保护性设计——对区域的生态因子和生态关系进行科学的研究分析，通过合理设计减少对自然的破坏，以保护现状良好的生态系统，纳绍尔（Joan Nassauer）、惠尔克（Willian Weilk）和夏戈（Billy Gress）在设计中运用了该思想。

（4）恢复性设计——在设计中运用种种科技手段来恢复已遭破坏的生态环境。代表人物有K.希尔（Kristina Hill）和A.丹尼斯（Agnes Denes）。

最近又提出了生态展示性设计的概念，即通过设计向当地民众展示其生存环境的种种生态现象、生态作用和生态关系。

（三）生态设计原则

1.4R原则

"4R"即Reduce，Reuse、Recycle和Renewable。"Reduce"，减少对各种资源尤其是不可再生资源的使用；"Reuse"，在符合工程要求的情况下对基地原有的景观构件进行再利用；"Recycle"，建立回收系统，利用回收材料和资源；"Renewable"，利用可再生资源、可回收材料。

2. 自然优先原则

在很多方案中会提出"以人为本"，这一点在某些层面上（如社会性、功能性等）是没有问题的，但是如果将景观系统看成一个生态体系的话，人在这个体系中仅仅是一个组成部分，那么人就不再是核心了，不应该凌驾于自然和其他生物之上，一个生态的设计首先应该保证自然生态系统的完整、和谐，只有这样，生活在其中的人才能获得长久的安宁与和谐。

3. 最小干预最大促进原则

人工环境中人的干扰不可避免，但应该将干扰降到最低，并且努力通过设计的手段促进自然系统"自循环"，维护场地的自然过程与原有生态格局，增强生物多样性。

三、植物造景的生态途径

（一）自然优先，保护原生植物景观

根据生态学理论一个稳定的自然群落是由多个种群组成的，各个种群占据各自的生态位，如果没有人工的干预，自然群落会由低级向高级演替，逐步形成一个低耗能、相对稳定的顶级群落。要达到这一阶段需要经过几年、几十年，甚至上百年的时间，如果不注意保护，以现在人类所拥有的实力，很容易将其毁灭，更不要说那些处于演替中或者正在恢复的自然群落了。现在人们正在通过设立自然保护区、风景区等形式保护自然植物群落、阻止物种的灭绝、维护生物的多样性。而对于人工干预非常强的园林景观而言，保护环境，尤其是保护原有的、已经存在的植物群落尤为重要。面对原有的生态系统、原有的植被，我们首先需要考虑的是保留什么，而不是去除什么，也就是说要从生态学角度去分析研究原有的体系，尤其是已经存在的植物群落，保证原有的自然环境不受或尽量少受人类的干扰。下面的案例就是从这些方面加以设计的。

经典案例：

1. 美国查尔斯顿滨水公园（Charleston Waterfront Park）

由佐佐木事务所（Sasaki Associates）设计。当时查尔斯顿市正在实行一项改造滨水地区的计划，查尔斯顿市位于库匹河沿岸的码头设施都已经荒废，只留下废弃的土地和建筑物。由于木桩的腐烂和长期缺乏疏浚，港口河道水域逐渐变浅并长出了大片的沼泽植物。设计师在细致的调查研究基础上，保留并且扩大了公园沿河一侧的河漫滩（图4-9至图4-11），借以保护了沼泽地及其生态系统。

图4-10　查尔斯顿滨水公园鸟瞰效果

图4-9　查尔斯顿滨水公园平面图（来自谷歌）

图4-11　查尔斯顿滨水公园河漫滩效果

2. 德国海尔布隆市砖瓦厂公园（Ziegeleipark, Heilbronm）

该公园由设计师卡尔·鲍尔（Karl Bauer）设计，整个公园占地将近15hm²，原为一家砖瓦厂，1983年砖瓦厂倒闭，在此后闲置的7年中，基地的生态环境大为改观，植物、昆虫、鸟类等又重新回到这里，甚至还出现了一些稀有的、濒临灭绝的生物物种。经过调查，设计师决定不去打扰这些"原有居民"，基地中的植物、地形地貌、构筑物等都被保留下来。值得一提的是，当时基地内原有的一面黄黏土陡壁已经成为了野生动植物的"乐园"，1991年这里成为了自然保护地，设计师结合这一土壁设计了50m宽的绿地，在保护区的外围设计师利用废弃的石材砌筑了一道挡土墙，挡土墙将自然保护区与公园活动区分隔开，很好地保护了野生环境，也为植物的生长创造了一处适宜的环境，促进了植被的自然再生，形成了与众不同的景观效果（图4-12至图4-14）。

（二）尊重自然，最小化的人工干预

自然界中的植物在长期的进化过程中，形成对于某一环境的适应性，也就形成了与此相对应的生态习性，如耐寒性、耐旱性、耐阴性等。植物的生态习性与环境因子构成了一种内在的对应关系，这就是一种我们必须遵循的自然规律，正如道家"人法地，地法天，天法道，道法自然"的哲学思想，自然规律是世间万物的根本，必须遵循。

图4-12　德国海尔布隆市砖瓦厂公园平面图（来自谷歌）

图4-13　公园中被保留下来的黄黏土陡壁是一处生态乐园　　　　图4-14　德国海尔布隆市砖瓦厂公园水景观

　　在植物景观设计中，尊重自然体现在尊重植物的"选择"，即植物对环境的选择，如垂柳耐水湿，宜水边栽植；红枫耐半阴，易植于林缘；冷杉耐阴冷，宜栽植在荫庇的环境中……只有这样植物才能够正常地生长，才能形成最佳的景观效果。其次是要尊重环境的选择，环境由一系列生态因子构成，而生态因子又与植物对应，两者之间的关系是不容忽视的。某一地域特有的自然植物种群，其景观效果最为自然，群落结构最为稳定，维护成本最低，因此人工植物群落的设计应遵循自然群落的发展规律，借鉴自然群落的结构组成，并结合美学原理进行植物的选择和景观的创造，这种景观对自然的干预是最小的，但促进却是最大的。另外还要尊重植物对植物的选择，利用植物之间的互惠共生的关系，保证植物的生长，促进植物景观的形成。

图4-15　通用磨坊公司总部园区总平面图

经典案例：

1.通用磨坊（General Mills）公司总部

是一家世界财富500强企业，主要从事食品制作业务，为世界第六大食品公司。公司1866年开业，总部设于美国明尼苏达州明尼阿波利斯黄金谷。园区景观由景观设计师迈克尔·范·瓦肯伯格（Michael van Valkenburgh）设计，设计师模拟自然播撒草原种子，创造适宜于当地景观基质和气候条件的人工草原群落，每年草枯叶黄之际，引火燃烧，次年再萌新绿。整个过程，包括火的运用，都借助自然的生态过程和自然系统的自组织能力（图4-15至图4-17）。

图4-16　通用磨坊公司总部园区总体鸟瞰

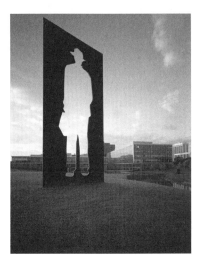

图4-17　通用磨坊公司总部园区主题雕塑——拿公文包的男人

2.中山岐江公园

中山岐江公园的植物设计以"保护自然"和"恢复自然"为主题，设计者首先想方设法保留了基地中原有的植被，比如公园临江的10多株老榕树，但防洪要求必须将河道加宽，为了保留这些老榕树设计者特意修建了一条内河，形成了一个榕树岛，满足了水利防洪的需要，形成一道独特的景观。另外，公园中引入了大量的野生乡土植物，结合大面积的水体，形成水生—沼生—湿生—中生多种植物相结合的植物群落带，如水生的荷花、茭白、菖蒲、旱伞草、慈姑等，湿生和中生的芦苇、象草、白茅和其他茅草等，整个公园俨然成为一个乡土水生植物的展示基地。随着自然植物群落的形成，许多野生动物和昆虫也迁居至此，一个稳定的低消耗的具有浓郁地方特色的生态景观逐步地建立起来。在这里，远离自然的人们能够有机会亲近自然、感受自然，体会到真正"野草之美"，如图4-18、图4-19所示。

图4-18　中山岐江公园的"野草之美"

图4-19　中山岐江公园的原生态景观

3. 波特兰市西南第12大道绿色街道工程（SW 12th Avenue Green Street Project）

如何有效地利用城市雨水资源，这是现代城市一个亟待解决的问题，一方面城市用水紧张，另一方面大量的雨水又白白地流失，甚至在暴雨季节成为城市的灾难。美国景观设计师在不断探索的过程中，逐渐找到了以最小的投入有效利用雨水资源的途径——利用雨水打造独特的雨水花园。其中最为重要创新之举就是波特兰市的"绿色街道"。

所谓"绿色街道"就是通过入渗池、雨水花园（栽植有植被的低洼地）以及街道与人行道之间常有的浅沟来收集雨水，该改造工程就地管理街道中的雨水径流，避免了雨水径流直接从下水道流入城市河道。设计将原街道中人行道和马路边石之间未充分利用的种植区转变为雨水花园，通过雨水收集池收集、减缓、净化并渗透街道中的雨水径流。每一个雨水收集池同时也是种植池，其中密集地种植了平展灯心草和多花蓝果树，这两种植物都有耐湿和耐旱的特点。植物种植的密度较大，这样做是为了减少维护费用（如除草，灌溉等），同时迅速创造了一处具有美感和吸引力的景观。

经测算，波特兰的"绿色街道"每小时至少可以吸收2英寸（约合50mm）的雨水，大大减少降雨对城市排水系统的压力，而且这些"绿色街道"一般无须维护，只需要每年例行的简单清污和植被修剪，同时监测"绿色街道"的土壤质量（重金属含量安全范围内的当前流量）来确定是否有必要进行大规模的换土。

雨水花园在城市中打造了一个自然水循环系统，在整个系统中，人、城市的参与非常少，而自然地高效发挥到了最大，结果是城市与雨水真正实现和谐共处，尽管这种和谐共处还需要逐步的"磨合"完善，但是它毕竟是一个有效的令人激动的尝试。

（a）

（b）

（c）

图4-20　波特兰市西南第12大道绿色街道景观效果

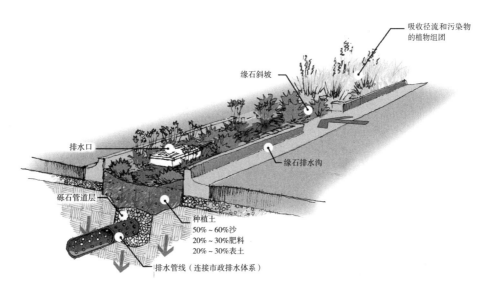

吸收径流和污染物的植物组团

缘石斜坡

排水口

缘石排水沟

砾石管道层

种植土
50%~60%沙
20%~30%肥料
20%~30%表土

排水管线（连接市政排水体系）

图4-21　波特兰市西南第12大道绿色街道结构断面

（三）生态修复，显露自然本色

在一定范围内，生态系统具有很强的自我恢复能力和逆向演替机制，而对于后工业时代那些被破坏得已经满目疮痍的工业废弃地，原有的生态系统、植物群落已经被彻底破坏，是废弃，还是修复？是改头换面，还是显露本色？面对这样一个问题，许多设计师选择了一条生态修复、循环利用的思路，尤其是20世纪70年代保留并再利用场地原有元素，修复生态系统成为一种重要的生态景观设计手法，尊重场地现状，采用保留、艺术加工等处理方式已经成为设计师们首先考虑的措施，植物在其中承担着越来越重要的作用。

典型实例：

1. 美国西雅图（Seattle）煤气厂公园（Gas Work Park）

1972年理查德·哈克（Richard Haag）主持设计的美国西雅图煤气厂公园开创了"保留、再生、利用"的先河。设计师保留了一部分原有的工业设备，将其作为雕塑和工业考古遗迹进行设计处理。对于污染较为严重的土壤设计师通过生物和化学的方法进行逐步的清除，比如向土壤中添加下水道中沉积的淤泥，修剪草坪时的草末和其他可以作为肥料的废物。由于土质的原因，公园中以草坪为主，尽管草坪凸凹不平、干旱季节会变得枯黄，设计师并没有设置昂贵的喷灌系统来试图改变它，因为他认为这种现象是正常的自然规律，应该遵循。这个项目根据生态学原理进行土壤的改良、植物的配置，向人们展示了一个真实的自然，因此，西雅图煤气厂公园建成后，就成为当地最受欢迎的一个休闲场所（图4-22至图4-24）。

2. 杜伊斯堡风景园（Landschaftspark Duisburg Nord）

公园由彼得·拉兹（Peter Latz）规划设计，面积230hm²，坐落于杜伊斯堡市北部，曾经是拥有百年历史的A.G.Tyssen钢铁厂所在地，钢铁厂于1985年关闭，很快淹没于荒草之中，1989年，政府决定将工厂改造为公园。设计师彼得·拉兹几乎保留了工厂中所有的构筑物，并赋予其新的意义和用途，比如原钢铁厂中的炼钢炉、鼓风炉和混凝土构筑物改造为游乐设施，原有的料仓被改造成儿童游乐园和小花园；废弃材料也被用于公园的建造，比如铁块被拼成"金属广场（Piazza metallie）"，工厂中的矿渣、焦炭等废弃物则作为植物生长的介质，如图4-27中高炉下的林荫广场就是由炉渣铺成的。最有特点的要数公园的种植设计，工厂中原有的植被都被保留下来，荒草也没有清理，任其自由生长，设计师还专门挑选了那些能适应这一环境的植物材料，培植一个小型生态系统，即演示花园。设计师尝试利用植物材料改造环境，恢复生态系统平衡，尽管由于污染有些植物的长势以及景观效果并不理想，但植物的运用确实降低了污染的危害，而且"不理想"的植物景观也反映了真实的境况，也是对自然的再现。除此之外，设计师还利用植物收集雨水，再利用新建的风力设施带动净水

图4-22　美国西雅图煤气厂公园效果

图4-23　美国西雅图煤气厂公园以草坪为主

图4-24　美国西雅图煤气厂公园景观

系统对水进行生态净化，可以说公园中的各个环节都是绿色的、环保的。在整个设计中设计师不是努力掩饰这些破碎的景观，而是对它们重新诠释，将它们合理的一面、自然的一面展现在人们面前。在这个设计中，植物的功能得到充分的发挥，除了创造景观，植物还承担着净化器、集水器、去污剂等多种作用。设计师彼得·拉兹通过生态手段，利用自然规律，使遭到破坏的生态系统借助自我恢复能力逐步恢复（图4-25、图4-26）。

　　重视对自然环境的保护，运用景观生态学原理建立生态功能良好的景观格局，促进资源的高效利用与循环再生，减少废物的排放，增强景观的生态服务功能，凡是这样的设计都被称为生态设计，其最直接的目的就是资源的永续利用和环境的可持续发展。生态设计的提出也使得植物在景观中的地位更加重要，在设计过程中通过保护自然植物群落，减少人为干预，从而保证生态系统的稳定和可持续发展；通过模拟自然，恢复原生植被，能够逐步地修复破损的自然生态系统，由此可见，合理利用、充分发挥植物的生态效益是生态设计的核心内容。

图4-25 杜伊斯堡风景园景观效果

图4-26 杜伊斯堡风景园雨水园

图4-27 杜伊斯堡风景园植物景观

第五章
植物造景的美学
原理

本章主要结构

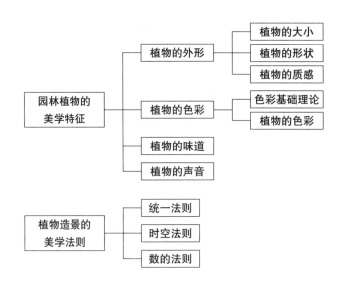

第一节　园林植物的形态特征

园林植物种类繁多，姿态各异，每一种植物都有着自己独特的形态特性，经过合理搭配，就会产生与众不同的艺术效果。植物形态特征主要通过植物的大小（或者高矮）、外形以及质感等因素加以描述。

一、植物的大小

按照植物的高度、外观形态可以将植物分为乔木、灌木、地被三大类，如果按照成龄植物的高矮再加以细分，可以分为大乔木、中乔木、小乔木、高灌木、中灌木、矮灌木、地被等类型，如图5-1所示。

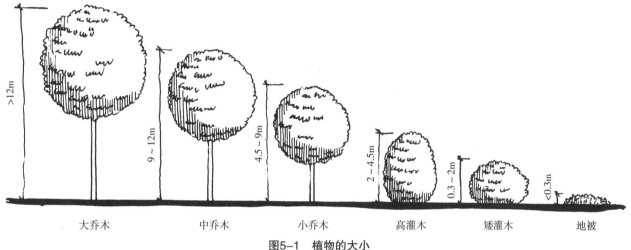

图5-1　植物的大小

1.乔木

在开阔空间中，多以大乔木作为主体景观（图5-2），构成空间的框架，中、小型乔木作为大乔木的背景，所以在植物配置时需要首先确定大乔木的位置，然后再确定中、小乔木、灌木等的种植位置。而中、小型乔木也可以作为主景，但经常应用于较小的空间。

图5-2　乔木处于主景位置

2. 灌木

　　灌木无明显主干，枝叶密集，当灌木的高度高于视线，就可以构成视觉屏障，如图5-3所示，所以一些较高的灌木常密植或被修剪成树墙、绿篱，替代僵硬的围墙、栏杆，进行空间的围合，这种方法在意大利、法国古典园林中是很常见的。对于低矮的灌木尽管也可以构成空间的界定，但更多的时候是被修剪成植物模纹，广泛地运用于现代城市绿化中，如图5-4所示。

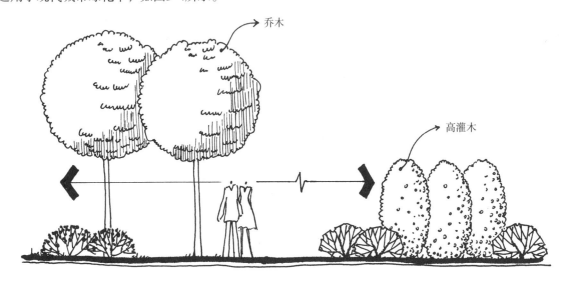

图5-3　高灌木可以构成视线的屏障

图5-4　低矮灌木构成的植物模纹

　　由于灌木给人的感觉并不像乔木那样"突出"，而是一副"甘居人后"的样子，所以在植物配置中灌木往往作为背景，如图5-5所示，灌丛作为雕塑的背景，起到衬托的作用。当然灌木并非就不能作为主景，一些灌木由于有着美丽的花色、优美的姿态，在景观中也会成为瞩目的对象，如图5-6所示，尽管这处景观由灌木组成，画面中央的那株灌木因其大小、形态与众不同仍然成为了视觉的焦点。这也说明了植物景观的构成并非由某一因子决定，而是多因子综合作用的结果，此后我们将陆续研究其他美学因子在植物造景中的应用。

　　3. 地被植物

　　高度在30cm以下的植物都属于地被植物，由于接近地面，对于视线完全没有阻隔作用，所以地被植物在立面上不起作用，但是在地面上地被植物却有着较高的价值，同室内的地毯一样，地被植物作为"室外的地毯"可以暗示空间的变化，如图5-7所示，在草坪与地被之间形成明确的界限，确立了不同的空间，而且也可以看出地被植物在景观中的作用与灌木、乔木是不同的。

图5-5　灌丛作为雕塑的背景

图5-6　灌木也可以成为主景

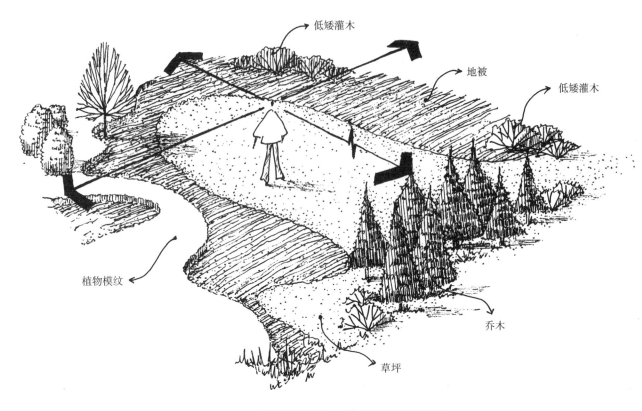

图5-7　地被植物与灌木、乔木的作用有所不同

　　需要注意的是，植物的大小与植物的年龄、生长速度有关，因此在栽植初期和几年后，甚至几十年后的景观效果可能会有差异，设计师一方面要了解成龄植物的一般高度，还要注意植物的生长速度，这一点我们将在后续的章节再作讨论。

　　植物的大小会直接影响到植物景观，尤其是植物群体景观的观赏效果。如图5-8（a）所示，大小一致的植物组合在一起，尽管外观统一规整，但很多时候平齐的林冠线会让人感到单调、乏味；相反的，如果将不同大小、高度的植物合理组合，就会形成一条富于变化的林冠线，如图5-8（b）所示。无论是城市景观，还是自然景观，优美的林冠线始终是人们的追求。所以，在植物选择过程中，植物的大小是首先考虑的一个因子，其他美学特性都是依照已定的植物的大小来加以选择。

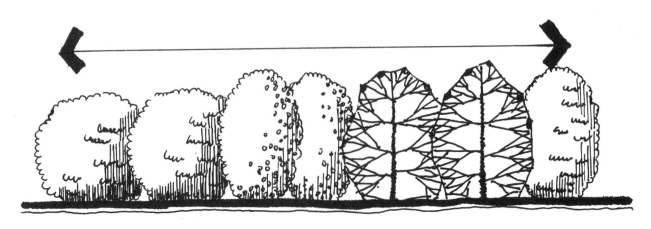

（a）

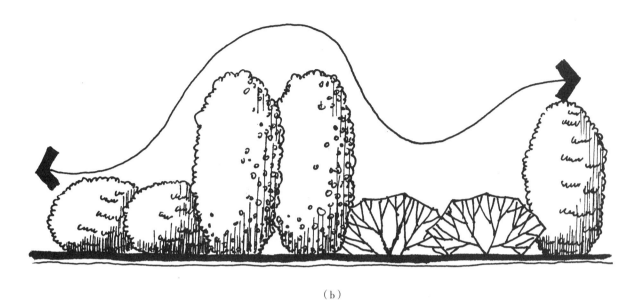

（b）

图5-8 植物大小的组合效果

二、植物的外形

植物的外形指的是单株植物的外部轮廓。自然生长状态下，植物外形的常见类型有：圆柱形、尖塔形、圆锥形、伞形、球形、半球形、卵圆形、倒卵形、广卵形、匍匐形等，特殊的有垂枝形、拱枝形、棕榈形等，如图5-9、表5-1所示。

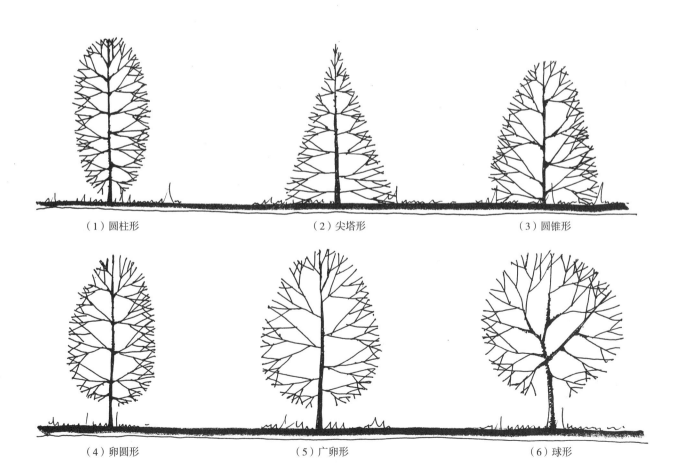

| （1）圆柱形 | （2）尖塔形 | （3）圆锥形 |
| （4）卵圆形 | （5）广卵形 | （6）球形 |

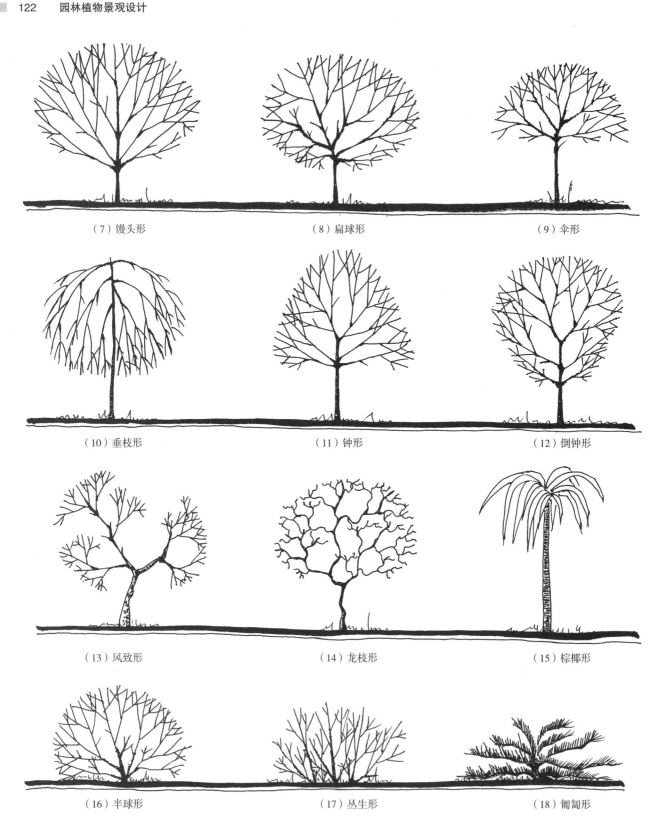

（7）馒头形　　　　　　　　（8）扁球形　　　　　　　　（9）伞形

（10）垂枝形　　　　　　　　（11）钟形　　　　　　　　（12）倒钟形

（13）风致形　　　　　　　　（14）龙枝形　　　　　　　　（15）棕榈形

（16）半球形　　　　　　　　（17）丛生形　　　　　　　　（18）匍匐形

图5-9　植物常见外形分类

表5-1　植物的外观形态

序号	类型	代表植物	观赏效果
1	圆柱形	杜松、塔柏、新疆杨、黑杨、钻天杨等	高耸、静谧，构成垂直向上的线条
2	塔形	雪松、冷杉、沈阳桧、南洋杉、水杉等	庄重、肃穆，宜与尖塔形建筑物或者山体搭配
3	圆锥形	圆柏、云杉、幼年期落羽杉、金钱松等	庄重、肃穆，宜与尖塔形建筑物或者山体搭配
4	卵圆形	球柏、加杨、毛白杨等	柔和，易于调和
5	广卵形	侧柏、紫杉、刺槐等	柔和，易于调和
6	球形	万峰桧、丁香、五角枫、黄刺玫等	柔和，无方向感，易于调和
7	馒头形	馒头柳、千头椿等	柔和，易于调和
8	扁球形	板栗、青皮槭、榆叶梅等	水平延展
9	伞形	老年期的油松、老年期落羽杉、合欢等	水平伸展
10	垂枝形	垂柳、连翘、龙爪槐、垂榆等	优雅、平和，将视线引向地面
11	钟形	欧洲山毛榉等	柔和，易于调和，有向上的趋势
12	倒钟形	槐等	柔和，易于调和，有向上的趋势
13	风致形	老年的油松	奇特、怪异
14	龙枝形	龙爪桑、龙爪柳、龙爪槐等	扭曲、怪异，创造奇异的效果
15	棕榈形	棕榈、椰子等	构成热带风光
16	半球形	金老梅等	柔和，易于调和
17	丛生形	玫瑰、连翘等	自然
18	匍匐形	铺地柏、迎春、地锦等	伸展，用于地面覆盖

　　不同的外形特征给人的视觉感受是不同的，比如圆柱形、圆锥形、塔形等植物是向上的符号，能够通过引导视线向上，给人以高耸挺拔的感觉，如图5-10所示，在设计中这种植物如同"惊叹号"，成为瞩目的对象。

　　而与此相反，垂枝形的植物因其下垂的枝条而将人们的视线引向地面（图5-11），最常见的方式就是将其种植在水边，以配合波光粼粼的水面（图5-12）。

　　如图5-13所示，由于扁球形的植物具有水平延展的外形，它会使景物在水平方向形成视觉上的联系，整个景观表现为扩展性和外延感，在构图上也与挺拔高大的乔木形成对比。如图5-14所示，近似圆球形的植物，由于圆滑的无方向性，使得它们很容易与其他景物协调。

　　还有一些植物因其外形奇特，是植物景观中的"明星"，如图5-15中的酒瓶椰子和图5-16中的旅人蕉。

　　需要注意的是，植物的外形也并非一成不变的，首先它会随着年龄的增长而改变，如图5-17所示，不同植物不同阶段的树形可能是不同的，设计师应该注意这种变化规律，否则植物景观的效果有可能会令人失望。

图5-10　高大挺拔的水杉如同一个"惊叹号"

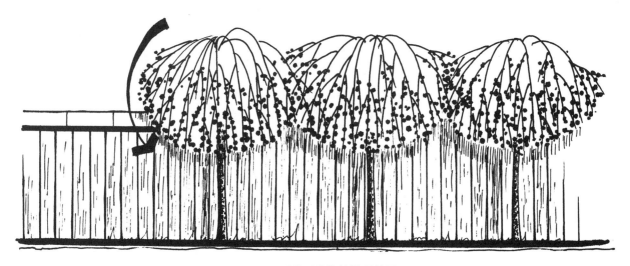

图5-11   垂枝形植物的景观效果

图5-12   栽植在水边的垂柳

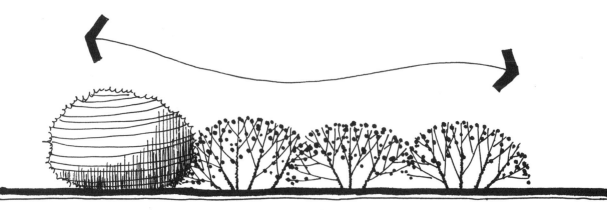

图5-13   扁球形植物的景观效果

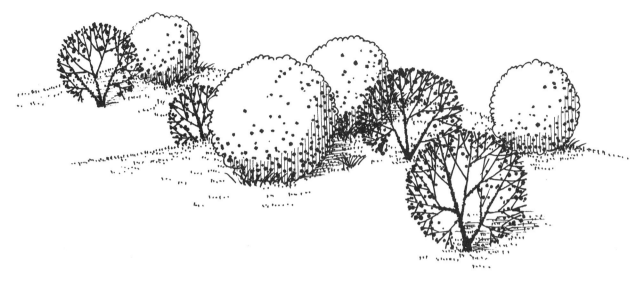

图5-14　圆球形植物的景观效果

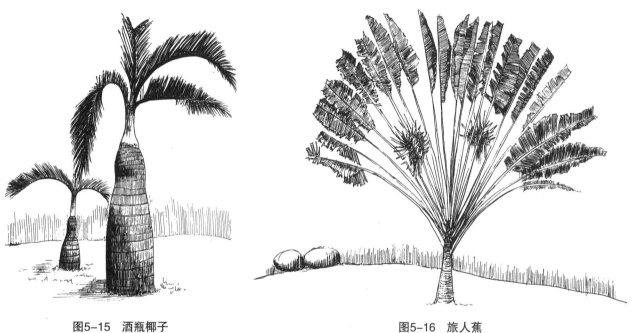

图5-15　酒瓶椰子　　　　　　　　　　图5-16　旅人蕉

　　另外，对于枝叶密集、萌蘖力强的树种，如小叶黄杨、金叶女贞、桧柏等，可以通过人工修剪"改头换面"，幻化成可爱的小动物、卡通人物，或者规则的几何立体形状等，如图5-18所示，这类乔木或灌木统称为整形树，在规则式园林或者某些专类园中比较常见。

三、植物的质感

　　植物的质感是指单株植物或者群体植物直观的光滑或粗糙程度，它受到植物叶片的大小和形状、枝条的长短和疏密程度以及干皮的纹理等因素的影响，如图5-19所示，不同质感的植物见表5-2。

（a）白皮松成龄树树冠为倒卵形，幼树树冠为圆锥形　　　　　（b）侧柏老龄树树冠为圆球形，幼树树冠为圆锥形

（c）油松、黑松、樟子松等老龄树树冠为伞形，幼树树冠为圆锥形　　　　（d）桧柏、杜松等老龄树树冠为扁球形，幼树树冠为圆锥形

图5-17　部分植物幼龄、中老龄阶段外形比照

图5-18　植物整形效果

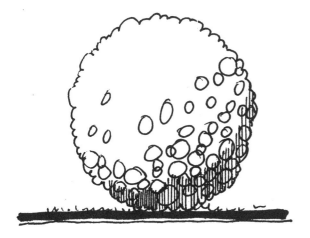

（a）粗质感

（b）中等质感

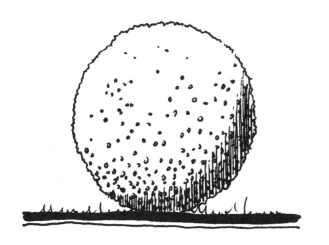

（c）细质感

图5-19　植物质感的类型

表5-2   植物的质感

质感类型	代表植物
粗糙	向日葵、木槿、岩白菜、蓝刺头、玉簪、梓树、梧桐、悬铃木、泡桐、广玉兰、天女木兰、新疆大叶榆、新疆杨、响叶杨、龟背竹、印度橡皮树、荷花、五叶地锦、草场等
中等	美国薄荷、金光菊、丁香、景天属、大戟属、芍药属、月见草属、羽扇豆属等
细腻	落新妇、楼斗菜、老鹳草、石竹、唐松草、乌头、金鸡菊、小叶女贞、薹草、丝石竹、合欢、含羞草、小叶黄杨、锦熟黄杨、瓜子黄杨、大部分绣线菊属、柳属、大多数针叶树种、白三叶、经修剪的草坪等

（一）叶形

植物的叶片大小、形状直接影响到植物的质地，常绿树种多为针叶、鳞叶，叶片小，质地细；豆科植物、柳属植物、鸡爪槭等叶片小，外观纤细柔和；而响叶杨、梓树、泡桐、梧桐、悬铃木等植物叶片较大，给人感觉粗犷、疏松；热带植被大多具有巨大的叶片，如桄榔、董棕、鱼尾葵、巴西棕、高山蒲葵，油棕、印度橡皮树、芭蕉、龟背竹等，王莲的叶片甚至还可承载一个儿童，巨大的叶片显得粗壮、有力。

（二）干皮的纹理

树皮纹理的形式较多，并且随着树龄的增长也会发生变化，多数树种树皮呈纵裂状，也有些植物树皮纹理比较特殊。

（1）光滑：幼龄胡桃、胡桃楸、柠檬桉等。

（2）横纹：山桃、桃、樱花等。

（3）片裂：白皮松、悬铃木、木瓜、榔榆等。

（4）丝裂：幼龄柏类。

（5）长方形裂纹：柿、君迁子等。

（6）粗糙（树皮不规则脱落）：云杉、硕桦等。

（7）疣突：热带地区的老龄树木常见这种情况。

（三）不同质感植物的视觉效果

不同质感植物的视觉效果不同，进行合理搭配可以形成丰富的景观层次，如图5-20所示。另外，质感比较粗糙的植物具有较强的视觉冲击性，往往可以成为景观中的视觉焦点，在空间上会有一种靠近观赏者的趋向性，而质感细腻的植物则相反，如图5-21所示。所以，在重要的景观节点应选用质感粗糙的植物，而背景则可选择质感细腻的植物，中等质感的植物可以作为两者的过渡；如果空间狭小，为了避免过于局促，则尽量避免使用质感粗糙的植物，而应选用质感细腻的植物。

植物的质感也会随着季节的改变而变化，比如落叶植物，当冬季落叶后仅剩下枝条，植物的质感就表现得比较粗糙了。如图5-22所示，植物组团全部为落叶植物的话，冬季植物景观效果显得单调散乱。所以在进行植物配置时，设计师应根据所需景观效果，综合考虑植物质感的季节变化，按照一定的比例合理搭配针叶常绿植物和落叶植物。

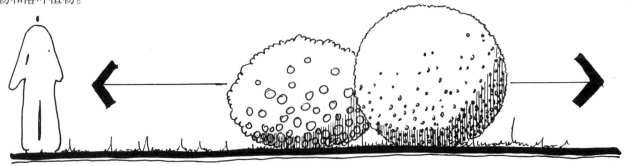

图5-20   不同质感的植物

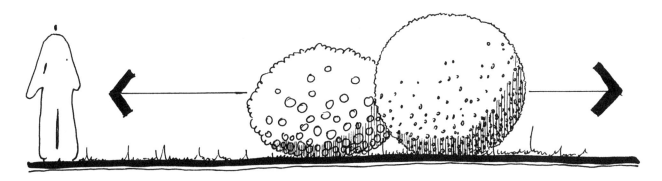

图5-21　植物质感的视觉效果

图5-22　冬季落叶植物的质感变得粗糙

第二节　园林植物的色彩特征

一、色彩基础理论

（一）色彩构成

色彩，可分为无彩色和有彩色两大类。前者如黑、白、灰，后者如红、黄、蓝等颜色。同一色彩又有着不同明度、色相、彩度，各种不同的颜色构成了这个丰富多彩的世界。如图5-23所示，色环中红（R）、黄（Y）、蓝（B）三原色；将其两两混合形成间色；将间色两两混合就形成三次色（或复色）。色环上两种颜色的夹角越大则两种颜色的对比越强烈，成180°的两个颜色对比最强，对视觉产生刺激性最大，称为互补色（或对比色）；相反的，两种颜色之间的夹角越小对比越弱，两者越容易调和。

（二）色彩的心理效应

据心理学家研究，在红色的环境中，人的脉搏会加快，血压会升高，情绪兴奋冲动，人们会感觉温暖，而在蓝色环境中，脉搏会减缓，情绪也较沉静，人们会感到寒冷。其实，这些仅仅是人的错觉，这种错觉源自色彩给人造成的心理错觉或者视觉错觉，所以为了达到理想的景观效果，设计师应根据环境、功能、服务对象等选择搭配适宜的植物色彩。

1.色彩的冷暖感

如图5-24所示，凡是带红、黄、橙的色调称为暖色调，凡是带青、蓝、蓝紫的色调称为冷色调，绿与紫是中性色，无彩色系的白色是冷色，黑色是暖色，灰色是中性色。

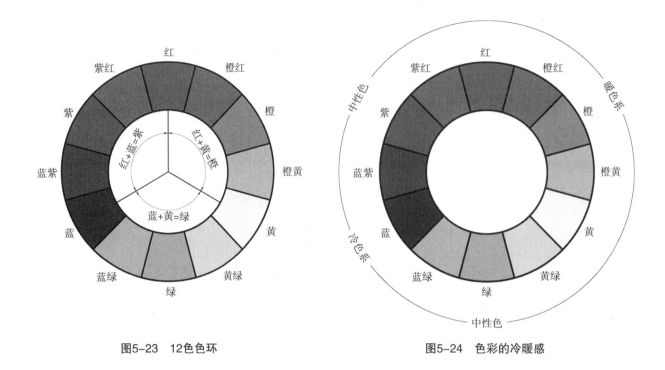

图5-23 12色色环   图5-24 色彩的冷暖感

2. 色彩的远近感

深颜色给人以坚实、凝重之感，有着向观赏者靠近的趋势，会使得空间显得比实际的要小；而浅色调与此相反，在给人以明快、轻盈之感的同时，它会让人产生远离的错觉，所以会使空间显得比实际的要开阔些，如图5-25所示。

3. 色彩的软硬感和轻重感

色彩的软硬感与色彩深浅、明暗感觉有关——浅色软、深色硬，白色软、黑色硬，如图5-26所示，颜色越深，重量越重，感觉越硬。

明度低的深色系具有稳重感，而明度高的浅色系具有轻快感，如图5-27所示，红叶植物如一片云雾浮于上方，绿色植物形成稳定的基底。

4. 色彩的明快与忧郁感

科学研究表明，色彩可以影响人的情绪，明亮鲜艳的颜色使人感觉轻快，灰暗浑浊的颜色则令人忧郁；对

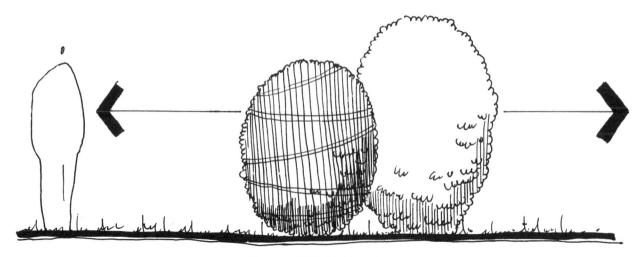

图5-25 植物色彩的远近感

轻　　　　　　　　　　　　　　　　　　　　　重

图5-26　色彩的轻重感

图5-27　植物色彩之轻重感

比强的色彩组合趋向明快，弱者趋向忧郁。所以，在有纪念意义的场所以常绿植物为主，一方面常绿植物象征万古长青，另一方面常绿植物的色调以暗绿色为主，显得庄重。如图5-28所示，南京中山陵中轴线两侧行列式栽植有雪松和桧柏，形成庄重肃穆的景观效果。而在一些娱乐休闲场所，或者节日庆典场所等则可以考虑使用一些色彩鲜艳的花卉、彩叶植物进行装点，创造一种轻松愉悦的氛围，如5-29所示。

另外，偏暖的色系容易使人兴奋，而偏冷的色系使人沉静，绿与紫为中性。色彩中，红色的刺激性最大，容易使人兴奋，也容易使人疲劳；绿色是视觉中最为舒适的颜色，当人们用眼过度产生疲劳时，到室外树林、草地中散散步，多看看绿色植物，可以帮助消除疲劳。所以，应该尽量提高植物覆盖面积以及"绿视率"，对于医院、疗养院以及老年人活动场所应该以绿色植物为主，尽量少用大面积的鲜艳颜色，而对于儿童活动场地则可以适当种植色彩艳丽的植物，吸引儿童的注意力，也符合儿童天真活泼的个性。

图5-28　南京中山陵常绿植物打造庄重肃穆的景观氛围

图5-29　艳丽的花卉打造轻松愉悦的氛围

5. 色彩的华丽与朴素感

色彩的华丽与朴素感与色相、色彩的纯度与明度有关。红、黄等暖色和鲜艳而明亮的色彩具有华丽感，如图5-29所示，而青、蓝等冷色和浑浊而灰暗的色彩具有朴素感；有彩色系具有华丽感，无彩色系具有朴素感。另外，色彩的华丽与朴素感也与色彩组合有关，对比的配色具有华丽感，其中以互补色组合为最华丽。

（三）色彩的表现特征及搭配规律

无论怎样的颜色都有自己的表现特征，就像是世间每个人都有着各自的性格特征一样。设计师在进行植物选择、植物配置时应根据色彩的特点进行合理的组合，在此仅对植物具有的色调加以分析、研究（表5-3）。

表5-3　色彩的表现及其搭配

色彩	象征意义及其特点	适宜搭配	不适宜搭配	使用时的注意事项
红色	兴奋、快乐、喜庆、美满、吉祥危险 深红色深沉热烈；大红色醒目；浅红色温柔	红色+浅黄色/奶黄色/灰色	大红色+绿、橙、蓝（尤其是深一点的蓝色）	最好将其安排在植物景观的中间且比较靠近边沿的位置 红色易造成视觉疲劳，有强烈而复杂的心理作用
橙色	金秋、硕果，富足、快乐和幸福	橙色+浅绿色/浅蓝色=响亮、欢乐 橙色+淡黄色=柔和的过渡	橙色+紫色/深蓝色	大量使用容易产生浮华之感
黄色	辉煌、太阳、财富和权利	黄色+黑色/紫色=醒目 黄色+绿色=朝气、活力 黄色+蓝色=美丽、清新 淡黄色+深黄色=高雅	黄色+浅色（尤其白色） 深黄色+深红色/深紫色/黑色	大量的亮黄色引起眩目，引发视疲劳，很少大量运用，多作色彩点缀
绿色	生命、休闲 黄绿色单纯、年轻；蓝绿色清秀、豁达；灰绿宁静、平和	深绿色+浅绿色=和谐、安宁 绿色+白色=年轻 浅绿色+黑色=美丽、大方 绿色+浅红色=活力 浅绿色+黑色=庄重、有修养	深绿色+深红色/紫红色	可以缓解视觉疲劳
蓝色	天空、大海、永恒、忧郁	蓝色+白色=明朗、清爽 蓝色+黄色=明快	深蓝色+深红色/紫红色/深棕色/黑色 大块的蓝色+绿色	是最冷的色彩，令人感觉清凉
紫色	美丽、神秘、虔诚	紫色+白色=优美、柔和 偏蓝的紫色+黄色=强烈对比	紫色+土黄色/黑色/灰色	低明度，容易造成了心理上的消极感
白色	纯洁、白雪	大部分颜色	避免与浅色调搭配	产生寒冷、严峻的感觉
黑色	神秘、稳重、阴暗、恐怖	大部分颜色（尤其浅色） 红色/紫色+黑色=景深感 金色/黄绿色/浅粉色/淡蓝色+黑色=鲜明的对比	尽量避免与深色调搭配	容易造成心理上的消极感和压迫感
灰色	柔和、高雅	大部分颜色	避免与明度低的色调搭配	可以用在两种对比过于强烈的色彩之间，形成过渡

二、植物的色彩

（一）干皮颜色

当秋叶落尽，深冬季节，枝干的形态、颜色更加醒目，成为冬季主要的观赏景观。多数植物的干皮颜色为灰褐色，当然也有例外，如表5-4所示。

（二）叶色

自然界中大多数植物的叶色都为绿色，但仅绿色在自然界中也有着深浅明暗不同种类，多数常绿树种以及山茶、女贞、桂花、榕、毛白杨、构树等落叶植物的叶色为深绿色，而水杉、落羽杉、落叶松、金钱松、玉兰等的叶色为浅绿色。即使是同一绿色植物其颜色也会随着植物的生长、季节的改变而变化，如垂柳初发叶时为黄绿，后逐渐变为淡绿，夏秋季为浓绿；春季银杏和乌桕的叶子为绿色，到了秋季银杏叶为黄色，乌桕叶为红色；鸡爪槭叶片在春天先红后绿，到秋季又变成红色。凡是叶色随着季节的变化出现明显改变，或是植物终年具备似花非花的彩叶，这些植物都被统称为色叶植物或彩叶植物，主要分类见表5-5。

植物的叶色除了取决于自身生理特性之外，还会由于生长条件、自身营养状况等因子的影响而发生改变，如金叶女贞春季萌发的新叶色彩鲜艳夺目，随着植株的生长，中下部叶片逐渐复绿，对这类彩叶植物来说，多次修剪对其呈色十分有利。另外，光照也是一个重要的影响因子，如金叶女贞、紫叶小檗，光照越强，叶片色彩越鲜艳，而一些室内观叶植物，如彩虹竹芋、孔雀竹芋等，只有在较弱的散射光下才呈现斑斓的色彩，强光反而会使彩斑严重褪色。

此外，温度、季节也会因影响叶片中花色素的合成，从而影响叶片呈色。一般来说早春的低温环境下，花

表5-4　植物干皮颜色

颜色	代表植物
紫红色或红褐色	红瑞木、青藏悬钩子、紫竹、马尾松、杉木、山桃、华中樱、樱花、西洋山梅花、稠李、金钱松、柳杉、日本柳杉等
黄色	金竹、黄桦、金镶玉竹、连翘等
绿色	棣棠、竹、梧桐、国槐、迎春、幼龄青杨、河北杨、新疆杨等
白色或灰色	白桦、胡桃、毛白杨、银白杨、朴、山茶、柠檬桉、白桉、粉枝柳、考氏悬钩子、老龄新疆杨、漆树等
斑驳	黄金镶碧玉竹、木瓜、白皮松、椰榆、悬铃木等

图5-30　白桦干皮的颜色

图5-31　白皮松斑驳的树干

表5-5　色叶植物分类

分类	子目	颜色		代表植物
季相色叶植物	秋色叶	红色/紫红色		黄栌、乌桕、漆树、卫予、连香木、黄连木、地锦、五叶地锦、小檗、樱花、盐肤木、野漆、南天竹、花楸、百华花楸、红槲、山楂以及槭树类植物等
		金黄色/黄褐色		银杏、白蜡、鹅掌楸、加杨、柳、梧桐、榆、槐、白桦、复叶槭、紫荆、栾树、麻栎、栓皮栎、悬铃木、胡桃、水杉、落叶松、楸树、紫薇、椰榆、酸枣、猕猴桃、七叶树、水榆花楸、蜡梅、石榴、黄槐、金缕梅、无患子、金合欢等
	春色叶	春叶	红色/紫红色	臭椿、五角枫、红叶石楠、黄花柳、卫矛、黄连木、枫香、漆树、鸡爪槭、茶条槭、南蛇藤、红栎、乌桕、火炬树、盐肤木、花楸、南天竺、山楂、枫杨、小檗、爬山虎等
		新叶特殊色彩		云杉、铁力木、红叶石楠等
常色叶植物	彩缘	银边		银边八仙花、镶边锦江球兰、高加索常春藤、银边常春藤等
		红边		红边朱蕉、紫鹅绒等
	彩脉	白色/银色		银脉虾蟆草、银脉凤尾蕨、银脉爵床、白网纹草、喜阴花等
		黄色		金脉爵床、黑叶美叶芋等
		几种色彩		彩纹秋海棠等
		白色或红色叶片、绿色叶脉		花叶芋、枪刀药等
	斑叶	点状		洒金一叶兰、细叶变叶木、黄道星点木、洒金常春藤、白点常春藤等
		线状		斑马小凤梨、斑马鸭趾草、条斑一条兰、虎皮兰、虎纹小凤梨、金心吊兰等
		块状		黄金八角金盘、金心常春藤、锦叶白粉藤、虎耳秋海棠、变叶木、冷水花等
		彩斑		三色虎耳草、彩叶草、七彩朱蕉等

续表

分类	子目	颜色	代表植物
常色叶植物	彩色	红色/紫红色	美国红栌、红叶小檗、红叶景天等
		紫色	紫叶小檗、紫叶李、紫叶桃、紫叶欧洲榭、紫叶矮樱、紫叶黄栌、紫叶榛、紫叶梓树等
		黄色或金黄色	金叶女贞、金叶雪松、金叶鸡爪槭、金叶圆柏、金叶连翘、金山绣线菊、金焰绣线菊、金叶接骨木、金叶皂荚、金叶刺槐、金叶六道木、金钱松、金叶风箱果等
		银色	银叶菊、银边翠（高山积雪）、银叶百里香等
		叶两面颜色不同	银白杨、胡颓子、栓皮栎、青紫木等
		多种叶色品种	叶子花有紫色、红色、白色或红白两色等多个品种

色素的含量大大高于叶绿素，叶片的色彩十分鲜艳，而秋季早晚温差大、气候干燥有利于花色素的积累，一些夏季复绿的叶片此时的色彩甚至比春季更为鲜艳，如金叶红瑞木，春季为金色叶，夏季叶色复绿，秋季叶片呈现极为鲜艳的红色，非常夺目；金叶风箱果秋季叶色从绿色变为金色，与红色果实相互映衬，十分美丽。所以植物配置的时候在考虑植物正常叶色和季相变化的同时，还要调查清楚植物的生境、苗木的质量等因素，从而保证植物的观赏效果。

（三）花色

花色是植物观赏特性中最为重要的一方面，在植物诸多审美要素中，花色给人的美感最直接、最强烈。如何充分发挥这一观赏特性呢？一方面要掌握植物的花色，并且还应该明确植物的花期，同时以色彩理论作为基础，合理搭配花色和花期，正如刘禹锡诗中所述："桃红李白皆夸好，须得垂杨相发挥。"设计师可以参考表5-6、表5-7选择开花植物。

表5-6　常用乔灌木花色、花期一览表

	白色系	红色系	黄色系	紫色系	蓝色系
春	白玉兰、广玉兰、白鹃梅、笑魇花、珍珠绣线菊、梨、山桃、山杏、白花碧桃、白丁香、山茶（白色品种，如水晶白、玉牡丹、白芙蓉等）、含笑、白花杜鹃、珍珠梅、流苏树、络石、石楠、文冠果、火棘、厚朴、油桐、鸡麻、欧李、麦李、接骨木、山樱桃、毛樱桃、稠李等	榆叶梅、山桃、山杏、碧桃、海棠、垂丝海棠、贴梗海棠、樱花、山茶、杜鹃、刺桐、木棉、红千层、牡丹、芍药、瑞香、锦带花、郁李等	迎春、连翘、东北连翘、蜡梅、金钟花、黄刺玫、棣棠、相思树、黄素馨、黄兰、天人菊、芒果、结香、南洋楹等	紫荆、紫丁香、紫玉兰、九重葛、羊蹄甲、巨紫荆、黄山紫荆、映山红、山茶（紫红莲）、紫藤、泡桐、瑞香、楝树、珙桐（苞片白色）等	风信子、鸢尾、蓝花楹、矢车菊等
夏	广玉兰、山楂、玫瑰、茉莉、七叶树、花楸、水榆花楸、木绣球、天目琼花、木槿、太平花、白兰花、银薇、栀子花、刺槐、槐、白花紫藤、木香、糯米条、日本厚朴等	楸树、合欢、蔷薇、玫瑰、石榴、紫薇（红色种）、凌霄、崖豆藤、凤凰木、耧斗菜、枸杞、美人蕉、一串红、扶桑、千日红、红王子锦带、香花槐、金山绣线菊、金焰绣线菊等	锦鸡儿、云实、鹅掌楸、檫、黄槐、鸡蛋花、黄花夹竹桃、银桦、耧斗菜、蔷薇、万寿菊、天人菊、栾树、台湾相思、卫矛等	木槿、紫薇、油麻藤、千日红、紫花藿香蓟、牵牛花等	三色堇、鸢尾、蓝花楹、矢车菊、马蔺、飞燕草、乌头、耧斗菜、八仙花、婆婆纳等
秋	油茶、银薇、木槿、糯米条、八角金盘、胡颓子、九里香等	紫薇（红色种）、木芙蓉、大丽花、扶桑、千日红、红王子锦带、香花槐、金山绣线菊、金焰绣线菊、羊蹄甲等	桂花、栾树、菊花、金合欢、黄花夹竹桃等	木槿、紫薇、紫羊蹄甲、九重葛、千日红、紫花藿香蓟、翠菊等	风铃草、藿香蓟等
冬	梅、鹅掌柴	一品红、山茶（吉祥红、秋牡丹、大红牡丹、早春大红球）、梅等	蜡梅		

表5-7　常用花卉材料花色、花期一览表

	白	黄	橙	红	粉红	堇	紫	蓝	复色
春	雏菊、金鱼草、紫罗兰、茼蒿菊	三色堇、金盏菊、茼蒿菊	金盏菊、金鱼草	金鱼草、紫罗兰	金鱼草、美女樱、高雪轮、矮雪轮	三色堇	三色堇、金鱼草、紫罗兰	二月兰、勿忘草	三色堇、紫罗兰
春夏	金鱼草、石竹、须苞石竹、福禄考、矮雪轮、滨菊、翠菊、蜀葵	金鱼草、翠菊	桂竹香、翠菊、金鱼草	翠菊、美女樱、蜀葵、金鱼草	高雪轮、矮雪轮、福禄考、翠菊、须苞石竹、蜀葵、金鱼草	翠菊、鸢尾、福禄考	桂竹香、翠菊、鸢尾、福禄考、蜀葵、金鱼草	翠菊、鸢尾、矢车菊	鸢尾、福禄考
夏	石竹、凤仙花、翠菊、滨菊、百日草、半枝莲、美女樱	半枝莲、翠菊、百日草、矢车菊	半枝莲、翠菊、百日草、一点樱	半枝莲、美女樱、凤仙花、百日草、矢车菊、美人蕉	石竹、半枝莲、翠菊、百日草、凤仙花、矢车菊、美女樱、红亚莲麻	百日草、翠菊、美女樱、凤仙花、矢车菊	百日草、矢车菊、美女樱、赛亚麻、凤仙花、石竹	翠菊、矢车菊	半枝莲、百日草、二色金光菊
夏秋	翠菊、滨菊、葱兰、麦秆菊、石竹、大丽花、小丽花	翠菊、麦秆菊、百日草、美人蕉、大丽花、小丽花	翠菊、孔雀草、百日草、大丽花、小丽花	翠菊、百日草、大丽花、麦秆菊、美人蕉、小丽花	韭菊、美女樱、石竹、大丽花、麦秆菊、翠菊、小丽花	翠菊、百日草	千日红、美女樱、花烟草、大丽花、小丽花、翠菊、百日草	藿香蓟、翠菊	蛇日菊、天人菊、孔雀草、大丽花、百日草
秋	一串白、鸡冠花、滨菊、葱兰、大丽花	鸡冠花、麦秆菊、大丽花、美人蕉、万寿菊	鸡冠花、孔雀草、大丽花	鸡冠花、一串红、雁来红、大丽花、美人蕉	美女樱、葱兰、石竹、麦秆菊、松叶菊、大丽花	荷兰菊、紫菀	鸡冠花、一串紫、石竹、大丽花		孔雀草、大丽花、美人蕉
冬				红养菜					

需要注意的是，自然界中某些植物的花色并不是一成不变的，有些植物的花色会随着时间的变化而改变。比如金银花一般都是一蒂双花，刚开花时花色为象牙白色，两三天后变为金黄色，这样新旧相参，黄白互映，所以得名金银花。杏花，在含苞待放时是红色，开放后却渐渐变淡，最后几乎变成了白色。世界上著名的观赏植物王莲，傍晚时刚出水的蓓蕾绽放出洁白的花朵，第二天清晨，花瓣又闭合起来，待到黄昏花儿再度怒放时，花色变成了淡红色，后又逐渐变为深红色。在变色花儿中，最奇妙的要数木芙蓉，一般的木芙蓉，刚开放的花朵为白色或淡红色，后来渐渐变为深红色，三醉木芙蓉的花可一日三变，清晨刚绽开的花为白色，中午变成淡红色，而到了傍晚却又变成了深红色。

另外，还有些植物的花色会随着环境的变化而改变，比如八仙花的花色是随着土壤的pH不同而有所变化，生长在酸性土中花为粉红色，生长在碱性土中花为蓝色，所以八仙花不仅可用于观赏，而且可以指示土壤的pH。

（四）果实种子的颜色

"一年好景君须记，最是橙黄橘绿时"，自古以来观果植物在园林中就被广泛地使用，比如苏州拙政园的"待霜亭"，亭名取唐诗人韦应物"洞庭须待满林霜"的诗意，因洞庭产橘，待霜降后方红，此处原种植洞庭橘十余株，故此得名。果实不仅具有食用价值，并且很多植物的果实色彩鲜艳，甚至经冬不落，在百物凋零的冬季也是一道难得的风景，常用观果植物果实的颜色请参见表5-8。

表5-8　植物果实的颜色

颜　色	代表植物
紫蓝色/黑色	紫珠、葡萄、女贞、白檀、十大功劳、八角金盘、海州常山、刺楸、水蜡、西洋常春藤、接骨木、无患子、灯台树、稠李、东京樱花、小叶朴、珊瑚树、香茶藨子、金银花、君迁子等
红色/橘红色	天目琼花、平枝枸子、冬青、红果冬青、小果冬青、南天竺、忍冬、卫矛、山楂、海棠、枸骨、枸杞、石楠、火棘、铁冬青、九里香、石榴、木香、欧洲荚蒾、花楸、欧洲花楸、樱桃、东北茶藨、欧李、麦李、郁李、沙棘、风箱果、瑞香、山茱萸、小檗、五味子、朱砂根、蛇莓等
白色	珠兰、红瑞木、玉果南天竺、雪里果等
黄色/橙色	银杏、木瓜、柿、柑橘、乳茄、金橘、金枣、楝树等

第三节　植物的其他美学特性

一、植物的味道

（一）芳香植物及其类型

凡是兼有药用植物和香料植物共有属性的植物类群被称为芳香植物，因此芳香植物是集观赏、药用、食用价值于一身的特殊植物类型。芳香植物包括香草、香花、香蔬、香果、芳香乔木、芳香灌木、芳香藤本、香味作物等八大类，详见表5-9。

表5-9　芳香植物分类

分类名称	代表植物	备注
香草	香水草、香罗兰、香客来、香囊草、香附草、香身草、晚香玉、鼠尾草、薰衣草、神香草、排香草、灵香草、碰碰香、留兰香、迷迭香、六香草、七里香等	芳香植物具有四大主要成分：芳香成分、药用成分、营养成分和色素成分；大部分芳香植物还含抗氧化物质和抗菌成分；按照香味浓烈程度分为幽香、暗香、沉香、淡香、清香、醇香、醉香、芳香。
香花	茉莉花、紫茉莉、栀子花、米兰、香珠兰、香雪兰、香豌豆、香玫瑰、香芍药、香茶花、香含笑、香矢车菊、香万寿菊、香型花毛茛、香型大岩桐、野百合、香雪球、香福禄考、香味天竺葵、豆蔻天竺葵、五色梅、番红花、桂竹香、香玉簪、欧洲洋水仙等	
香果	香桃、香杏、香梨、香李、香苹果、香核桃、香葡萄（桂花香、玫瑰香2种）等水果	
香蔬	香芥、香芹、香水芹、根芹菜、孜然芹、香芋、香荆芥、香薄荷、胡椒薄荷等蔬菜	
芳香乔木	美国红荚蒾、美国红叶石楠、苏格兰金链树、腊杨梅、美国香桃、美国香柏、美国香松、日本紫藤、黄金香柳、金缕梅、千枝梅、结香、韩国香杨、欧洲丁香、欧洲小叶椴、七叶树、天师栗、银鹊树、观光木、白玉兰、紫玉兰、望春木兰、红花木莲、醉香含笑、深山含笑、黄心夜合、玉铃花、暴马丁香等	
芳香灌木	白花醉鱼草、紫花醉鱼草、山刺玫、多花蔷薇、光叶蔷薇、鸡树条荚蒾、紫丁香等	
芳香藤本	香扶芳藤、中国紫藤、藤蔓月季、芳香凌霄、芳香金银花等	
香味作物	香稻、香谷、香玉米（黑香糯、彩香糯）、香花生（红珍珠、黑玛瑙）、香大豆等	

（二）常用芳香植物及其特点

尽管植物的味道不会直接刺激人的视觉神经，但是淡淡幽香会令人愉悦，令人神清气爽，同样也会产生美感。因而芳香植物在园林中的应用非常广泛，例如拙政园"远香堂"，南临荷池，每当夏日，荷风扑面，清香满堂，可以体会到周敦颐《爱莲说》中"香远益清"的意境；再如网师园中的"小山丛桂轩"，桂花开时，异香袭人，意境高雅。

天然的香气分为水果香型、花香型、松柏香型、辛香型、木材香型、薄荷香型、蜜香型、茴香型、薰衣草香型、苔藓香型等几种。据研究，香味对人体的刺激所起到的作用是各不相同的，所以应该根据环境以及服务对象选择适宜的芳香植物，具体内容请参见表5-10。

表5-10　芳香植物的气味及其作用

植物名称	气味	作用	植物名称	气味	作用
茉莉	清幽	增强机体抵抗力，令人身心放松	丁香	辛而甜	使人沉静、轻松，具有疗养的功效
栀子花	清淡	杀菌、消毒，令人愉悦	迷迭香	浓郁	抗菌，可疗病养生，增进消化功能
白玉兰	清淡	提神养性，杀菌，净化空气	辛夷	辛香	开窍通鼻，治疗头痛头晕
桂花	香甜	消除疲劳，宁心静脑，理气平喘，温通经络	细辛	辛香	疗病养生
木香	浓烈	振奋精神，增进食欲	藿香	清香	清醒神志，理气宽胸，增进食欲
薰衣草	芳香	去除紧张，平肝息火，治疗失眠	橙	香甜	提高工作效率，消除紧张不安的情绪
米兰	淡雅	提神健脾，净化空气	罗勒	混合香	净化空气，提神理气，驱蚊
玫瑰花	甜香	消毒空气、抗菌，使人身心爽朗、愉快	紫罗兰	清雅	神清气爽
荷花	清淡	清心凉爽，安神静心	艾叶	清香	杀菌、消毒、净化空气
菊花	辛香	降血压，安神，使思维清晰	七里香	辛而甜	驱蚊蝇和香化环境
百里香	浓郁	食用调料，温中散寒，健脾消食	姜	辛辣	消除疲劳，增强毅力
香叶天竺葵	苹果香	消除疲劳，宁神安眠，促进新陈代谢	芳香鼠尾草	芳香而略苦	兴奋、祛风、镇痉
薄荷	清凉	收敛和杀菌作用，消除疲劳，清脑提神，增强记忆力，并有利于儿童智力的发育	肉桂	浓烈	可理气开窍，增进食欲，但儿童和孕妇不宜闻此香味

（三）芳香植物的使用禁忌

芳香植物的运用拓展了园林景观的功能，现在园林中甚至出现了以芳香植物为主的专类园，并用以治疗疾病，即所谓"芳香疗法"。但应该注意的是有些芳香植物对人体是有害的，比如夹竹桃的茎、叶、花都有毒，其气味如闻得过久，会使人昏昏欲睡，智力下降；夜来香在夜间停止光合作用后会排出大量废气，这种废气闻起来很香，但对人体健康不利，如果长期把它放在室内，会引起头昏、咳嗽，甚至气喘、失眠；百合花所散发的香味如闻之过久，会使人的中枢神经过度兴奋而引起失眠；松柏类植物所散发出来的芳香气味对人体的肠胃有刺激作用，如闻之过久，不仅影响人的食欲，而且会使孕妇烦躁恶心、头晕目眩；月季花所散发的浓郁香味，初觉芳香可人，时间一长会使一些人产生郁闷不适、呼吸困难。据我国科学家研究，有52种花卉或观赏植物有致癌作用，如凤仙花、鸢尾、银边翠（高山积雪）、洒金榕等。可见，芳香植物也并非全都有益，设计师应该在准确掌握植物生理特性的基础上加以合理地利用。

二、植物的声音

一般认为植物是不会"发声"的，至少我们正常人是听不到它们"交流"的，但通过设计师的科学布局、合理配置，植物也能够欢笑、歌唱、低语、呐喊……

（一）借助外力"发声"

一种声音源自于植物的叶片——在风、雨、雪等的作用下发出声音，比如响叶杨——因其在风的吹动下叶片发出的清脆声响而得名。针叶树种最易发音，当风吹过树林，便会听到阵阵涛声，有时如万马奔腾，有时似潺潺流水，所以会有"松涛"、"万壑松风"等景点题名。还有一些叶片较大的植物也会产生音响效果，如拙政园的留听阁，因诗人李商隐《宿骆氏亭寄怀崔雍崔衮》诗"秋阴不散霜飞晚，留得枯荷听雨声"而得名，这对荷叶产生的音响效果进行了形象的描述。再如"雨打芭蕉，清声悠远"，唐代诗人白居易的"隔窗知夜雨，芭蕉先有声"最合此时的情景，就在雨打芭蕉的淅沥声里，飘逸出浓浓的古典情怀。

（二）林中动物"代言"

另一种声音源自于林中的动物和昆虫，正所谓"蝉噪林愈静，鸟鸣山更幽"。植物为动物、昆虫提供了生活的空间，而这些动物又成为植物的"代言人"。要想创造这种效果就不能单纯地研究植物的生态习性，还应了解植物与动物、昆虫之间的关系，利用合理的植物配置为动物、昆虫营造一个适宜的生存空间。比如在进行植物配置时设计师可以选择能够引鸟植物（表5-11）或者蜜源植物（表5-12），吸引鸟类或者蝴蝶、蜜蜂等昆虫。除此之外，还应该配合一些人工设施，如悬挂喂食器、喂水器，设置水浴池、铺设沙地，或者冬季、早春悬挂人工巢箱等。

表5-11   引鸟植物

植物类型	植物种类
乔木	冬青、樟树、朴树、桑树、樱桃、女贞、拐枣、盐肤木、无花果、黄连木、枸骨、楝树、圆叶乌桕、圆柏、龙柏、紫杉、红松、云杉、野柿、罗汉松、香榧、杨梅等
灌木	小蘗、酸枣、火棘、卫矛、荚蒾、忍冬、九里香、野花椒、女贞、桃叶珊瑚、十大功劳、黄杨、海桐、八角金盘、鼠李、厚皮香等
藤本	爬山虎、野蔷薇、忍冬、山葡萄等

表5-12   蜜源植物

植物类型	植物种类
农作物	荞麦、油菜、向日葵、红花、芝麻、芝麻菜、棉花等
乔木	刺槐、椴树、蓝果树、桉树等
果树	柑橘、枣、荔枝、龙眼、枇杷、桃、梨、苹果、山楂等
灌木	荆条、野坝子等
草本植物	薰衣草、麝香草、紫花苜蓿、草木犀、紫云英、苕子、香薷、老瓜头、水苏等

总之，在植物景观设计过程中，不能仅考虑某一个观赏因子，应在全面掌握植物的观赏特性的基础上，根据景观的需要合理配置植物，创造优美的植物景观。

第四节　植物造景的美学法则

美学法则是指形式美的规律，是指造型元素依照整齐、对称、均衡、比例、和谐、多样统一等构成形式美的规律。现代园林植物景观设计在更多的层面上应用这一普遍规律，以求获得优美的景观效果。

一、统一法则

统一法则是最基本的美学法则，在园林植物景观设计中，设计师必须将景观作为一个有机的整体加以考虑，统筹安排。统一法则是以完形理论（Gestalt）[①]为基础，通过发掘设计中各个元素相互之间内在和外在的联系，运用调和与对比、过渡与呼应、主景与配景以及节奏与韵律等手法，使景观在形、色、质地等方面产生统一而又富于变化的效果。

---

①完形理论（Gestalt）：又称为格式塔理论，Gestalt这个字源自德文，是形状（shape）的意思，如果用在心理学上，则代表所谓"整体"（the whole）的概念。"完形"心理学（Gestalt psychology）于20世纪初发源于欧洲，主要研究人类的认知系统如何把原本各自独立的局部信息串联整合成一个整体概念。完形理论认为，如果想让人对于某一作品（绘画、景观、电影等）留下深刻的视觉认知，元素与元素之间必须彼此产生某种形式的联系。

（一）调和与对比

调和是利用景观元素的近似性或一致性，使人们在视觉上、心理上产生协调感。如果其中某一部分发生改变就会产生差异和对比，这种变化越大，这一部分与其他元素的反差越大，对比也就越强烈，越容易引起人们注意。最典型的例子就是"万绿丛中一点红"，"万绿"是调和，"一点红"是对比。

在植物景观设计过程中，主要从外形、质地、色彩等方面实现调和与对比，从而达到统一的效果。

1. 外形的调和与对比

利用外形相同或者相近的植物可以达到植物组团外观上的调和，比如球形、扁球形的植物最容易调和，形成统一的效果。如图5-32所示，杭州花港观鱼公园某园路两侧的绿地，以球形、半球形植物构成了一处和谐的景致。

图5-32　杭州花港观鱼局部植物景观效果

但完全相同会显得平淡、乏味，如图5-33（a）所示，栽植的植物高度相同，又都是形态相似的球形或者扁球形，景观效果平淡无奇，缺乏特色；而图5-33（b）中，利用圆锥形的植物形成外形的差异，在垂直方向与水平方向形成对比，景观效果一下子就活跃起来了。

2. 质感的调和与对比

植物的质感会随着观赏距离的增加而变得模糊，所以质感的调和与对比往往针对某一局部的景观。细质感的植物由于清晰的轮廓、密实的枝叶、规整的形状，常用作景观的背景，比如多数绿地都以草坪作为基底，其中一个重要原因就是经过修剪的草坪平整细腻，并且不会过多地吸引人的注意。配置时应该首先选择一些细质感的植物，比如珍珠绣线菊、小叶黄杨或针叶树种等，与草坪形成和谐的效果，在此基础上，根据实际情况选

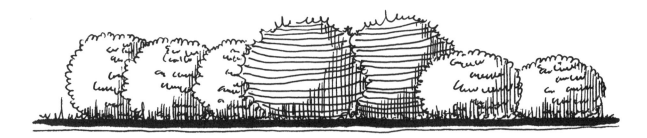

（a）完全的调和使植物景观过于平淡

（b）在调和基础上的对比使植物景观富有动感

图5-33　植物外形的调和与对比

择粗质感的植物加以点缀，形成对比，如图5-34所示。而在一些自然、充满野趣的环境中，常常是未经修剪的草场，这种基底的质感比较粗糙，可以选用粗质感的植物与其搭配，但要注意植物的种类不要选择太多，否则会显得杂乱无章。

3. 色彩的调和与对比

色彩中同一色系比较容易调和，并且色环上两种颜色的夹角越小越容易调和，比如黄色和橙黄色，红色和橙红色等；随着夹角的增大，颜色的对比也逐渐增强。色环上相对的两种颜色，即互补色，对比是最强烈的，比如红和绿、黄和紫等。

对于植物的群体效果，首先应该根据当地的气候条件、环境色彩、风俗习惯等因素确定一个基本色调，选择一种或几种相似颜色的植物进行广泛的大面积的栽植，构成景观的基调、背景，也就是常说的基调植物。通常基调植物多选用绿色植物，因绿色令人放松、舒适，而且绿色在植物色彩中最为普遍，虽然由于季节、光线、品种等原因，植物的绿色也会有深浅、明暗、浓淡的变化，但这仅是明度和色相上的微差，当作为一个整体出现时，是一种因为微差的存在而形成的调和之美。因此植物景观，尤其是大面积的植物造景，多以绿色植物为主，比如颐和园以松柏类作为基调植物（图5-35），花港观鱼以绿草坪作为基底配以成片的雪松形成雪松草坪景观，色调统一协调。当然绿色也并非绝对的主调，布置花坛时，就需要根据实际情况选择主色调，并尽量选用与主色调同一色系的颜色作为搭配，以避免颜色过多而显得杂乱。

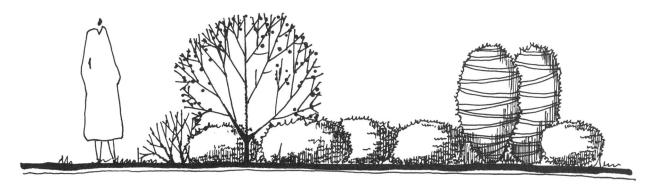

图5-34 植物质感的调和与对比

在总体调和的基础上，适当地点缀其他颜色，构成色彩上的对比，如图5-36所示，紫叶小檗模纹中配以由金叶植物（如金叶女贞、金叶榆等）构成的图案，紫色与黄色形成强烈的对比，图案鲜明醒目。再如图5-37所示，翠绿的柳枝与鲜红的桃花形成强烈的对比。

进行植物色彩搭配时，还应该注意尺度的把握，不要使用过多过强的对比色，对比色的面积要有所差异，否则会显得杂乱无章。当使用多种色彩的时候，应该注意按照冷色系和暖色系分开布置，为了避免反差过大，可以在它们之间利用中间色或者无彩色（白色、灰色）进行过渡。

图5-35 颐和园以松柏类作为基调植物

总之，无论怎样的园林风格，都要始终贯彻调和与对比原则，首先从总体上确定一个基本形式（形状、质地、色彩），作为植物选配的依据，在此基础上，进行局部适当的调整，形成对比。如果说调和是共性的表现，那对比就是个性的突出，两者在植物景观设计中是缺一不可的。

（二）过渡与呼应

当景物的色彩、外观、大小等方面相差太大，对比过于强烈时，在人的心里会产生排斥感和离散感，景观的完整性就会被破坏，利用过渡和呼应的方法，可以加强景观内部的联系，消除或者减弱景物之间的对立，达

图5-36 色彩对比强烈的植物模纹效果

图5-37 桃红柳绿

到统一的效果。比如图5-38中的球形剪型植物与圆锥形植物之间利用条带状植物模纹形成过渡和联系，使得植物景观的整体性更强。再比如配置植物时如果两种植物的颜色对比过于强烈，可以通过调和色或者无彩色，如白色、灰色等形成过渡。

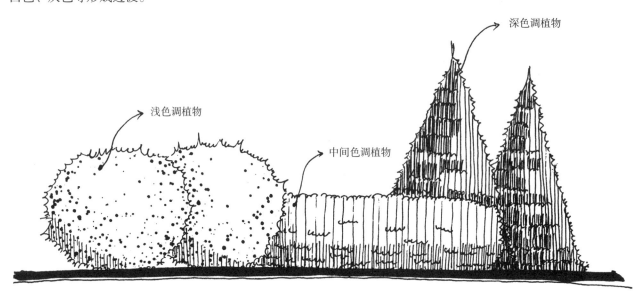

图5-38   利用植物模纹形成过渡和联系

如果说"过渡"是因为"连续"，则"呼应"就由于"中断"，即利用人的视觉印象，使分离的两个部分在视觉上形成联系，比如水体两岸的植物无法通过其他实体景物产生联系，但可以栽植色彩、形状相同或相似的植物形成两岸的呼应，在视觉上将两者统一起来。对于具体的植物景观，常常利用"对称或者非对称均衡"的方法形成景物的相互呼应，比如对称布置的两株一模一样的植物，在视觉上相互呼应，形成"笔断意连"的完整界面。再如图5-39所示，扬州何园玉绣楼因庭院中栽植的玉兰和绣球树而得名，玉兰与绣球树一大一小、一高一矮分别位于庭院的两侧，

图5-39   何园玉绣楼庭院中的玉兰和绣球树

相互呼应，形成非对称的均衡构图，这种配置方式在中国古典园林中非常常见。

（三）主景与配景

一部戏剧，必须区分主角与配角，才能形成完整清晰的剧情，植物景观也是一样，只有明确主从关系才能够达到统一的效果。按照植物在景观中的作用分为主调植物、配调植物和基调植物，它们在植物景观的主导位置依次降低，但数量却依次增加。也就说，基调植物数量最多，就如同群众演员，同配调植物一道，围绕着主调植物展开。

在植物配置时，首先确定一两种植物作为基调植物，使之广泛分布于整个园景中；同时，还应根据分区情

况，选择各分区的主调树种，以形成各分区的风景主体。如杭州花港观鱼公园，按景色分为五个景区，在树种选择时，牡丹园景区以牡丹为主调植物，鱼池景区以海棠、樱花为主调树种，大草坪景区以合欢、雪松为主调树种，花港景区以紫薇、红枫为主调树种，而全园又广泛分布着广玉兰为基调树种，这样，全园景观因各景区不同的主调树种而丰富多彩，又因一致的基调树种而协调统一。

在处理具体的植物景观时，应选择造型特殊、颜色醒目的、形体高大的植物作为主景，比如：油松、灯台树、枫杨、稠李、合欢、凤凰木等，并将其栽植在视觉焦点或者高地上，通过与背景的对比，突出其主景的位置，如图5-40所示，在低矮灌木的"簇拥"下，乔木成为视觉的焦点，自然就成为景观的主体了，图5-41中利用植物色彩对比突出主从关系，在深深浅浅的绿色植物背景衬托下，红枫脱颖而出，成为景观中的"主角"。

（a）立面图

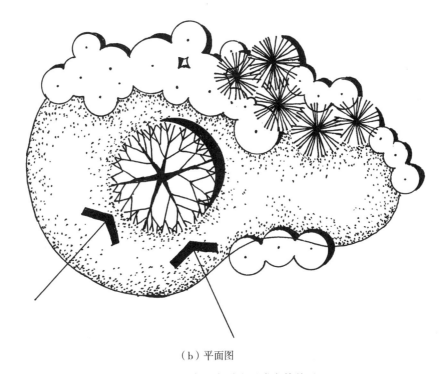

（b）平面图

图5-40 植物配置中形态对比形成主从关系

图5-41　植物配置中色彩对比形成主从关系

（四）节奏与韵律

节奏与韵律源自音乐或者诗歌，节奏是有规律的重复，韵律则是有规律性的变化——是音乐中音的高低、轻重、长短的组合，匀称的间歇或停顿，一定地位上相同音色的反复及句末、行末利用同韵同调的音相加以加强诗歌的音乐性和节奏感，就是韵律的运用。在植物景观设计中，当形状、色彩相同的植物或者植物组团有规律地重复就产生了节奏感，但是这种有规律的节奏感一直重复下去，就会多少显得单调，因此需要在其间出现变化，这就形成了韵律感。如图5-42（a）中，按照一定规律修剪的植物绿篱形成连续动感、富于节奏感的道路景观，图5-42（b）中按照一定规律点缀于植物模纹之间的剪型乔木打造出富于节奏感和韵律感的植物景观效果。

（a）　　　　　　　　　　　　　　　（b）

图5-42　植物景观的节奏与韵律

统一法则是植物造景的基本法则，通过调和与对比、过渡与呼应、主景与配景以及节奏与韵律等得以实现，其实这些方法也并非孤立，在设计中常综合运用。

二、时空法则

园林植物景观是一种时空的艺术，这一点已被越来越多的人所认同。时空法则要求将造景要素根据人的心理感觉、视觉认知，针对景观的功能进行适当的配置，使景观产生自然流畅的时间和空间转换。

植物是具有生命力的构成要素，随着时间的变化，植物的形态、色彩、质感等也会发生改变，从而引起园林风景的季相变化。在设计植物景观时，通常采用分区或分段配置植物的方法，在同一区段中突出表现某一季节的植物景观，如"春季山花烂漫，夏季荷花映日，秋季硕果满园，冬季蜡梅飘香"等。为了避免一季过后景色单调或无景可赏的尴尬，在每一季相景观中，还应考虑配置其他季节的观赏植物，或增加常绿植物，做到"四季有景"。杭州花港观鱼公园春天有海棠、碧桃、樱花、梅花、杜鹃、牡丹、芍药等，夏日有广玉兰、紫薇、荷花等，秋季有桂花、槭树等，寒冬有蜡梅、山茶、南天竺等，各种花木共达200余种10000余株，通过合理的植物配置做到了"四季有花，终年有景"。

另外，中国古典园林还讲究"步移景异"，即随着空间的变化，景观也随之改变，这种空间的转化与时间的变迁是紧密联系的。比如扬州个园利用不同季节的观赏植物，配以假山，构成具有季相变化的时空序列，在扬州个园中春梅翠竹，配以笋石寓意春景；夏种国槐、广玉兰，配以太湖石构成夏景；秋栽枫树、梧桐，配以黄石构成秋景；冬植蜡梅、南天竹，配以雪石和冰纹铺地构成冬景。四个景点选择了具有明显季相特点的植物，与四种不同的山石组合，演绎了一年中四个不同的季节，四个"季节"的景观又被巧妙地布置于游览路线的四个角落，从而在尺咫庭院中，随着空间的转换，也演绎着一年四季时间的变迁。个园的构思巧妙，选材更加巧妙！

三、数的法则

数的法则源自于西方，古希腊数学家普洛克拉斯（Proclus，411—485）指出："哪里有数，哪里就有美。"西方人认为凡是符合数的关系的物体就是美的，比如三原形（正方形、等边三角形、圆形）受到一定数值关系的制约因而具有了美感，因此这三种图形成为设计中的基本图形。在植物景观设计过程中，如植物模纹、植物造型等，也可以适当地运用一些数学关系，以满足人们的审美需求。

（一）数比关系

在2000多年前，古希腊算学家毕达哥拉斯（Pythagoras，公元前572—公元前497）首先提出了黄金分割（Golden Section，缩写Phi，图5-43），成为了世界公认的最佳数比关系，此后，以黄金分割比为基础又衍生出了许多"黄金图形"。如图5-44中的黄金率矩形和黄金涡线，矩形长、短边符合黄金分割比，可以被无穷地划分为一个正方形和一个更小的黄金率矩形，如把所得正方形的有关顶点，用对应正方形内切圆弧连接，就得到黄金涡线，涡线在无限消失点的地方形成矩形的涡眼点。黄金率矩形和黄金涡线因达到了动态的均衡而充满韵律感，不仅如此，根据研究，如果以黄金矩形的两个涡眼（按照相同的方法可作出图5-44左边的涡眼）作为人眼平视凝停点，能得到最佳的视觉效果。

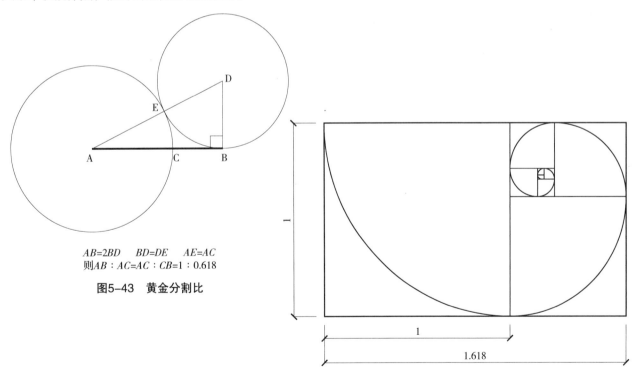

$AB=2BD$　$BD=DE$　$AE=AC$
则$AB : AC=AC : CB=1 : 0.618$

图5-43　黄金分割比

图5-44　黄金率矩形和黄金涡线

我们经常使用的五角星也符合黄金比，如图5-45所示，图中阴影部分是一个符合黄金比的等腰三角形，被称为黄金三角形。如图5-46所示，由黄金比派生出的根号矩形在设计中也常常被使用，利用对角线可以构成一系列矩形，其中$\sqrt{2}$和$\sqrt{5}$矩形比较常用。如图5-47、图5-48就是数的法则植物模纹、花坛等设计中的应用。

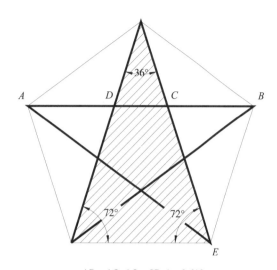

AB：AC=AC：CB=1：0.618
AC：AD=AD：CD=1：0.618
AB：BE=1：0.618

图5-45　五角星和黄金三角形

（a）根号矩形的形成

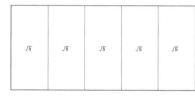

（b）√2矩形可以再划分为2个相同的√2矩形　（c）√5矩形可以再划分为5个相同的√5矩形

图5-46　根号矩形

图5-47　黄金涡线演绎出的植物模纹效果

图5-48　迪拜哈利法塔公园的模纹花坛符合数的法则

（二）尺度

1.景观尺度

如果以人为参照，尺度可分为三种类型（图5-49）：自然的尺度（人的尺度）、超人的尺度、亲切的尺度。在不同的环境中选用的尺度是不同的，一方面要考虑功能的需求，另一方面应注意观赏效果，无论是一株树木，还是一片森林都应与所处的环境协调一致。比如中国古代私家园林属于小尺度空间，所以园中搭配的都是小型的、低矮的植物，显得亲切温馨（图5-50）；而美国白宫及华盛顿纪念碑周边属于超大的尺度空间，配置以大面积草坪和高大乔木，显得宏伟庄重（图5-51）。尽管两者的植物景观尺度有所不同，但都与其所处的环境尺度相吻合，所以打造的景观自然和谐。

与其他园林要素相比，植物的尺度似乎更加复杂，因为植物的尺度会随着时间的推移而发生改变。可能一开始的时候达到了理想的效果，但是随着岁月的增加，会失去原有的和谐，比如有些古典园林中，空间尺度小，山、水、桥梁、建筑等都是小尺度的，在高大的古木对比下，已经失去了"一勺水江湖万里，一峰山太华千寻"的意境了。所以设计师应该动态地看待植物及其景观，在设计初期就应该预测到由于植物生长而出现的尺度变化，并采取一些措施以保证景观的观赏效果。现代园林中不乏这样的经典佳作，如杭州花港观鱼公园的雪松草坪在建成20多年后仍然保持着极佳的观赏效果。

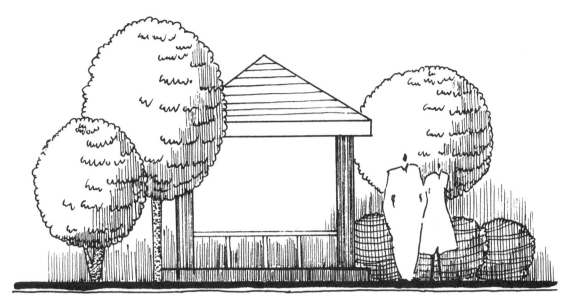

（a）自然的尺度

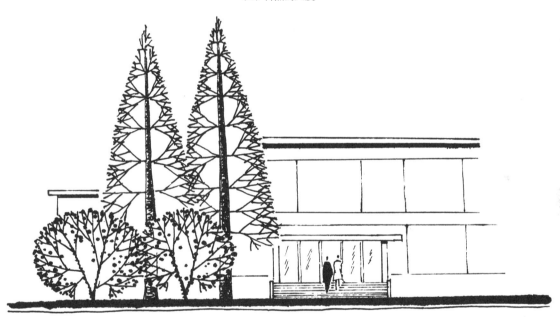

（b）超人的尺度

（c）亲切的尺度

图5-49　景观设计尺度

图5-50　网师园中的植物景观

图5-51　美国华盛顿白宫及华盛顿纪念碑周边草坪与树丛

2. 心理尺度

1959年爱德华·霍尔（Edward Hall）把人际交往的距离划分为四种：亲昵距离、个人距离、社会距离、公众距离，具体内容如表5-13所述。

表5-13　人际交往的尺度

名称	尺度（单位：m）	适用人群或者环境
亲昵距离	0～0.45	爱人，非常亲密的朋友
个人距离	0.45～0.75	熟人
	0.75～1.2	朋友
社会距离	1.2～2.1	一般工作环境和社交聚会
	2.1～3.75	正式场合（外交会晤、面试等）
公众距离	3.75～8.0	讲演者和听众

3. 景观空间尺度

根据人的视觉、听觉、嗅觉等生理因素，结合人际交往距离，可以得到景观空间场所的三个基本尺度，称之为景观空间尺度。

（1）20～25m：20～25m见方的空间，人们感觉比较亲切，是创造景观空间感的尺度。

（2）110m：超过110m后才能产生广阔的感觉，是形成景观场所感的尺度。

（3）390m：人无法看清楚390m以外的物体，这个尺度显得深远、宏伟，是形成景观领域感的尺度。

（三）比例

适宜的空间尺度还取决于空间的高宽比，即空间的立面高度（H）与平面宽度的比值（D），如图5-52所示，$H/D=2～3$，形成夹景效果（图5-53），空间的通过感较强；$H/D=1$，形成框景效果（图5-54），空间通过感平缓；$H/D=1:3～1:5$，空间开阔，围合感较弱。

另外，要想获得良好的视觉效果，场地中的景物（比如孤植树、树丛、主体建筑、雕塑等）与场地之间也应该选用适宜的比例，景物高度与场地宽度的比例最好是$1:3～1:6$（图5-55）。

（四）模数

这里重点介绍一下勒·柯布西埃（Le Corbusier，1887—1965）的人体模数（图5-56）。勒·柯布西埃假定人的身高为1.83m，举手指尖高度为2.26m，肚脐距离地面高度1.13m，以上三个尺度构成基本模数，勒·柯布西埃按照黄金分割比在基本模数的基础上细分形成一系列模数，这些模数相互之间包含了和谐的比例关系，所以符合人们的审美需要，成为景观设计的依据。同时，还形成了一系列功能尺寸，因为符合人体功效学原理，所以常作为建筑设计、产品设计、家具设计、园林设计等的依据，如图5-57所示。

数学可以产生美，但并不绝对，毕竟美与苍白的数字还是有一定的距离，很多东西源自于人们的感觉和经验，而且植物的选择、景观的创造也因人、因时、因地而异，数学方法仅仅能够作为一种辅助手段，一个好的设计最终还是要靠设计师的想象力和专业素质来完成。

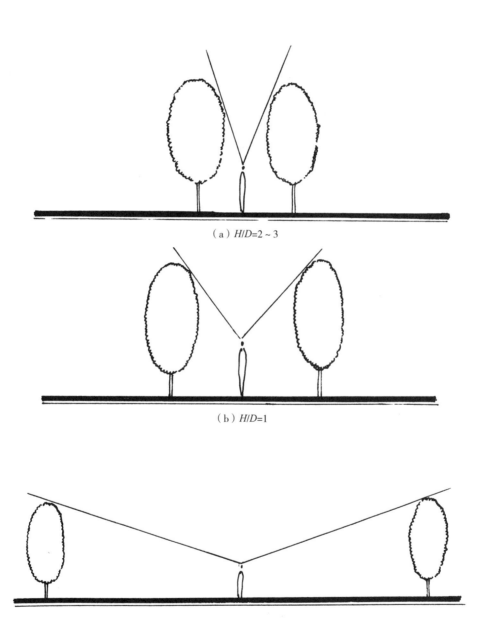

（a）H/D=2～3

（b）H/D=1

（c）H/D=1∶3～1∶5

图5-52　空间的高宽比

图5-53 夹景效果

图5-54 框景效果

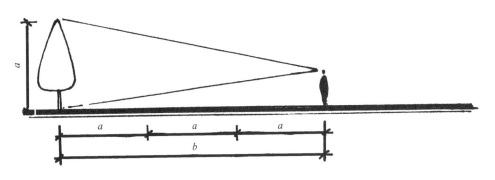

（a）$a:b=1:3$

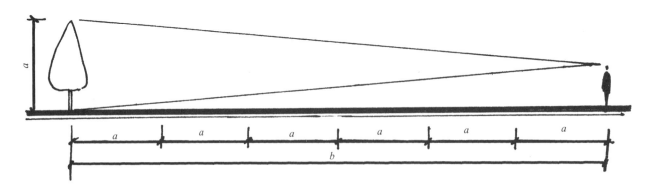

（b）$a:b=1:6$

图5-55 景观与场地的高宽比

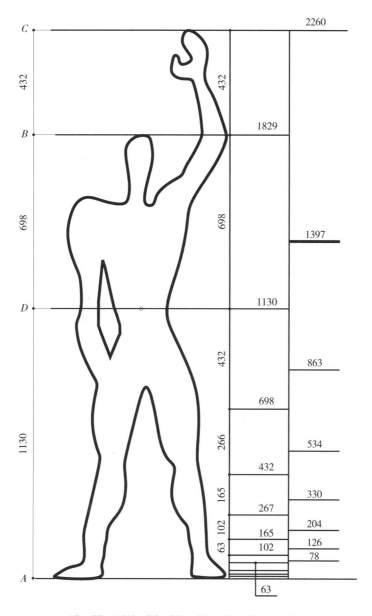

$AD : BD = 1.618$ $BC : BD = 1.615$ $AB : BE = 1 : 0.618$

图5-56 勒·柯布西埃的人体模数示意图

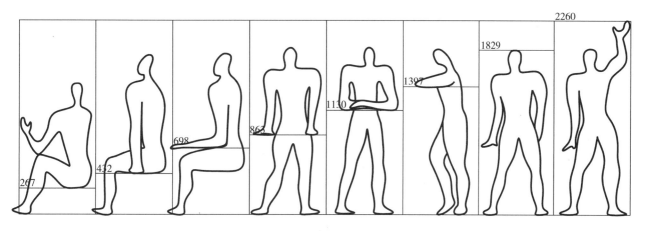

图5-57 根据人体模数确定的功能尺寸示意图

第六章
园林植物景观设计

本章主要结构

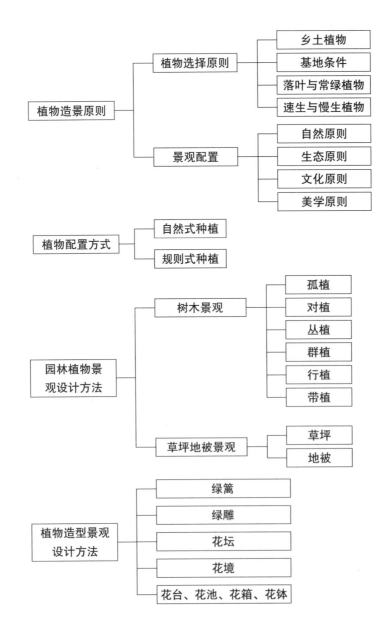

植物造景原则 —— 植物选择原则 —— 乡土植物
　　　　　　　　　　　　　　　—— 基地条件
　　　　　　　　　　　　　　　—— 落叶与常绿植物
　　　　　　　　　　　　　　　—— 速生与慢生植物
　　　　　　—— 景观配置 —— 自然原则
　　　　　　　　　　　　　—— 生态原则
　　　　　　　　　　　　　—— 文化原则
　　　　　　　　　　　　　—— 美学原则

植物配置方式 —— 自然式种植
　　　　　　—— 规则式种植

园林植物景观设计方法 —— 树木景观 —— 孤植
　　　　　　　　　　　　　　　　—— 对植
　　　　　　　　　　　　　　　　—— 丛植
　　　　　　　　　　　　　　　　—— 群植
　　　　　　　　　　　　　　　　—— 行植
　　　　　　　　　　　　　　　　—— 带植
　　　　　　　　　　　—— 草坪地被景观 —— 草坪
　　　　　　　　　　　　　　　　　　—— 地被

植物造型景观设计方法 —— 绿篱
　　　　　　　　　　—— 绿雕
　　　　　　　　　　—— 花坛
　　　　　　　　　　—— 花境
　　　　　　　　　　—— 花台、花池、花箱、花钵

第一节 植物造景的原则

一、园林植物选择的原则

（一）以乡土植物为主，适当引种外来植物

乡土植物（Native Plant或Local Plant）指原产于本地区或通过长期引种、栽培和繁殖已经非常适应本地区的气候和生态环境、生长良好的一类植物。与其他植物相比，乡土植物具有很多的优点：

（1）实用性强。乡土植物可食用、药用，可提取香料，可作为化工、造纸、建筑原材料以及绿化观赏。

（2）适应性强。乡土植物适应本地区的自然环境条件，抗污染、抗病虫害能力强，在涵养水分、保持水土、降温增湿、吸尘杀菌、绿化观赏等环境保护和美化中发挥了主导作用。

（3）代表性强。乡土植物，尤其是乡土树种，能够体现当地植物区系特色，代表当地的自然风貌。

（4）文化性强。乡土植物的应用历史较长，许多植物被赋予一些民间传说和典故，具有丰富的文化底蕴。

此外，乡土植物具有繁殖容易、生产快、应用范围广、安全、廉价、养护成本低等特点，具有较高的推广意义和实际应用价值，因此在设计中，乡土植物的使用比例应该不小于70%。

在植物品种的选择中，以乡土植物为主，可以适当引入外来的或者新的植物品种，丰富当地的植物景观。比如我国北方高寒地带有着极其丰富的早春抗寒野生花卉种质资源，据统计，大、小兴安岭林区有1300多种耐寒、观赏价值高的植物，如冰凉花（又称冰里花、侧金盏花）在哈尔滨3月中旬开花，遇雪更加艳丽，毫无冻害，另外大花杓兰、白头翁、楼斗菜、翠南报春、荷青花等从3月中旬也开始陆续开花。尽管在东北地区无法达到四季有花，但这些野生花卉材料的引入却可将观花期提前2个月，延长植物的观花期和绿色期。应该注意的是，在引种过程中，不能盲目跟风，应该以不违背自然规律为前提，另外应该注意慎重引种，避免将一些入侵植物引入当地，危害当地植物的生存。

（二）以基地条件为依据，选择适合的园林绿化植物

北魏贾思勰著《齐民要术》曾阐述："地势有良薄，山、泽有异宜。顺天时，量地利，则用力少而成功多，任情返道，劳而无获。"这说明植物的选择应以基地条件为依据，即"适地适树"原则，这是选择园林植物的一项基本原则。要做到这一点必须从两方面入手，其一是对当地的立地条件进行深入细致的调查分析，包括当地的温度、湿度、水文、地质、植被、土壤等条件；其二是对植物的生物学、生态学特性进行深入的调查研究，确定植物正常生长所需的环境因子。一般来讲，乡土植物比较容易适应当地的立地条件，但对于引种植物则不然，所以引种植物在大面积应用之前一定要做引种试验，确保万无一失才可以加以推广。

另外，现状条件还包括一些非自然条件，比如人工设施、使用人群、绿地性质等，在选择植物的时候还要结合这些具体的要求选择植物种类，例如行道树应选择分枝点高、易成活、生长快、适应城市环境、耐修剪、耐烟尘的树种，除此之外还应该满足行人遮阴的需要；再如纪念性园林的植物应选择具有某种象征意义的树种或者与纪念主题有关的树种等。

（三）以落叶乔木为主，合理搭配常绿植物和灌木

在我国，大部分地区都有酷热漫长的夏季，冬季虽然比较寒冷，但阳光较充足，因此我国的园林绿化树种应该在夏季能够遮阴降温，在冬季要透光增温。落叶乔木必然是首选，加之落叶乔木还兼有绿量大、寿命长、生态效益高等优点，城市绿化树种规划中，落叶乔木往往占有较大的比例，比如沈阳市现有的园林树木中落叶乔木占40%以上，不仅季相变化明显，而且生态效益也非常显著。

当然，为了创造多彩的园林景观，除了落叶乔木之外，还应适量地选择一定数量的常绿乔木和灌木，尤其

对于冬季景观常绿植物的作用更为重要，但是常绿乔木所占比例应控制在20%以下，否则，不利于绿化功能和效益的发挥。

（四）以速生树种为主，慢生、长寿树种相结合

速生树种短期内就可以成形、见绿，甚至开花结果，对于追求高效的现代园林来说无疑是不错的选择，但是速生树种也存在着一些不足，比如寿命短、衰退快等。而与之相反，慢生树种寿命较长，但生长缓慢，短期内不能形成绿化效果。两者正好形成"优势互补"，所以在园林绿地中，因地制宜地选择不同类型的树种是非常必要的。比如我们希望行道树能够快速形成遮阴效果，所以行道树一般选择速生、耐修剪、易移植的树种；而在游园、公园、庭院的绿地中，可以适当地选择长寿慢生树种。

二、植物景观的配置原则

（一）自然原则

在植物的选择方面，尽量以自然生长状态为主，在配置中要以自然植物群落构成为依据，模仿自然群落组合方式和配置形式，合理选择配置植物，避免单一物种、整齐划一的配置形式，做到"师法自然"、"虽由人作，宛自天开"。

（二）生态原则

在植物材料的选择、树种的搭配等方面必须最大限度地以改善生态环境、提高生态质量为出发点，也应该尽量多地选择和使用乡土树种，创造出稳定的植物群落；以生态学理论为基础，在充分掌握植物的生物学、生态学特性的基础上，合理布局，科学搭配，使各种植物和谐共存，植物群落稳定发展，从而发挥出最大的生态效益。

（三）文化原则

在植物配置中坚持文化原则，把反映某种人文内涵、象征某种精神品格的植物，科学合理地进行配置，可以使城市园林向充满人文内涵的高品位方向发展，使不断演变的城市历史文脉在园林景观中得到延续和显现，形成具有特色的城市园林景观。

（四）美学原则

植物景观不是植物的简单组合，也不是对自然的简单模仿，而是在审美基础上的艺术创作，是园林艺术的进一步发展和提高。在植物景观配置中，植物的形态、色彩、质地及比例应遵循统一、调和、均衡、韵律四大艺术法则，既要突出植物的个体美，同时又要注重植物的群体美，从而获得整体与局部的协调统一。

综上所述，植物景观是艺术与科学的结合，是在熟练掌握植物的美学、生态学特性及其功能用途的基础上，对于植物及由其构成的景观系统的统筹安排。

第二节   植物配置方式

一、自然式

中国古典园林的植物配置以自然式为主，自然式的植物配置方法（图6-1），多选外形美观、自然的植物品种，以不相等的株行距进行配置，具体的景观配置方式请参见表6-1。自然式的植物配置形式令人感觉放松、惬意，但如果使用不当会显得杂乱。

二、规则式

规则式栽植方式（图6-2）在西方园林中经常采用，在现代城市绿化中使用也比较广泛。相对于自然式

图6-1　自然式植物配置方式

表6-1　自然式植物景观配置方式

类型	配置方式	功能	适用范围	表现的内容
孤植	单株树孤立种植	主景、庇荫	常用于大片草坪上、花坛中心、小庭院的一角，与山石搭配	植物的个体美
对植（均衡式）	两株或两丛植物采取非对称均衡方式布置在轴线两侧	框景、夹景	入口处、道路两侧、水岸两侧等	植物的个体美及群体美
丛植	3～9株同种或异种树木不等距离地种植在一起形成树丛效果	主景、配景、背景、隔离	常用于大片草坪中、水边	植物的群体美和个体美
群植	一两种乔木为主体，与数种乔木和灌木搭配，组成较大面积的树木群体	配景、背景、隔离、防护	常用于大片草坪中、水边，或者需要防护、遮挡的位置	表现植物群体美，具有"成林"的效果
带植	大量植物沿直线或者曲线呈带状栽植	背景、隔离、防护	多应用于街道、公路、水系的两侧	表现植物群体美，一般宜密植，形成树屏效果

而言，规则式的植物配置往往选择形状规整的植物，按照相等的株行距进行栽植，具体的景观配置方式见表6-2。规则式植物栽植方式效果整齐统一，但有时可能会显单调。

　　无论是自然式，还是规则式，都有其优势和特点，同一空间使用不同的配置方式，会产生截然不同的效果，如图6-3所示，由三栋建筑物构成的空间，采用不同的植物配置方式得到了不同的效果——自然式栽植随意，空间变化丰富，景观层次鲜明；规则式栽植整齐，空间界定明确，景观效果统一。这里没有对与错、好与坏，问题在于合理与否，即这种植物配置方式是否能与景观风格、建筑特点、使用功能等协调。

图6-2　规则式植物配置方式

表6-2　规则式植物景观配置方式

类型	配置方式	适用范围	景观效果
对植 （对称式）	两株或者两丛植物按轴线左右对称布置	建筑物、公共场所入口处等	庄重、肃穆
行植	植物按照相等的株行距呈单行或多行种植，有正方形、三角形、长方形等不同栽植形式	在规则式道路两侧、广场外围或围墙边沿，防护林带	整齐划一，形成夹景效果，具有极强的视觉导向性
环植	植物等距沿圆环或者曲线栽植植物，可有单环、半环或多环等形式	圆形或者环状的空间，如圆形小广场、水池、水体以及环路等	规律性、韵律感，富于变化，形成连续的曲面
带植	大量植物沿直线或者曲线呈带状栽植	公路两侧、海岸线、风口、风沙较大的地段，或者其他需防护地区	整齐划一，形成视觉屏障，防护作用较强

　　另外，还有一种种植方式是介于规则式和自然式之间，即两者的混合使用，在一处园景中，规则式地段采用规则式种植方式，而自然式景观配合自然式种植方式，两种栽植方式相互结合，如图6-4所示，在水体自然驳岸周边采用自然式种植，在对面围绕规则式铺装采用规则式栽植方式。

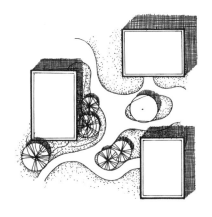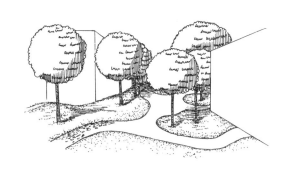

（a）自然式植物配置方式

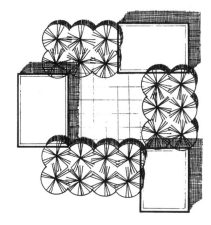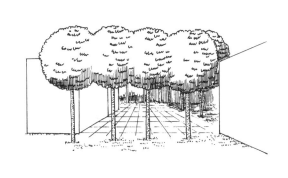

（b）规则式植物配置方式

图6-3　自然式与规则式栽植

图6-4　混合式植物配置方式

第三节 园林植物景观设计方法

一、树木的配置方法

（一）孤植（单株/丛）

树木的单株或单丛栽植称为孤植，孤植树有两种类型，一种是与园林艺术构图相结合的庇荫树，另一种单纯作为孤赏树应用。前者往往选择体型高大、枝叶茂密、姿态优美的乔木，如银杏（图6-5）、槐、榕、樟、悬铃木、柠檬桉、朴、白桦、无患子、枫杨、柳、青冈栎、七叶树、麻栎、雪松、云杉、桧柏、南洋杉、苏铁、罗汉松、黄山松、柏木等。而后者更加注重孤植树的观赏价值，如白皮松（图6-6）、白桦等具有斑驳的树干；枫香、元宝枫、鸡爪槭、乌桕等具有鲜艳的秋叶；凤凰木、樱花、紫薇、梅、广玉兰、柿、柑橘等拥有鲜亮的花、果……总之，孤植树作为景观主体、视觉焦点，一定要具有与众不同的观赏效果，能够起到画龙点睛的作用。

孤植树布置的位置多种，可孤植于草坪中、花坛中、水潭边、广场上……在配置孤植树时应注意以下几点：

（1）选择孤植树除了要考虑造形美观、奇特之外，还应该注意植物的生态习性，不同地区可供选择的植物有所不同，表6-3中列出华北、华中、华南以及东北地区常用孤植树种类，仅供参考。

图6-5 银杏孤植效果

图6-6 沈阳某宾馆庭院白皮松孤植效果

表6-3　不同地区孤植树树种选择

地区	可供选择的植物
华北地区	油松、白皮松、桧柏、白桦、银杏、蒙椴、樱花、柿、西府海棠、朴树、皂荚、槲树、桑、美国白蜡、槐、花曲柳、白榆等
华中地区	雪松、金钱松、马尾松、柏木、枫杨、七叶树、鹅掌楸、银杏、悬铃木、喜树、枫香、广玉兰、香樟、紫楠、合欢、乌桕等
华南地区	大叶榕、小叶榕、凤凰木、木棉、广玉兰、白兰、芒果、观光木、印度橡皮树、菩提树、南洋楹、大花紫薇、橄榄树、荔枝、铁冬青、柠檬桉等
东北地区	云杉、冷杉、杜松、水曲柳、落叶松、油松、华山松、水杉、白皮松、白蜡、京桃、秋子梨、山杏、五角枫、元宝枫、银杏、栾树、刺槐等

注：适合孤植的造景树种类及其具体特征请参见附录三。

（2）必须注意孤植树的形体、高矮、姿态等都要与空间大小相协调。开阔空间应选择高大的乔木作为孤植树，而狭小空间则应选择小乔木或者灌木等作为主景，并应避免孤植树处在场地的正中央，而应稍稍偏移一侧，以形成富于动感的景观效果。

（3）在空地、草坪、山冈上配置孤植树时，必须留有适当的观赏视距，如图6-7所示，并以蓝天、水面、草地等单一的色彩为背景加以衬托。

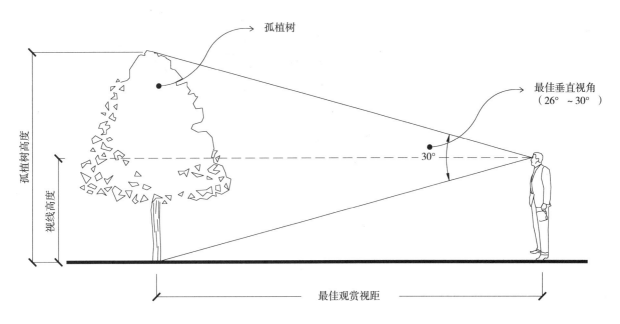

图6-7　孤植树观赏视距的确定

（二）对植（两株/丛）

对植多用于公园、建筑的出入口两旁或纪念物、蹬道台阶、桥头、园林小品两侧，可以烘托主景，也可以形成配景、夹景。对植往往选择外形整齐、美观的植物，如桧柏、云杉、侧柏、南洋杉、银杏、龙爪槐等，按照构图形式对植可分为对称式和非对称式两种方式：

1.对称式对植

以主体景观的轴线为对称轴，对称种植两株（丛）品种、大小、高度一致的植物，如图6-8所示两株植物种植点的连线应被中轴线垂直平分。

对称式对植的两株植物大小、形态、造型需要相似，以保证景观效果的统一，如图6-9所示，米勒花园建筑入口两侧栽植的樱花，形成统一的效果和鲜明的标示。也可以如图6-10所示，利用修剪整形植物，形成对称的效果。

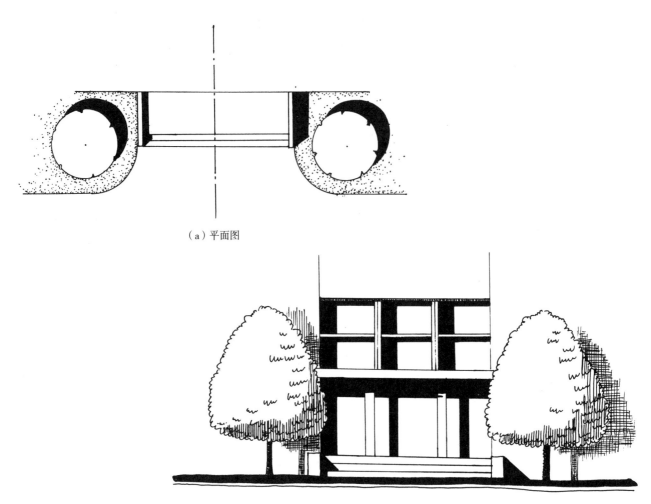

（a）平面图

（b）效果图

图6-8   对称式对植平面图及其效果图

图6-9   米勒花园建筑门前对植樱花效果

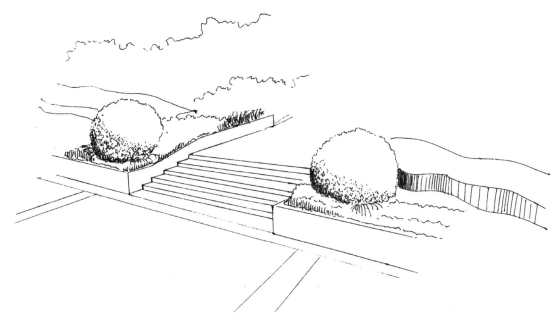

图6-10　利用剪型植物形成对植景观效果

2.非对称式对植

两株或两丛植物在主轴线两侧按照中心构图法或者杠杆均衡法进行配置，形成动态的平衡。需要注意的是，非对称式对植的两株（丛）植物的动势要向着轴线方向，形成左右均衡、相互呼应的状态，如图6-11所示。与对称式对植相比，非对称式对植要灵活许多。

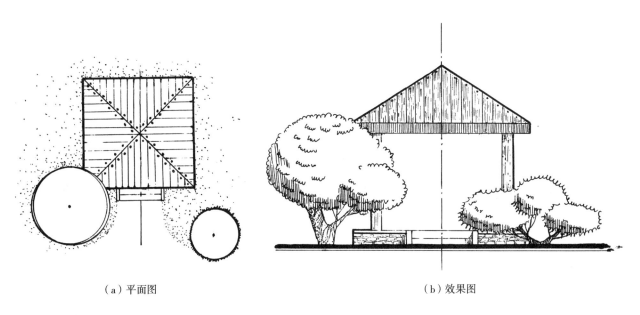

（a）平面图　　　　　　　　　　　　　　　　　（b）效果图

图6-11　非对称式对植平面图及其效果图

（三）丛植

丛植多用于自然式园林中，构成树丛的株数从3～10株不等，几株植物按照不等株行距疏疏密密地散植在绿地中，形成疏林草地的景观效果，或者构成特色植物组团。自然式丛植的植物品种可以相同，也可以不同，植物的规格、大小、高度尽量要有所差异，按照美学构图原则进行植物的组合搭配。一方面对于树木的大小、姿态、色彩等都要认真选配，另一方面还应该注意植物种植密度以及景观观赏距离等。在设计植物丛植景观时需要注意以下配置原则：

（1）由同一树种组成的树丛，植物在外形和姿态方面应有所差异，既要有主次之分，又要相互呼应，如图6-12所示，三株丛植应该按照"不等边"三角形布局，"三株一丛，第一株为主树，第二、第三株为客树"，或称之为"主、次、配"的构图关系，"二株宜近，一株宜远……，近者曲而俯，远者宜直而仰"，如图6-13中，道路左侧的微地形之上自然栽植的三株油松，高低搭配、俯仰呼应，自然中体现出一种古朴优雅的意境……以三株丛植为基本构图形式，可以演绎出四株、五株以及五株以上的树丛的配置形式，如图6-14至图6-16所示，可供参考。

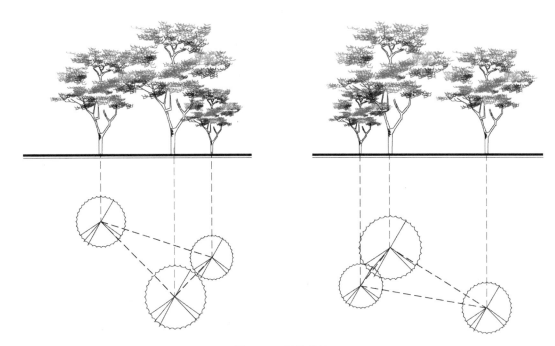

图6-12　三株丛植

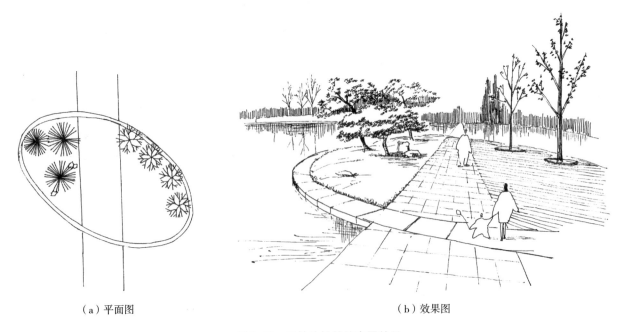

（a）平面图   （b）效果图

图6-13　三株油松丛植布置效果

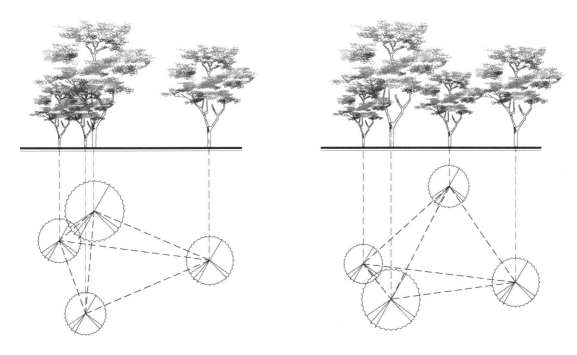

图6-14　四株丛植

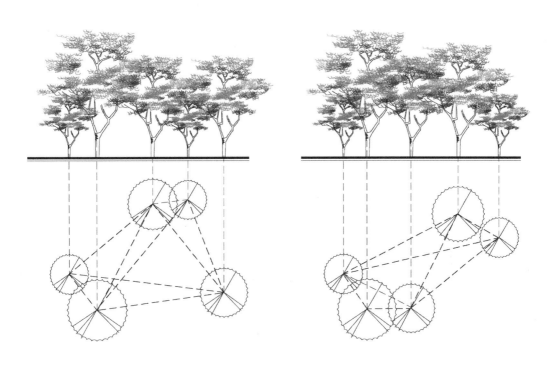

图6-15　五株丛植

（2）丛植植物讲究植物的组合搭配效果，基本原则是"草本花卉配灌木，灌木配乔木，浅色配深色……"，通过合理搭配形成优美的群体景观，如图6-17所示，灌木围绕着乔木栽植，可使整个树丛变得紧凑，如果四周再用草花相衬托就会显得更加自然。

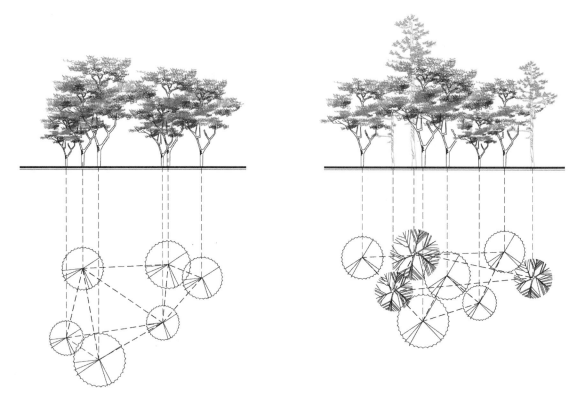

图6-16　五株以上丛植

　　多种植物组成的树丛常用高大的针叶树与阔叶乔木相结合，四周配以花灌木，它们在形状和色调上形成对比，如图6-18是北京陶然亭公园某一植物组团的平面图，高耸挺拔的塔柏作为组团的中心，配以枝条开展的河北杨、栾树、朝鲜槐等落叶乔木，外围栽植低矮的花灌木黄刺玫、蔷薇等，整个组团高低错落、层次分明，在考虑植物造型的搭配同时，也兼顾了景观的季相变化。

图6-17　乔木与灌木组成的树丛

　　（3）树丛的规格以及观视距离应根据所需的景观效果确定，一般树丛之前要留出树高3～4倍的观赏视距，如果要形成开阔、通透的景观效果，在主要观赏面甚至要留出10倍以上树高的观赏视距，如图6-17、图6-18所示。网师园中于对岸观看濯缨水阁，更显建筑的轻灵、植物的古朴（图6-19）。

　　（4）树丛可作为主景，也可作为背景或配景。作为主景时的要求和配置方法同孤植树，只不过是以"丛"为单位，如图6-13中的油松，又如图6-20所示一片红枫树丛，因其鲜亮的颜色，显得分外醒目；与此相反，如果树丛作为背景或者配景则应选择花色、叶色等不鲜明的植物，避免吸引太多的注意。

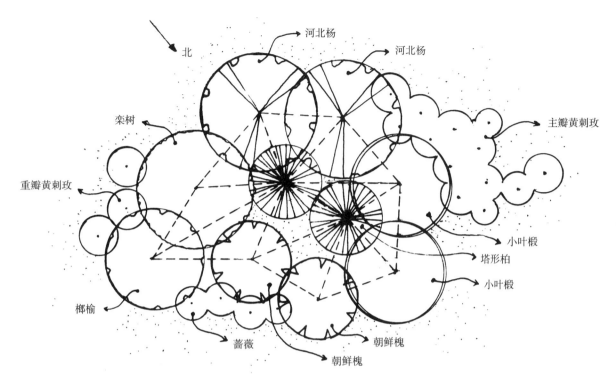

图6-18　北京陶然亭公园植物组团平面图

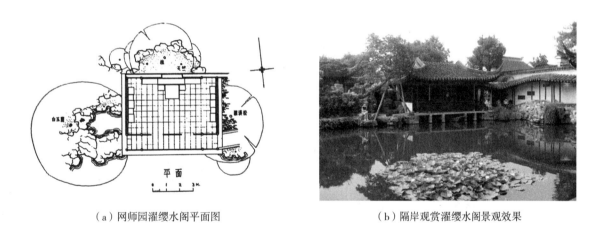

（a）网师园濯缨水阁平面图　　　　　　　　　（b）隔岸观赏濯缨水阁景观效果

图6-19　网师园濯缨水阁平面图及景观效果

（四）群植

群植常用于自然式绿地中，一种或多种树木按不等距方式栽植在较大的草坪中，形成"树林"的效果。因此，群植所用植物的数量较多，一般在10株以上，具体的数量还要取决于空间大小、观赏效果等因素。树群可作主景或背景，如果两组树群分列两侧，还可以起到透景、框景的作用。

在设计群植植物景观时应该注意以下问题：

（1）按照组成品种数量树群分为纯林和混交林。纯林由一种植物组成，因此整体性强，壮观、大气，如图6-21、图6-22所示，枫树林和白桦林因其独特的景观呈现令人震撼的效果，需要注意的是对于纯林一定要选择抗病虫害的树种，防止病虫害的传播；混交林是由两种以上的树种成片栽植而成，这种配置方式又称为"片混"，与纯林相比，混交林的景观效果较为丰富，并且可以避免病虫害的传播，因此使用率较高，但一定要注

图6-20　红枫树丛成为主景

图6-21　枫树林秋季景观效果

图6-22　白桦林景观效果

意树群品种数量宜精不宜杂，即植物种类不宜太多，1~2种骨干树种，并有一定数量的乔木和灌木作为陪衬。

（2）群植植物的配置应注意观赏效果及季相变化。树群应选择高大、外形美观的乔木构成整个树群的骨架，作为主景，以枝叶密集的植物作为陪衬，选择枝条平展的植物作为过渡或者边缘栽植，以求获得连续、流畅的林冠线和林缘线。树群中既要有观赏中心的主体乔木，又要有衬托主体的添景和配景。如图6-23所示，主体前面的第二株为对比树，第三株为添景树，并通过低矮的灌木或地被形成视觉上的联系和过渡。

（3）如果按照栽植密度树群可划分为密林和疏林。一般郁闭度在90%以上称为密林，遮阴效果好，林内环境阴暗、潮湿、凉爽；疏林的郁闭度为60%~70%，光线能够穿过林冠缝隙，在地面上形成斑驳的树影，林内有一定的光照。实际上，在园林景观中密林和疏林也没有太严格的技术标准，往往取决于人的心理感受和观赏效果。

（4）自然式群植植株栽植应有疏有密，应做到"疏可走马，密不容针"。林冠线、林缘线要有高低起伏和婉转迂回的变化，林中可铺设草坪，开设"天窗"，以利光线进入，增加游人游览兴趣，如图6-23所示。

（5）设计群植景观的时候，还应该根据生态学原理，模拟自然群落的垂直分层现象配置植物，以求获得相对稳定的植物群落——以阳性落叶乔木为上层，耐半阴的常绿树种为第二层，耐阴的灌木、地被为第三层。

（6）树群应该布置在开阔场地上，如林缘大草坪、林中空地、水中小岛、山坡等地方。树群主要观赏面的前方至少留有树群高度4倍、宽度1.5倍的空间，以便游人欣赏。

（五）行植

行植多数出现在规则式园林中，植物按等距沿直线栽植，这种内在的规律性会产生很强的韵律感，形成整齐连续的界面，因此行植常用于街道绿化，如在车行道上中央隔离带、分车带以及道路两侧的行道树一般采用的都是行植的形式，形成统一、完整、连续的街道立面。行植还常用于构筑"视觉通道"，形成夹景空间，如图6-24是美国景观设计大师丹·凯利（Dan Kiley）设计的米勒花园（Miller Garden）中的刺槐行植效果，道路两侧的刺槐将人们的视线引向道路尽头的雕塑。

行植的植物可以是一种植物，也可以由多种植物组成。前者景观效果统一完整，而后者灵活多变、富于韵律。如图6-25所示的"树阵"就是利用规格相同的同一种植物按照相等的株行距栽植而成，如果使用的是分枝点较高的乔木，可以与规则式铺装相结合，形成规整的林下活动空间和休息空间。但如果栽植面积较大，同种植物的行植有时会因缺少变化，显得单调、呆板，而适当增加植物品种可以保证统一中有所变化，如图6-26是杭州白堤的种植平面图，采用垂柳和碧桃呈"品"字形栽种[1]，"桃红柳绿"的传统搭配也成为此处一道风

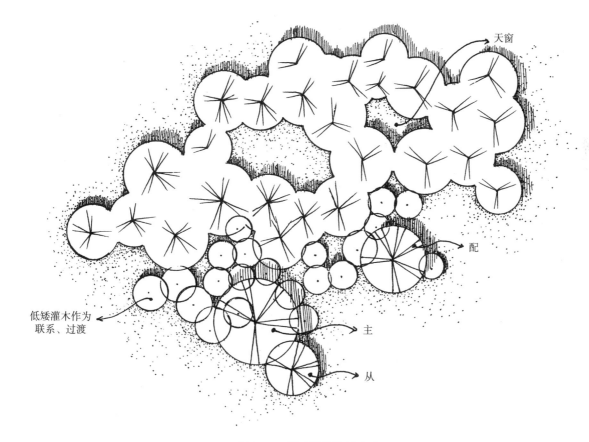

图6-23　群植植物配置方法

---

[1]最初白堤是将碧桃与垂柳间种，历史上曾有"一株杨柳一株桃"的记载，但是桃花喜阳厌湿，上有垂柳遮阴，下有高水位，原先的栽植方式不利于碧桃生长，此后人们将碧桃移植到堤岸边，与垂柳呈"品"字形栽植，植物生长良好，景观效果也得以保证，此例也再次说明了植物的观赏效果与生态特性两个方面需要同时兼顾。

图6-24　米勒花园中的刺槐行植效果

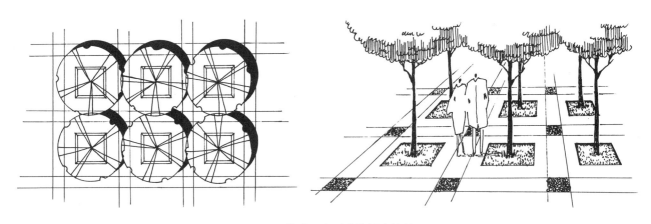

图6-25　落叶乔木形成的树阵效果

景。在高速公路中央隔离带和两侧防护林带设计中应用后一种行植方式效果尤佳，一方面可以形成丰富的沿途景观，更重要的是通过植物品种的变化，缓解驾驶员和乘车者的视疲劳，提高旅途的舒适度。

（六）带植

带植的长度应大于宽度，并应具有一定的高度和厚度。按配置植物的种类划分，带植可分为单一植物带植和多种植物带植。前者利用相似的植物颜色和规格形成类似"绿墙"的效果，统一规整，而后者变化更为丰富。带植可以是规则式的，也可以是自然式的，设计师需要根据具体的环境和要求加以选择。比如防护林带多采用规则式带植，其防护效果较好；游步道两侧可以采用自然式种植方式，以达到"步移景异"的效果，如图6-27所示；也可以像图6-28那样，采用混合式布局方式，既有规则式的统一整齐，又有自然式的随意洒脱。

垂柳　　　　碧桃

白堤

（a）平面图（CAD）

（b）效果图

图6-26　杭州白堤植物种植设计

设计林带时需要注意以下问题：

1. 景观层次

林带应该分为背景、前景和中景三个层次，在进行景观设计时应利用植物高度和色彩的差异，以及栽植疏密的变化增强林带的层次感。通常林带从前景到背景，植物的高度由低到高，色彩由浅到深，密度由疏到密。对于自然式林带而言，还应该注意各层次之间要形成自然的过渡，由图6-28可见种植带共分为三个层次，珍珠绣线菊球沿道路栽植，作为前景，叶色黄绿色，花色洁白，秋叶红褐；第二层则以栾树、银杏、五角枫、云杉等高大乔木构成中景，两者之间通过红瑞木、忍冬以及珍珠绣线菊组成的灌丛过渡；第三层油松林，油松色调最深，高度最高，作为背景，中景与背景之间通过云杉过渡。

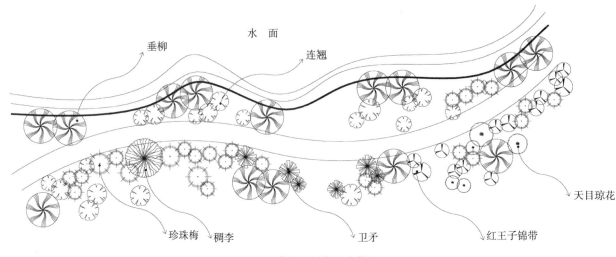

图6-27 道路两侧自然式带植

2. 植物品种

作为背景的植物应该形状、颜色统一，其高度应该超过主景层次，最好选择常绿、分枝点低、枝叶密集、花色不明显、颜色较深或能够与主景形成对比的植物；中景植物应该具有较高的观赏性，如银杏、凤凰木、黄栌、海棠、樱花、京桃等；而前景植物应选择低矮的灌木或者花卉。

3. 栽植密度

如果作为防护林带，植物的栽植密度需要根据具体的防护要求而定，比如防风林最佳郁闭度为50%。如果林带以观赏为主，植物的栽植密度因其位置功能的不同而有所差异，背景植物株行距在满足植物生长需要的前提下可以稍小些，或者呈"品"字形栽植，以便形成密实完整的"绿面"。中景或前景植物的栽植密度应根据景观观赏的需要进行配置，如图6-24所示，自然式林带中植物按照不等株行距自然分布，中景植物在靠近背景植物的地方可以适当加密，以便于形成自然的过渡。

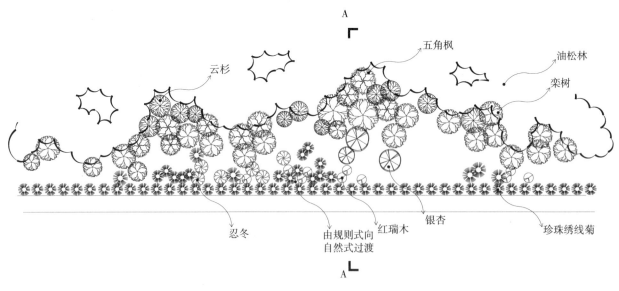

（a）混合式带植平面图

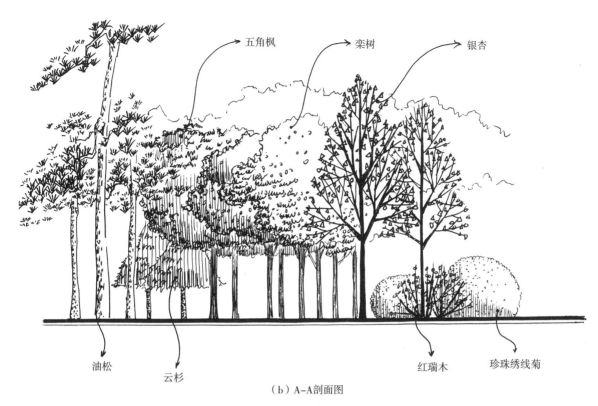

（b）A-A剖面图

图6-28 混合式带植

二、草坪、地被的配置方法

（一）草坪

1.草坪的分类

按照所使用的材料，草坪可以分为纯一草坪、混合草坪以及缀花草坪。缀花草坪又分为纯野花矮生组合、野花与草坪组合两类，其中矮生组合采用多种株高30cm以下的一、二年生及多年生品种组成，专门满足对株高有严格要求的场所应用。

如果按照功能进行分类，可以分为游憩草坪、观赏草坪、运动场草坪、交通安全草坪以及护坡草坪等，具体内容参见表6-4。

表6-4 草坪的分类

类型	功能	设置位置	草种选择
游憩草坪	休息、散步、游戏	居住区、公园、校园等	叶细、韧性较大、较耐踩踏
观赏草坪	以观赏为主，用于美化环境	禁止人们进入的或者人们无法进入的仅供观赏的地段，如匝道区、立交区等	颜色碧绿均一，绿期较长，耐热、抗寒
运动场草坪	开展体育活动	体育场、公园、高尔夫球场等	根据开展的运动项目进行选择
交通安全草坪	吸滞尘埃、装饰美化	陆路交通沿线，尤其是高速公路两旁、飞机场的停机坪等	耐寒、耐旱、耐瘠薄、抗污染、抗粉尘
护坡草坪	防止水土流失、防止扬尘	高速公路边坡、河堤驳岸、山坡等	生长迅速、根系发达或具有匍匐性

2.草坪景观的设计

草坪空间能形成开阔的视野，增加景深和景观层次，并能充分表现地形美，一般铺植在建筑物周围、广场、运动场、林间空地等，供观赏、游憩或作为运动场地之用，图6-29是北京通州运河带状公园中主题雕塑

"东方"周边景观效果，开阔的草坪不仅突显了地形的平滑、自然，也更加衬托了主题雕塑"东方"的宏伟大气。

图6-29   通州运河带状公园主题雕塑"东方"及其周边草坪景观效果

设计草坪景观时，需要综合考虑景观观赏、实用功能、环境条件等多方面的因素。

（1）面积

尽管草坪景观视野开阔、气势宏大，但由于养护成本相对昂贵、物种构成单一，所以不提倡大面积使用，在满足功能、景观等需要的前提下尽量减少草坪的面积。

（2）空间

从空间构成角度，草坪景观不应一味开阔，要与周围的建筑、树丛、地形等结合，形成一定的空间感和领地感，即达到"高"、"阔"、"深"、"整"的效果。如图6-30所示，杭州柳浪闻莺大草坪的面积为35000m²，草坪的宽度为130m，以柳浪闻莺馆为主景，结合起伏的地坪配置有高大的枫杨林，树丛与草坪的高宽比为1：10，空间视野开阔，但不失空间感。

（3）形状

为了获得自然的景观效果，方便草坪的修剪，草坪的边界应该尽量简单而圆滑，尽量避免复杂的尖角（图6-31）。在建筑物的拐角、规则式铺装的转角处可以栽植地被、灌木等植物，以消除尖角产生的不利影响。

（4）技术要求

通常，草坪栽植需要一系列的自然条件：种植土厚度30cm；pH6～7；土壤疏松、透气；在不采取任何辅助措施时，坡度应满足排水以及土壤自然安息角的要求（表6-5）。

现代园林绿化中常用草坪类型有结缕草、野牛草、狗牙根草、地毯草、假俭草、黑麦草、早熟禾、剪股颖等，具体内容请详见附录四。尽管可供选择的草坪品种较多，但从观赏效果和养护成本等方面考虑，在设计草坪景观时还应该首选抗旱、抗病虫害的优良草种，如结缕草，或者使用抗旱的地被植物作为"替代品"。

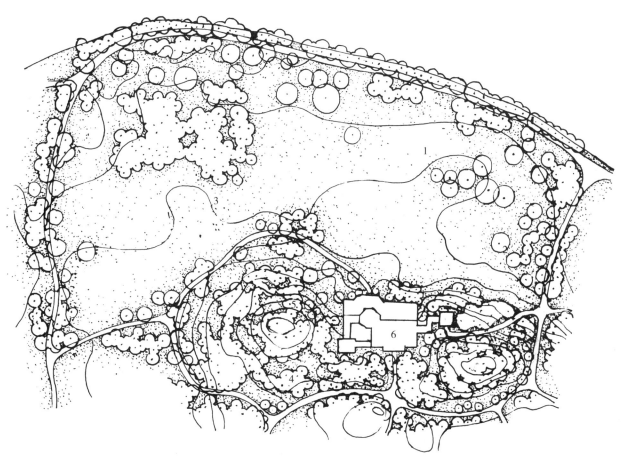

1.垂柳　2.香樟　3.枫杨　4.柳、桂花　5.紫叶李　6.闻莺馆

图6-30　杭州柳浪闻莺大草坪平面图

图6-31　草坪区的边界最好是简单而圆滑的曲线

表6-5　草坪的设计坡度

应用类型	坡度要求
规则式草坪	≤5%
自然式草坪	5% ~ 15%
一般设计坡度	5% ~ 10%
最大坡度	不能超过土壤的自然安息角（30%左右）

（二）地被植物

地被植物具有品种多、抗性强、管理粗放等优点，并能够调节气候、组织空间、美化环境、吸引昆虫……因此，地被植物在园林中的应用越来越广泛。

1. 地被植物的分类（表6-6）

园林意义上的地被植物除了众多矮生草本植物外，还包括许多茎叶密集、生长低矮或匍匐型的矮生灌木、竹类及具有蔓生特性的藤本植物等，具体内容参见表6-6以及附录四。

表6-6　地被植物分类及其特点

类型	特点	应用	植物品种
草花和阳性观叶植物	生长迅速，蔓延性佳，色彩艳丽、精巧、雅致，但不耐践踏	装点主要景点	松叶牡丹、香雪球、二月兰、美女樱、裂叶美女樱、非洲凤仙花、四季秋海棠、萱草、宿根福禄考、丛生福禄考、半枝莲、旱金莲、三色堇等
原生阔叶草	多年生双子叶草本植物，繁殖容易，病虫害少，管理粗放	公共绿地、自然野生环境等	马蹄金、(紫花)酢浆草、白三叶、车前草、金腰箭等
藤本	多数枝叶贴地生长，少数茎节处易发不定根可附地着生，水土保持功能极佳	应用于斜坡地、驳岸、护坡等	蔓长春花、五叶地锦、南美蟛蜞菊、薜荔、牵牛花等
阴性观叶植物	耐阴，适应阴湿的环境，叶片较大，具有较高的观赏价值	栽植在庇荫处，起到装饰美化的作用	冷水花、常春藤、沿阶草、玉簪、粗肋草、八角金盘、洒金珊瑚、十大功劳、葱兰、石蒜等
矮生灌木	多生长在向阳处，茎枝粗硬	用以阻隔、界定空间	小叶黄杨、六月雪、栀子花、小檗、南天竹、火棘、金山绣线菊、金焰绣线菊、金叶莸等
矮生竹	叶形优美、典雅，多数耐阴湿、抗性强、适应能力强	林下、广场、小区、公园等，可与自然置石搭配	菲白竹、凤尾竹、翠竹等
蕨类及苔藓植物	种类较多，适应阴湿的环境	阴湿处，与自然水体和山石搭配	肾蕨、巢蕨、槲蕨、崖姜蕨、鹿角蕨、蓝草等
耐盐碱类植物	能够适应盐碱化较高的地段	盐碱地中	二色补血草、马蔺、枸杞、紫花苜蓿等

2. 地被植物的适用范围

（1）需要保持视野开阔的非活动场地。

（2）阻止游人进入的场地。

（3）可能会出现水土流失，并且很少有人使用的坡面，比如高速公路边坡等。

（4）栽培条件较差的场地，如沙石地、林下、风口、建筑北侧等。

（5）管理不方便，如水源不足、剪草机难进入、大树分枝点低的地方。

（6）杂草猖獗，无法生长草坪的场地。

（7）有需要绿色基底衬托的景观，希望获得自然野化的效果，如某些郊野公园、湿地公园、风景区、自然保护区等。

3. 地被植物的选择

（1）根据环境条件选择地被植物。利用地被植物造景时，必须了解栽植地的环境因素，如光照、温度、湿度、土壤酸碱度等，然后选择能够与之相适应的地被植物，并注意与乔木、灌木、草合理搭配，构成稳定的植物群落。比如在岸边、林下等阴湿处不宜选草花或者阳性地被，而蕨类与阴性观叶植物比较适宜，如八角金盘、洒金珊瑚、十大功劳、肾蕨、巢蕨、槲蕨、葱兰、石蒜、玉簪（图6-32）等；在缺水、干旱处宜选择耐旱的地被植物。

图6-32　路侧林下栽植的玉簪

（2）根据使用功能选择地被植物。地被植物应根据该地段的使用功能加以选择，如果人们使用频率较高，经常被踩踏，就须选择耐践踏的种类；如果仅是为了观赏，为了形成开阔的视野，则应该选择开花、叶大、观赏价值高的地被植物；如果需要阻止人进入，则应该选择不宜踩踏的带刺的植物，比如铺地柏等。

（3）根据景观效果选择地被植物。地被植物的选择还应该考虑所需的景观效果，如果仅用作为背景衬托，最好选择绿色、枝叶细小的地被植物，如白三叶、酢浆草、铺地柏等；如果作为观赏主体，则应该选择花叶美丽、观赏价值高的地被植物，如玉簪、非洲凤仙花、四季秋海棠、冷水花等，以突出色彩的变化。

另外，还应注意地被植物的选择应该与空间尺度以及其他造景元素（园内的建筑、大树、道路等）相协调，比如小尺度空间应尽量使用质地细腻、色彩较浅的地被植物，利用人的视错觉，使空间扩大，反之，可以选用质地粗糙、色彩较深的地被植物；如果大片栽种或被用作空间界定、引导交通，可选质地粗糙、颜色鲜亮的地被植物。

4. 地被植物的配置方法

首先明确需要铺植地被的地段，在图纸上圈定种植地被的范围，根据地被植物选择的原则选择地被植物。

利用地被植物造景与草坪造景相同，目的是为了获得统一的景观效果，所以在一定的区域内，应有统一的基调，避免应用太多的品种。基于统一的风格，可利用不同深浅的绿色地被取得同色系的协调，也可配以具斑点或条纹的种类，或植以花色鲜艳的草花和叶色美丽的观叶地被，像紫花地丁、白三叶、黄花蒲公英等。

（三）野花组合

野花组合属于地被植物，由于其独特的景观效果和生长特性，近几年其使用范围越来越广，甚至有超越其他地被植物的趋势，其在景观设计中，尤其是植物造景中的作用也越来越重要。

1. 野花组合及其优势

野花组合，是从众多的草花种子中筛选出的适宜直接播种、就地生长，并完成其整个观赏效果的草花类种子。它是仿照自然景观效果，顺应人们对景观需求多样化，人为种植混合在一起的花卉种子组合。

野花组合中使用的花卉大多具有野生性状，也就是具有野生花卉强健的生态适应性和抗逆性。这些"野花"一经播种，一年生花卉通常具有很强的自播繁衍能力，能保持多年连续开花不断；多年生花卉则可以常年生长开花。此外，精心制定种子配方的野花组合还能达到花色范围最广、开花时期最长的目的。自然界没有整个生长季都花开不断的花卉品种，但是混合了多种花卉的野花组合则能春、夏、秋三季开花，气候温暖的地方甚至可以四季开花。

2. 野花组合的配置方法

在景观设计中，野花组合应用比较广泛，可以作为景观基底，与乔灌木组合搭配（图6-33）；可以栽植在路侧、山坡、林缘，构成边界和景观的点缀（图6-34）；也可以独立成景，形成令人震撼的花海景观（图6-35）。尽管其适应强、景观效果极佳，但在设计中，还需要注意以下几个问题：

图6-33　地被花卉作为基底　　　　　　　　图6-34　路侧利用野花组合进行装饰

（1）生态环境组合的选择。野花组合要根据应用地区的气候条件（如降雨量、温度、湿度等）、海拔高度、土壤条件等因素，选用不同品种、不同类型的草本花卉进行混合配比，按照适应生境条件划分，野花组合分为：耐阴组合、抗旱组合、耐湿组合、耐酸碱组合等。

（2）景观功能组合的选择。在设计野花组合的时候，除了根据场地条件确定相应的生态组合品种，还要根据项目的功能定位（城市道路、私家庭院、工矿企业等）确定适宜的功能组合，如表6-7。

（3）观赏特征组合的选择。从景观需求上考虑，野花组合的种子配方一般都要求能达到花色范围最广、开花时期最长的目的，即春、夏、秋三季开花，花色一般为蓝、紫、红、白、黄及其他过渡色（图6-36）。也可根据需要配合单一色彩的组合品种，比如"薰衣草景观"的设计中，因为薰衣草生境、花期的限制，常常搭

图6-35 野花组合打造的花海效果

表6-7 景观环境与野花组合对应表

景观环境	具体环境描述	对于野花组合的要求	可使用组合	主要品种
道路绿化	高速公路、快速路、铁路等道路两侧、中央隔离带等	花色艳丽，管理粗放，抗性好、耐旱、耐寒，融入部分纯野品种，株高错落有致	中杆组合，一、二年生组合，矮生组合，耐阴组合等	百日草、波斯菊、飞燕草、黑心菊、金鸡菊、硫华菊、满天星、美丽天人菊、蛇目菊、石竹、宿根蓝亚麻、虞美人等
城市景观	公共空间、公园、学校、工矿企业、医院等	抗性强，施工养护方便，花色搭配和谐细致，高度整齐，可考虑增加芳香植物、蜜源植物、结实植物等，吸引彩蝶蜜蜂，打造城市自然和谐景观	矮生组合、超级矮生组合、耐阴组合、耐湿组合等	矮硫华菊、翠菊、大花飞燕草、黑种草、花环菊、花菱草、桔梗、屈曲花、宿根蓝亚麻、天人菊、西洋滨菊、虞美人等
私家庭院及高档社区	私家庭院、高档居住区、高档酒店花园、屋顶花园等	花色搭配精致典雅，花型丰富多变，品种优良	矮生组合、超级矮生组合、缀花草坪组合、宿根组合等	美女樱、天人菊、虞美人、中国石竹、异果菊、金盏菊、香雪球、藿香蓟、白晶菊、常夏石竹、蒲公英、勋章菊、紫花地丁、小丽花等
大面积临时绿化或者野生区域绿地	临时绿化地段、城市郊野公园、森林公园、工业废弃地、道路护坡等	抗性强，生长快、自播能力强，施工方便，后期养护管理简便，甚至无须人工养护	一、二年生组合，耐旱组合，耐热组合等	百日草、波斯菊、翠菊、金盏菊、硫华菊、满天星、美丽天人菊、蛇目菊、荞麦、矢车菊、茼蒿菊、虞美人等

配其他蓝紫花品种，如蓝花鼠尾草、蛇鞭菊等，如图6-37所示。另外是野花组合的高度，按照植物生长期高度进行划分分为中杆组合、矮生组合、超级矮生组合以及缀花草坪组合等，如表6-8。

常用地被花卉品种及其介绍参见附录四。

尽管野花组合有诸多优点，但是在使用的时候还应该慎重。一方面是因为其观赏期还是相对有限，尤其是对于北方地区，在冬季的时候会显得萧条，因此在设计的时候还应该与其他景观元素协调统一，如图6-38所示，以高大乔木作为背景，白色景观建筑作为中景（主景），野花组合作为前景，景观层次丰富和谐，并且在花谢之后也不会显得单调。另外一点是野花组合一般在栽植第一年或者第二年达到最佳景观效果，而后由于各个品种长势不同，其中的优势种生长会压倒弱势品种，可能会由原来的"繁花似锦"逐渐演变为"一枝独秀"，这也就是所谓野花组合的"退化现象"，因此在选择组合方案的时候，一定要注意组合品种的选择和搭配比例，并在后期进行适时的补植。

图6-36　野花组合花色组合

图6-37　蛇鞭菊常作为薰衣草的"替身"

表6-8　常用野花组合参考表

类型	组合名称	适用范围	主要品种
生态组合	抗旱组合	干旱地区，如高速公路、城市道路、公园绿地等	翠菊、花菱草、花环菊、硫华菊、蛇目菊、桔梗、满天星、矢车菊、屈曲花、虞美人、西洋滨菊、黑心菊、金鸡菊、飞燕草、蓝亚麻、麦仙翁、须苞石竹、天人菊、轮峰菊、黑种草、美女樱、矮牵牛、大花藿香蓟、狗尾草等
	耐湿组合	滨水地段，水系边缘、湿地公园等	千屈菜、大滨菊、高山紫菀、菖蒲类、鸢尾等
	耐阴组合	林下、建筑北侧常年不见阳光或者少有阳光照射的地段	马蔺、毛地黄、射干、紫花地丁、玉簪、石蒜、蕨类植物等组合，或者二月兰、鸢尾、石蒜、玉簪等单一品种
	耐盐碱组合	滨海城市，低湿并排水不畅的地段、干旱并且地下水位比较高的地区	鸢尾、凌霄、芦苇、扶芳藤、马蔺、盐角草、木地肤、紫花苜蓿、荷兰菊、千屈菜等
景观组合	宿根组合	花坛、花境、林缘、岩石园等	大滨菊、大花飞燕草、大花金鸡菊、钓钟柳、桂竹香、黑心菊、麦仙翁、石碱、宿根蓝亚麻、天人菊、须苞石竹、紫松果菊等 需要注意的是：宿根组合要求土层厚度在50cm以上
	中杆组合	路侧、墙基、林缘等处	整体高度70～80cm，主要品种：百日草、波斯菊、翠菊、花葵、凤仙、黑心菊、蛇目菊、金盏菊、硫化菊、矢车菊/高、中国石竹、小冠花、蓝亚麻、紫松果菊、射干、金鸡菊、屈曲花、茼蒿菊、天人菊、虞美人、飞燕草等
	矮生组合	城市公共绿地、城市道路、居住区、高尔夫球场等	整体高度30～45cm，主要品种：矮金鱼草、矮金盏菊、矮蛇目菊、矮矢车菊、大花金鸡菊、花菱草、美女樱、宿根蓝亚麻、天人菊、异果菊、虞美人、中国石竹等
	超级矮生组合	草坪中、花坛中	整体高度5～30cm，主要品种：矮牵牛、白晶菊、半枝莲、常夏石竹、藿香蓟、蒲公英、涩荠、五色菊、香雪球、勋章菊、异果菊、紫花地丁等
	缀花草坪组合	草坪中、广场中、花坛中、公园绿地	以低矮的多年生草花、宿根花卉为主，如蒲公英、半枝莲、黑心菊、黄帝菊、马蔺、金毛菊、美女樱、匍匐蛇目菊

注：表6-7、表6-8资料由北京群芳谱园艺有限公司友情提供。

三、植物景观设计要点

（一）林缘线设计

　　树丛、花丛在地面上的垂直投影轮廓即林缘线。林缘线往往是虚、实空间（树丛为实，草坪为虚）的分界线，也是绿地中明、暗空间的分界线。林缘线直接影响空间、视线及景深，对于自然式植物组团，林缘线应做到曲折流畅——曲折的林缘线能够形成丰富的层次和变化的景深，流畅的林缘线给人开阔、大气的感觉。

自然式植物景观的林缘线有半封闭和全封闭两种，图6-39（a）为半封闭的林缘线，树丛在面向道路一侧开敞，一片开阔的草坪成为树丛的展示舞台，在点A处有足够的观赏视距去欣赏这一景观，而站在草坪中央（点B位置），则三面封闭、一面开敞，形成一个半封闭的空间；图6-39（b）为全封闭林缘线，树丛围合出一个封闭空间，如果栽植的是分枝点较低的常绿植物或高灌木，空间封闭性强，通达性弱，而如果栽植的是分枝点较高的植物，会产生较好的光影效果，也可以保证一定通达性。

图6-38 野花组合与其他景观元素搭配效果

（二）林冠线设计

林冠线是指树林或者树丛立面的轮廓线，林冠线

（a）半封闭林缘线

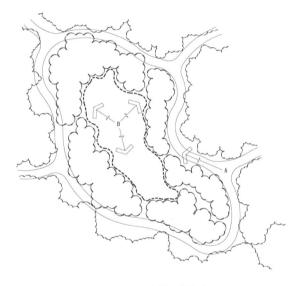

（b）全封闭林缘线

图6-39 半封闭林缘线与全封闭林缘线

主要影响到景观的立面效果和景观的空间感。不同高度的植物组合会形成高低起伏、富于变化的林冠线，如图6-40所示利用圆锥形植物形成这一序列的高潮，利用低矮的平展的植物形成过渡和连接；而由相同高度的植物构成的林冠线平直简单，但常会显得单调，此时最好在视线所及范围内栽植一两株高大乔木，就可以打破这一"单调"，如图6-41是杭州灵隐寺大草坪的立面图，草坪中两株高25m的枫香树好似"鹤立鸡群"般，平淡的林冠线被突然打破，同时它们也占居了整个空间的主导地位，起到标示和引导的作用。

通常园林景观中的建筑、地形也会影响到林冠线，此时不仅要考虑植物之间的组合搭配，还应考虑与建筑、地形的组合效果，如图6-42是杭州太子湾公园中小教堂周围景观效果，高大的树丛作为背景，与小教堂的尖顶相互映衬；图6-43中植物与地形结合，利用高大乔木强化了地形，而起伏的地形也丰富了林冠线。

（三）季相

植物的季相变化是植物景观构成的重要方面，通过合理的植物配置，我们可以创造出独特的植物季相景观。植物季相的表现手法常常是以足够数量或体量的一种或者几种花木成片栽植，在某一季节呈现出特殊的叶色或者花色的变化，即突出某一季的景观效果，比如杭州西泠印社的杏林草坪突出的是春季景观，花港观鱼

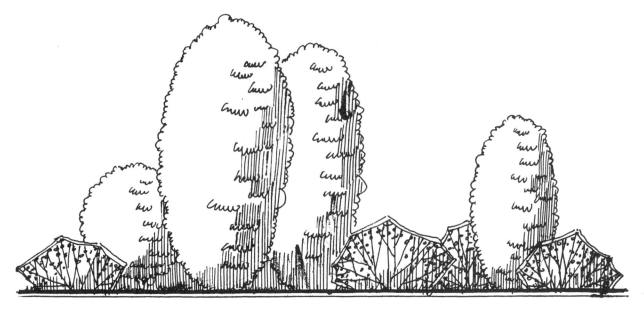

图6-40　不同高度的植物形成富于韵律的林冠线

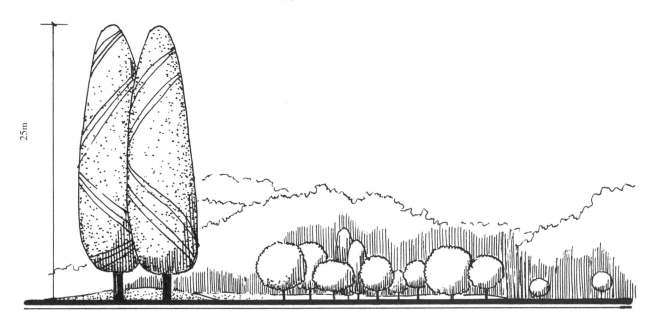

图6-41　高大的孤植树形成突出的林冠线

图6-42　林冠线与建筑园林小品的关系

图6-43　林冠线与地形的关系

的柳林草坪突出的是夏季景观，孤山的麻栎草坪及北京的香山红叶突出的是秋季景观，花港观鱼的雪松草坪以及杭州孤山冬梅景观突出的是冬季景观。季相景观的形成一方面在于植物的选择，另一方面还在于植物的配置，其基本原则是：既要具有明显的季相变化，又要避免"偏枯偏荣"，即实现"春花、夏荫、秋实、冬青"。

　　以上所讲的三个要点其实涉及景观构成的三个主要方面，即林缘线对应平面、林冠线对应立面、植物季相对应时间。所以说园林景观涉及的是一个四维空间，在进行植物景观设计的时候，需要综合考虑时间和空间，只有这样才能够创造一处可游、可赏的植物景观。

第四节　植物造型景观设计

　　所谓植物造型是指通过人工修剪、整形，或者利用特殊容器、栽植设备创造出非自然的植物艺术形式。植物造型更多的是强调人的作用，有着明显的人工痕迹，常见的植物造型包括：绿篱、绿雕、花坛、花雕、花境、花台、花池、花车等类型。由于其造型奇特、灵活多样，植物造型景观在现代园林中的使用越来越广泛。

一、绿篱

　　绿篱（hedge）又称为植篱或生篱，是用乔木或灌木密植成行而形成的篱垣。绿篱的使用广泛而悠久，比如我国古人就有"以篱代墙"的做法，战国时屈原在《招魂》中就有"兰薄户树，琼木篱些"，其意是门前兰花种成丛，四周围着玉树篱。《诗经》中亦有"摘柳樊圃"诗句，意思是折取柳枝作园圃的篱笆；欧洲几何式园林也大量地使用绿篱构成图案或者进行空间的分割……现代景观设计中，由于材料的丰富，养护技术的提高，绿篱被赋予了新的形态和功能。

（一）绿篱的分类

　　（1）按照外观形态及后期养护管理方式绿篱分为规则式（图6-44）和自然式（图6-45）两种。前者外形整齐，需要定期进行整形修剪，以保持体形外貌；后者形态自然随性，一般只施加少量的调节生长势的修剪即可。

图6-44　规则式绿篱　　　　　　　　　　　　　　　图6-45　自然式绿篱

　　（2）按照高度绿篱可以分为矮篱、中篱、高篱、绿墙等几种类型，如图6-46所示，具体内容参见表6-9。

　　此外，现在绿篱的植物材料也越来越丰富，除了传统的常绿植物，如桧柏、侧柏等，还出现了由花灌木组成的花篱，由色叶植物组成的色叶篱，比如北方河流或者郊区道路两旁栽植由火炬树组成的彩叶篱，秋季红叶片片，分外鲜亮。如表 6-10按照使用材料绿篱的分类所述，按照植物种类绿篱可以分为常绿篱、花篱、果篱、彩叶篱、刺篱等。

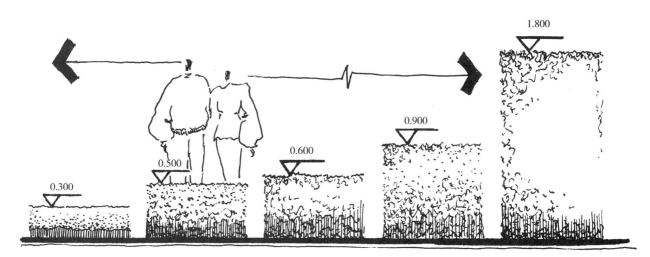

图6-46　按照高度划分的绿篱类型

表6-9　按高度划分的绿篱类型

分类	功能	植物特征	可供选择的植物材料
矮篱（<0.5m）	构成地界；形成植物模纹构成专类园，如结纹园	植株低矮，观赏价值高，或色彩艳丽，或香气浓郁，或具有季相变化	月季、小叶黄杨、矮栀子、六月雪、千头柏、万年青、地肤、一串红、彩色草、朱顶红、红叶小檗、茉莉、杜鹃、金山绣线菊、金焰绣线菊、金叶莸等
中篱（0.5～1.2m）	分隔空间（但视线仍然通透）、防护、围合	枝叶密实，观赏效果较好	栀子、含笑、木槿、红桑、吊钟花、变叶木、金心女贞、金边珊瑚、小叶女贞、七里香、海桐、火棘、枸骨、茶条槭等
高篱（1.2～1.8m）	划分空间、遮挡视线、构成背景；构成专类园，如迷园	植株较高，群体结构紧密，质感强	构树、柞木、法国冬青、大叶女贞、桧柏、簸箕柳、榆树、锦鸡儿、火炬树等
绿墙（绿屏）>1.8m	替代实体墙用于空间围合	植株高大，群体结构紧密，质感强	龙柏、珊珊树、女贞、水蜡、山茶、石楠、木樨、侧柏、桧柏等

表6-10　按照使用材料绿篱的分类

分类	功能	植物特征	可供选择的植物材料
常绿篱	阻挡视线、空间分隔、防风	以常绿植物作为绿篱材料	侧柏、桧柏、圆柏、洒金柏、千头柏、侧柏、大叶黄杨、龙柏、花柏、翠柏、冬青、海桐、枸骨等
花篱	观花	多数开花灌木、小乔木或者花卉材料，最好兼有芳香或药用价值	日本绣线菊、榆叶梅、栀子、西府海棠、六道木、糯米条、月季、杜鹃、木槿、木香、荚蒾、八仙花、棣棠、太平花等
果篱	观果，吸引鸟雀	植物果形、果色美观，最好经冬不落，并可以作为某些动物的食物 注意：果实不能有毒	冬青、枸骨、水蜡、忍冬、卫矛、火棘、沙棘、荚蒾、紫杉等
彩叶篱	观叶	采用彩色叶或者秋色叶、春色叶植物等作为绿篱材料	金边黄杨、金叶瓜子黄杨、紫叶小檗、金叶女贞、洒金柏、红花檵木、金叶小檗、红叶女贞、金边黄杨、金山绣线菊、金焰绣线菊、红桑、火炬树、扫帚草等
刺篱	避免人、动物的穿越，强制隔离	组成绿篱的植物带有钩、刺等	冬青、枸骨、玫瑰、月季、藤本月季、云实、黄刺玫、金合欢等

（二）绿篱的功能

（1）构筑空间。相当于建筑的墙体，一方面成为建筑空间的延伸，并且可以随意地在上面开门窗（图6-47），另外也可以利用绿篱构筑和分隔户外空间（图6-48）。

（2）引导视线。构筑视觉通廊，通常需要在其尽端设置对景（图6-49），构成视觉焦点。

（3）构成景观背景。绿篱，尤其是绿色系植物组成的绿篱，可以作为雕塑、喷泉、建筑等的背景。

（4）构成图案或者文字。如图6-50所示，法国凡尔赛宫苑中的由绿篱构成的精美图案，这种景观在法国、意大利等西方古典园林中较为常见，而在现代城市中往往利用绿篱形成流畅动感的模纹，或者具有代表性的符号和文字等，相对于传统园林，现代园林在这一方面的应用更为直观和简洁。

图6-47 绿篱相当于景观中的"墙"构件

图6-48 绿篱可以构筑和分隔户外空间

图6-49　绿篱构筑的视觉通廊

图6-50　凡尔赛宫苑中由绿篱形成的精美图案

（5）形成特色景园。比较常见的是迷园和结纹园，如图6-51是世界著名植物迷园之一的朗利特迷宫（Longleat's Maze），由16000棵漂亮的紫杉树组成，它位于英国，面积1.48英亩，有着接近2英里的通道。迷宫里的木桥给它增加了与众不同的新特性，它是一个三维的迷宫；图6-52是结纹园。

除了以上景观方面的功能之外，还有科学家研究表明，经过修建的绿篱有降低犯罪率的作用，因为经过整形的植物可以使人冷静下来，避免冲动的发生。

图6-51　世界著名迷园——朗利特迷宫（Longleat's Maze）

（三）绿篱设计的注意事项

1. 植物材料的选择

绿篱植物的选择应该符合以下条件：（1）在密植情况下可正常生长；（2）枝叶茂密，叶小而具有光泽；（3）萌蘖力强、愈伤力强，耐修剪；（4）整体生长不是特别旺盛，以减少修剪的次数；（5）耐阴力强；（6）病虫害少；（7）繁殖简单方便，有充足的苗源。

2. 绿篱种类的选择

应该根据景观的风格（规则式还是自然式）、空间类型（全封闭空间、半封闭空间、开敞空间）来选择适

图6-52　结纹园

宜的绿篱类型。另外，应该注意植物色彩，尤其是季相色彩的变化应与周围环境协调，绿篱如果作为背景，宜选择常绿、深色调的植物，而如果作为前景或主景，可选择花色、叶色鲜艳、季相变化明显的植物。

3. 绿篱形式的确定

被修剪成长方体的绿篱固然整齐，但也会显得过于单调，所以不妨换一个造型，比如可以设计成波浪形（图6-53）、锯齿形、城墙形等，或者将直线形栽植的绿篱变成"虚线"段（图6-44），这些改变会使得景观环境规整中又不失灵动。

二、绿雕

（一）绿雕及其种类

绿雕（Plant Sculptures）是以植物为原材料，利用修剪、缠绕、牵引、编织等园艺整枝修剪技术或是特殊的栽种方式创造的雕塑艺术作品。绿雕的作用等同于雕塑——可以成为景观主体，表达一定的景观内涵，而不同之处在于其使用的材料并非金属、石材、陶土等，而是有生命的植物，因此是绿雕是"活"的，是有生命的，它是自然与科技的完美结合，是生命艺术最直接的体现。

图6-53 修剪成波浪形的绿篱

按照制作方法，绿雕主要有以下四种：

（1）修剪式。它源自古罗马，在欧洲古典园林中比较常见，一般选择枝叶细小、密集，并且耐修剪的常绿植物，如桧柏、小叶黄杨、大叶黄杨、珊瑚树、冬青、桃金娘、月桂树、女贞等，将单株树木修剪成各种立体造型，如图6-54所示的几何形体（球、圆锥、圆柱、棱锥等）、动物、人物等，这种形式又被称为树雕

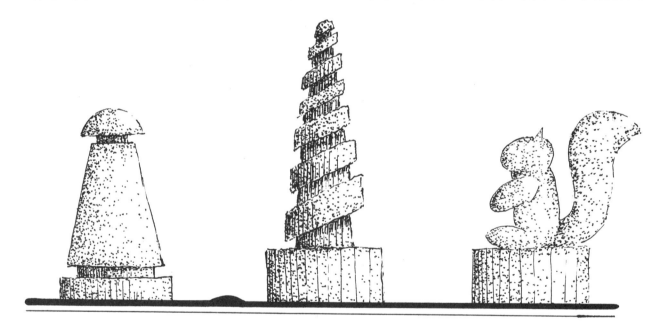

图6-54 树雕

（Tree Sculpture）。树雕不仅可以单独成景，还可以多个或者多组构成专类园，如比利时的杜迩皮树雕公园（Durbuy Tree Sculpture Park），公园位于"世界最小的城市"杜迩皮（Durbuy）市中心，占地约1万平方米，是园艺家阿尔贝·那威（Albert）于1977年创建的，园中共有250多个栩栩如生的人物、动物及器皿树雕造型。厄瓜多尔卡尔契省省府图尔坎布置了大量的树雕作品（图6-55），有巨大的绿色拱门，长长的绿栏，巍巍的绿碑，表现印第安古文化的绿面人首、独石柱、美女等，均用意大利柏树修剪而成，这已经成为城市中独特的风景。

图6-55 厄瓜多尔卡尔契省省府图尔坎城中大型树雕群

图6-56　澳大利亚彼得·库克创造的"树椅"

图6-57　由植物枝条形成绿雕作品

（2）塑形式。对树木的枝条进行编织、牵引、固定，形成特殊造型，类似中国的盆景造型艺术手法，如图6-56是澳大利亚艺术家彼得·库克创造的"树椅"。

（3）绑扎式。利用枝条、藤条绑扎而成的艺术作品，如图6-57是著名雕塑家Patrick Dougherty设计的作品，名为《野性的呼唤》（Call of the Wild，2002-06），位于华盛顿塔科马港市玻璃博物馆，使用柳条、藤条、山茱萸和樱木制作而成，雕塑主要反映了人与自然之间的关系。

（4）框架结构式。根据景观主题设计绿雕的外观形态，利用金属、竹木等材料构筑框架，然后在构架上填充栽培土，其上种植一年生或多年生草本植物，如图6-58所示。与其他几种类型相比，框架结构式绿雕具有成型快速、造型丰富等特点，因此在现代城市绿化中较为常见。这种类型往往以植株细小、耐修剪的多年生观叶观花植物为主，比如金边过路黄、半柱花、矮麦冬、四季海棠、孔雀草、金叶反曲景天等。

（二）绿雕设计的注意事项

创造绿雕作品时需要注意以下几点：

（1）绿雕比较"西方"或者现代，所以更多地应用于现代城市绿地、特殊展园中，而中国传统园林中比

图6-58　框架结构式绿雕

较少见。

（2）为了方便观赏，绿雕前应该设置足够的观赏空间，并且配以适宜的灯光照明，保证夜间观赏的需要。

（3）绿雕作品应注意色彩搭配，特别是背景色，绿雕最好以非绿色建筑或者蓝天为背景，也可以与色彩鲜艳的花卉景观搭配，形成色彩上的对比。

（4）绿雕的作用与一般的雕塑作品相同，往往作为主体景观，表达一定的思想内涵，突出某一主题，因此绿雕作品的主题一定要与所处空间的属性、类型相一致。

（5）绿雕作品所使用的材料是植物，除了建设期间的精细施工，此后的养护管理，如水分、病虫害防治、修剪等，也非常重要，这在设计时应该加以考虑。

（6）绿雕作品可以利用植物本身的季相变化呈现不同的景观效果，但在冬季万物凋零的时候，有些作品也会失去原有的观赏价值，这一点在绿雕设计中应该注意。

三、花坛

花坛（Flower Bed）是按照景观设计意图，在一定范围的畦地上按照设计图案栽植观赏植物，以表现花卉群体美的植物造景方式。

（一）花坛的分类及其特点

按照所使用的植物材料花坛分为一、二年生草花花坛，球根花卉花坛，水生花卉花坛以及各种专类花坛（如菊花、百合等）。也可以按照观赏季节分为春季花坛、夏季花坛、秋季花坛和冬季花坛，即利用不同观赏季节的植物进行配置，突出表现某一季节的景观效果。

另外，如果按照造型特点分类，花坛可以分为平面花坛和立体花坛两种。平面花坛是利用不同的花卉材料组成图案和文字等，按构图形式又可分为规则式、自然式和混合式三种，如图6-59中蜿蜒曲折的花溪就属于自然式的平面花坛。大型的平面花坛常用于公园入口、主要道路两侧、广场等位置，小型的花坛常用于小庭院、天井中。为了增强效果、方便游人观赏，平面花坛常设置在斜坡（图6-60）或者阶梯形的隔架之上，或者结合沉床园设计。

图6-59　平面花坛——花溪效果

图6-60 借助倾斜表面展示花卉模纹

如果按照造型特点再进行细分，平面花坛还可以分为花丛花坛（又称为盛花花坛、集栽花坛）、模纹花坛两大类，具体内容参见表6-11。

表6-11 平面花坛的类型

分类	设计要求	适用范围	植物材料
花丛花坛 （盛花花坛、集栽花坛）	按照中央高、边缘低的组合形式，利用花卉组成图案，以表现花卉的色彩美	设在视线较集中的重点地块	常以开花繁茂、色彩华丽、花期一致的一、二年生草花或者宿根花卉为主
模纹花坛 （绣毯式花坛）	以花纹图案取胜，常选用色彩鲜艳的各种矮生多花的草花或观叶植物，也可配置一定的草皮或建筑材料，如色沙、瓷砖等，使图案色彩更加突出。按照表面平整程度分为毛毡模纹花坛和浮雕模纹花坛两种	常设置在道路两侧、广场、倾斜的坡面之上	以多年生观叶植物为主，因其生长速度慢，可保持图案的稳定性，并搭配花卉材料，花卉应选择叶细小茂密、耐修剪，如半枝莲、香雪球、矮性藿香蓟、石莲花和五色草等，有时还可选用整形的小灌木或苏铁、龙舌兰等作为花坛中心点缀

立体花坛（Mosaiculture），英文直译为马赛克文化，是指以园林植物学及美学为基础，将植物"安插"到金属或者塑料的立体构架上而形成的具有立体观赏效果的植物艺术造型。因其造型灵活多变，加之可以随意搬动，被誉为"城市活雕塑"。

1998年国际立体花坛大赛组委会在加拿大蒙特利尔成立，2000年成功举办了第一届国际立体花坛大赛。此后每三年举行一次，图6-61为2013蒙特利尔国际立体花坛展览会上的作品"地球母亲"。

立体花坛的造型越来越丰富，有二维立体花墙（图6-62），还有拱形、环形、球形、柱形（图6-63）、心形（图6-64）等立体造型，还可以结合水景观、钟表（图6-65）等形成多功能多用途的立体花坛。

图6-61　2013蒙特利尔国际立体花坛展览会上的
作品"地球母亲"

图6-62　立体花墙细节

（a）景观效果

（b）立体花柱构架

图6-63　立体花柱效果

图6-64　心形立体花坛

（二）花坛材料的选择

花坛用草花宜选择株形整齐、多花美观、花色鲜亮、开花齐整、花期长、耐干燥、抗病虫害的矮生品种。除此之外，模纹花坛还应选择生长缓慢、分枝紧密、叶子细小、耐移植、耐修剪的植物材料，如果是观花植物要选择花小而繁、观赏价值高的种类。立体花坛的植物材料以小型草本花卉为主，辅助以小型的灌木与观赏草等。

常用的花卉材料有金鱼草、雏菊、金盏菊、翠菊、鸡冠花、石竹、矮牵牛、一串儿红、万寿菊、三色堇、百日草、萱草、金娃娃萱草、大丽花、美女樱、美人蕉、鸢尾、半柱花类、银香菊、金叶过路黄、金叶景天、黄草

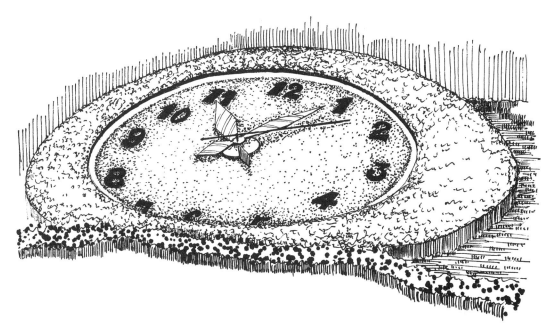

图6-65　花钟效果

等。常用的观叶植物：虾钳菜、红叶苋、半枝莲、香雪球、矮藿香蓟、彩叶草、石莲花、五色草、松叶菊、景天、菰草等，观赏草类可用芒草、细茎针茅、细叶苔草、蓝苔草等。

（三）花坛的设计方法及注意事项

首先分析园景主题、位置、形式、色彩组合等因素，在此基础上，明确花坛的功能、风格、规格、体量，然后确定花坛的平面构图和色彩搭配，将花坛图案按1：20～1：100的比例绘制在图纸上，并详细标注花卉种类或品种、株数、高度、栽植距离等，最后附实施的说明书，如图6-66所示，有时还需要在平面图的基础上绘制花坛的立面图、剖面图或者断面图，以便使施工人员能够更好地了解花坛的形态。

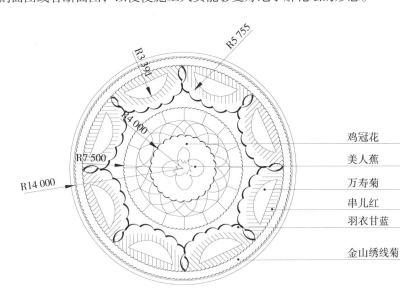

鸡冠花
美人蕉
万寿菊
串儿红
羽衣甘蓝
金山绣线菊

图6-66　花坛设计平面图示例

好的花坛设计必须考虑到多个季节的观赏，做出在不同季节中花卉种类的换植计划以及图案的变化。花坛的布局与设计应随地形、环境的变化而异，需要采用不同的色彩及图案。在花坛设计过程中，应注意以下几点：

1. 花坛的位置和形式

花坛一般设置在主要交叉道口、道路两侧、公园主要出入口、主要建筑物前等视觉焦点处。花坛的外形及种类应与四周环境相协调，在公园或者建筑物的主要出入口位置花坛应规则整齐、精致华丽，多采用模纹花坛；在主要交叉路口或广场上应以鲜艳的花丛花坛为主，作为醒目的标志；纪念空间、医院的花坛色彩应素淡，形成严肃、安宁、沉静的氛围。花坛的外形还应与场地形状相协调，如长方形的广场设置长方形花坛就比较协调，圆形的中心广场以圆形花坛为宜，三条道路交叉口的花坛，设置三角形或圆形均可，如图6-67所示。此外，花坛的面积和所处地域面积的比例关系，一般不大于1/3，也不小于1/15。

2. 高度配合

花坛中的内侧植物要略高于外侧，由内而外，自然、平滑过渡，若高度相差较大，可以采用垫板或垫盆的办法来弥补，使整个花坛表面线条流畅，如图6-68所示。

3. 花色、花期协调

用于摆放花坛的花卉不拘品种、颜色的限制，但同一花坛中的花卉颜色应对比鲜明，互相映衬，在对比中展示各自夺目的色彩（图6-68），也可以按照渐变色彩的方式进行排列，形成韵律感（图6-69）。花坛设计一般有一个主要观赏季节，在选择花卉材料的时候尽量选择花期接近的花材，并兼顾其他季节的观赏，而对于特殊需要的花丛花坛或节庆活动花坛，则需要通过一些控制花期的手段保证花坛在特定观赏期内达到最佳观赏效果。

4. 图案设计

图案应简洁明快、线条流畅，尽量采用大色块构图——在"粗线条"、大色块中突现植物的群体美。花坛图案设计应与花坛所处的环境和氛围协调，如一些正式会议的会场、规则式空间等一般选用规则式的图案（图6-70）；在自然式绿地中、庭院中或者道路沿线则一般设计成自然式的（图6-68）；在一些企事业单位、

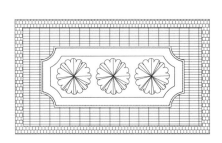

（a）方形空间适宜方形花坛

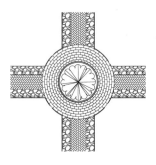

（b）圆形空间适宜圆形花坛

（c）三条道路交叉处可以设置
三角形或者圆形的花坛

（d）十字交叉道口适宜
设置圆形花坛

图6-67　花坛的位置与形状

图6-68 颜色对比强烈的花坛设计

图6-69 使用相近色系的花坛设计

展馆或展会入口也可以利用花坛拼出项目的名称或者LOGO，形成鲜明的标志，即所谓的"标牌花坛"（图6-71）；而一些城市特定空间在节庆期间需要利用花坛烘托节庆的氛围，花坛的图案造型就应该与节庆的主题相统一了（图6-72）。图6-73中提供了一些花坛的图案，仅供参考。

图6-70 规则式花坛设计示例

图6-71 钱江大桥入口草坪中立体花坛

图6-72 天安门广场上的节庆花坛

5. 花坛边缘处理

在绿地中的花坛可以直接利用植物镶边（图6-68、图6-70），镶边植物应低于内侧花卉，其品种选择视整个花坛的风格而定，若花坛中的花卉株型规整、色彩简洁，可采用枝条自由舒展的天门冬、垂盆草、沿阶草、美女樱作镶边；若花坛中的花卉株型较松散，花坛图案较复杂，可采用五色草或整齐的麦冬、地伏作镶边。如果是广场道路铺装之上，花坛一般应设置缘石（小型花坛也可以不设置缘石，但土面要低于铺装表面，并保证花坛排水顺畅），最好高出地面10cm以上，大型花坛可以高出地面30～45cm，缘石宽度一般为10～20cm，缘石材料应与环境条件、景观风格相统一，花坛内部的种植土应低于缘石顶面2～3cm。如果是广场或者会场摆花，外圈宜采用株型整齐的花材，并使用美观一致的塑料套盆作为装饰。

6. 视角、视距设计

一般的花坛都位于人的视平线以下，如图6-74所示，设人的视高为1.65m，视平线以下90°角范围中，与铅锤方向成30°角（约0.97m）的区域为被忽略区域（不方便观赏，难以引人注意），与铅锤方向成40°角（约1.4m）的区域是视线模糊区，与其紧邻的30°范围内（1.5～3m）为视线清晰区，而剩余20°范围内，是图案缩小变形区，随着角度的抬高、视距的增大，花坛图案逐渐缩小变形。

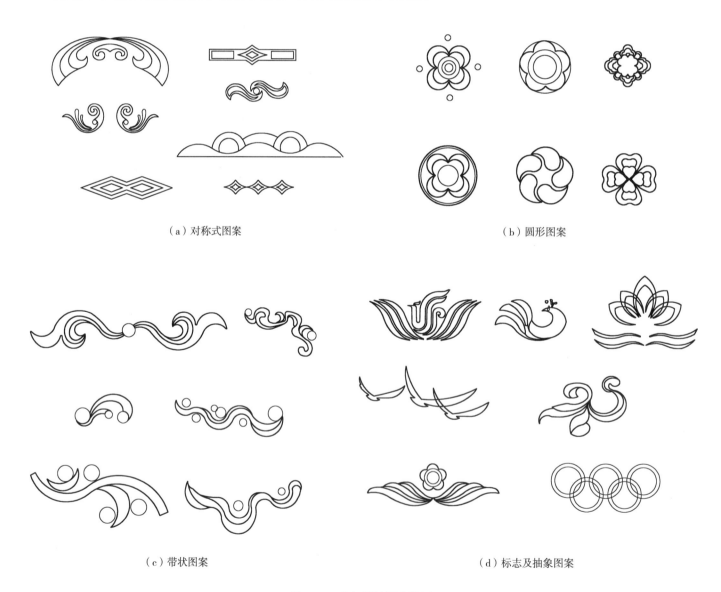

（a）对称式图案　　　　　　　　　　　　　　　　（b）圆形图案

（c）带状图案　　　　　　　　　　　　　　　　（d）标志及抽象图案

图6-73　花坛设计图案举例

由此，从视角、视距角度分析，花坛设计应遵循以下规律：

（1）如图6-75所示，距离驻足点0~1.5m范围内应以草坪地被为主，距离驻足点1.5~4.5m范围内，观赏效果最佳，可以设计花坛图案。

（2）当观赏视距超过4.5m时，花坛表面应倾斜，倾角≥30°就可以看清楚花坛图案，倾角达到60°时效果最佳，既方便观赏，又便于养护管理。另外，还可以通过降低花坛的高度，即沉床式花坛增强观赏效果。

（3）对于规模比较大的花坛，除了增大花坛平面的倾斜角度之外，还应该把花坛图案线加粗，以避免由于观赏视距过大而引起的图案变形和模糊。

总之，花坛设计一方面要考虑植物的选择，应满足生态、造景等方面的需要，同时以静态观赏为主的花坛还应站在观赏者的角度，认真分析人与花坛之间的视角、视距关系，从而获得最佳的观赏效果。

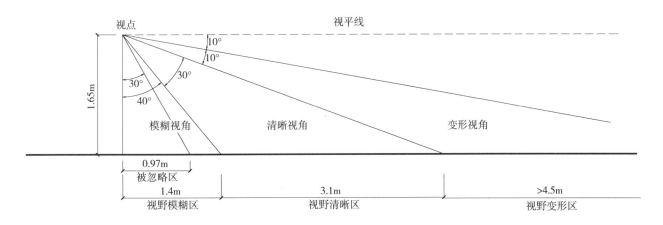

图6-74　人的视觉变化规律

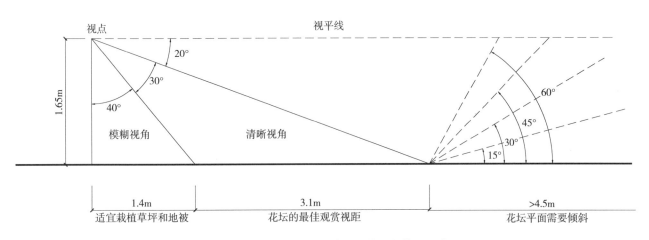

图6-75　利用人的视觉变化规律进行花坛设计

四、花境

花境（Flower Border）又称为花径、花缘，是指栽植在绿地边缘、道路两旁及建筑物墙基处，介于规则式和自然式之间的一种长条状花带（宽度一般为3~8m，长度远大于宽度）。花境起源于英国古老而传统的私人别墅花园，最初是在树丛或灌木丛周围成群地混合种植一些管理简便的耐寒花卉，其中以宿根花卉为主要材料。英国园艺学家William Robinson第一个将灌木和球根花卉以风景式的形式种植于花境中。第二次世界大战之后，草本花境逐步被混合花境和针叶树花境所取代，花境的形式和内容也有所改变，但是其基本形式和种植方式仍被保留了下来。现代景观设计中，花境因其自然、生态的景观效果得到广泛的应用。

（一）花境的特点

从平面布置来说，花境是规则的，而从植物栽植方式来说则是自然的。花境适合在公共绿地、庭院等多种园林形式中使用，可供选择的植物材料也比较多，如灌木、花卉、地被、藤本等，其中以花卉居多，几乎所有的露地花卉（宿根花卉、球根花卉及一、二年生花卉等）都能作为花境的材料，但以多年生宿根、球根花卉为宜。通常，花境具有以下特点：

1. 源于自然，高于自然

它是根据自然界森林边缘处野生花卉自然散布生长景观加以艺术提炼而应用于园林中的造景艺术，表现的是植物的自然美和群体美，花境保留了自然原生态的景观效果，同时经过人工合理搭配形成独具特色的景观界面（图6-76）。

2. 景观层次丰富，季相景观明显

花境植物材料以宿根花卉为主，包括花灌木、球根花卉及一、二年生花卉等，花色、花期、花序、叶型、叶色、质地、株型等主要观赏对象各不相同，通过对植物这些主要观赏对象的组合配置，形成丰富植物景观的层次结构，同时也增加植物物候景观变化等作用，具有季相分明、色彩缤纷的多样性植物群落景观（图6-77）。另外，花境呈带状布置，可以充分利用园林绿地中的带状地段，也具有分隔空间与组织游览路线的作用（图6-78）。

3. 复式种植结构，生态效果最佳

现代花境多采用乔灌草相结合，或者灌草结合模式，这种复式种植结构也是生态效益最佳的一种种植模式，因此，花境的应用不仅符合现代人们对回归自然的追求，也符合生态城市建设对植物多样性的要求，还能达到节约资源，提高经济效益的目的。

图6-76　花境植物自然美和生态美的集中表现

图6-77 花境景观层次丰富

（二）花境的分类

1.按照配置植物种类划分

按照选用的植物品种进行划分花境可以分为：一年生花卉花境、多年生植物花境、专类植物花境、观赏草花境、灌木花境、针叶植物花境以及混合花境。

其中，专类植物花境是由一类或一种植物组成的花境，如芍药花境、百合花境、鸢尾花境、菊花花境、落新妇花境（图6-79）等。这种花境由于品种和变种很多，变异大，花型和花色多样，观赏效果很好。

图6-78 沿路设施的花境有组织引导组织游览路线的作用

图6-79 专类植物花境——落新妇花境

以观叶草本植物（如为莎草科、灯心草、木贼、变叶木等）为主的花境称为观叶草花境；以灌木为主的花境称为灌木花境；而以针叶植物为主的花境就称为针叶植物花境，因其终年常绿、耐修剪而大受欢迎，如图6-80所示由金杜松、刺柏、云杉等常绿植物构成的针叶植物花境。

混合花境有一年生、多年生花卉、灌木、藤本植物等多种植物组成，如图6-81所示，景观丰富，因此应用较为广泛。

图6-80　针叶植物花境

图6-81　混合花境

2.按照花境的观赏面划分

花境分单面观赏（2～4m宽，图6-82）和双面观赏（4～6m宽，图6-83）两种。

单面观赏花境植物配置由低到高，形成一个面向道路的斜面；双面观赏花境，大多数设置在分车绿带中央或树丛间，中间植物最高，两边逐渐降低，其立面应有高低起伏的轮廓变化，平面轮廓与带状花坛相似，植床两边是平行的直线或有规律的平行曲线，并且最少有一边需要用低矮的植物（如麦冬、葱兰、银叶蒿、堇菜或瓜子黄杨等）镶边。

图6-82　单面花境效果

图6-83　双面花境效果

3.按照花境所在的生境条件划分

按照花境所在的生境条件划分为：滨水花境、林缘花境、路缘花境、墙基花境、草坪花境等，因其生境不同搭配的花境材料也各不相同，如图6-84为由千屈菜、菖蒲、泽泻等水生、湿生植物构成的滨水花境。

图6-84 滨水花境景观效果

（三）花境材料的选择

花境植物要求造型优美、花色鲜艳、花期长，而且要方便管理，能够长期保持良好的观赏效果。因此花境宜以宿根花卉为主体，适当配植一些一、二年生草花和球根花卉或者经过整形修剪的低矮灌木。

花境中常用的灌木材料：木槿、杜鹃、丁香、山梅花、蜡梅、八仙花、珍珠梅、夹竹桃、笑靥花、郁李、棣棠、连翘、迎春、榆叶梅、山茶、绣线菊类、牡丹、小檗、海桐、八角金盘、桃叶珊瑚、马缨丹、桂花、火棘、石楠、茉莉、木芙蓉等。

花境中常用的花卉材料：月季、飞燕草、波斯菊、荷兰菊、金鸡菊、美人蕉、蜀葵、大丽花、黄葵、金鱼草、福禄考、美女樱、蛇目菊、萱草、百合、紫菀、芍药、耧斗菜、鼠尾草、郁金香、风信子、鸢尾、串儿红、玉簪、石竹、虞美人、紫茉莉、矮牵牛等。

花境中常用的藤本材料：紫藤、美国凌霄、铁线莲、金银花、藤本月季、云实等。

还应根据观赏的需要选择不同花色和花期的植物，具体参见表5-6、表5-7。

另外要注意的是，花境配置中一定要排除有毒植物，如：瑞香、龙葵、鼠李——它们的浆果和种子吸引游人同时也会给人们带来伤害；还要避免会引起花粉症、呼吸道疾病和皮炎的植物，如天竺葵、康乃馨、夜来香；利用香草植物，那样在嗅觉上可以提升整个花境的欣赏价值；使用能够吸引益虫的植物，如向日葵、艾菊、甘菊。

（四）花境的设计步骤

首先根据环境和场地条件确定花境的类型，是单面观赏的还是双面观赏的。

其次，确定花境平面轮廓和大致的布局形式，如花境背景布局、主景位置、花境高度等，根据观赏需求确定花境的观赏期和主色调。

再次，在平面图中用圆滑的曲线绘出各种花卉材料栽植位置和范围面积，选择花卉材料（背景植物、主景植物、配景植物），利用引出线标注各种花卉材料的代码或者名称。

最后，进行设计方案的调整，在图中列表填写所用花卉的名称、数量、规格、色彩、花期等内容，并说明花境栽植的要求和注意事项等，如图6-85所示。

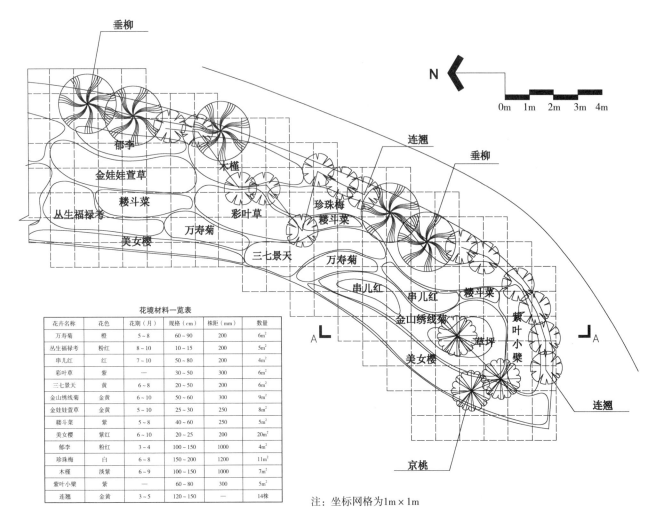

花境材料一览表

花卉名称	花色	花期（月）	规格（cm）	株距（mm）	数量
万寿菊	橙	5~8	60~90	200	6m²
丛生福禄考	粉红	8~10	10~15	200	5m²
串儿红	红	7~10	50~80	200	4m²
彩叶草	紫	—	30~50	300	6m²
三七景天	黄	6~8	20~50	200	6m²
金山绣线菊	金黄	6~10	50~60	300	9m²
金娃娃萱草	金黄	5~10	25~30	200	8m²
耧斗菜	紫	5~8	40~60	250	5m²
美女樱	紫红	6~10	20~25	200	20m²
郁李	粉红	3~4	100~150	1000	4m²
珍珠梅	白	6~8	150~200	1200	11m²
木槿	淡紫	6~9	100~150	1000	7m²
紫叶小檗	紫	—	60~80	300	5m²
连翘	金黄	3~5	120~150	—	14株

注：坐标网格为1m×1m

（a）花境平面图（局部）

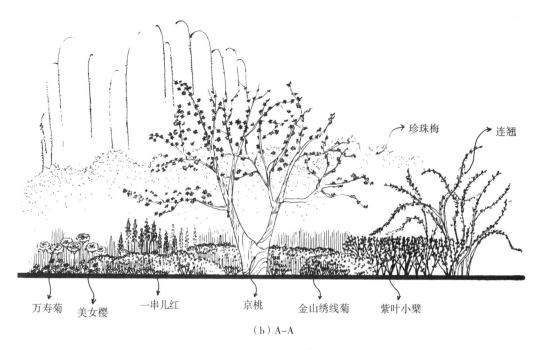

（b）A—A

图6-85　花境平面图（局部）

在进行花境设计时应该注意以下几点：

（1）注意花境整体效果，花境应自然错落分布，各种花卉呈斑块状混合，面积可大可小，但不宜过于零碎和杂乱。相邻花卉的生长强弱、繁衍速度也应大体相近，植株之间不应互相排斥。

（2）在配置上要注意植株高度、色彩、花期等方面的搭配组合，如果设计两面观赏的花境，中部以较高的花灌木为主，在其周围布置较矮的宿根花卉，如鸢尾、串儿红、萱草、万寿菊等，外围配酢浆草、天门冬、景天、美女樱等镶边植物，形成高、中、低三个层次；如果设计单面观赏花境，应在后面栽植灌木或较高的花卉，前面配置低矮的花草，如图6-86所示，花境边缘栽植比较低矮的香雪球等，中间配置有油菜花、美人蕉等，后面配置有芭蕉等高大的植物，形成递次太高的状态。需要注意的是花境植物的高度不要高过背景，在建筑物前一般不要高过窗台。

图6-86 花境植物的高度搭配

为了加强色彩效果，各种花卉应成团、成丛种植，并注意各丛、团间花色、花期的配合。比如如果选择荷包牡丹与耧斗菜配置花境，两者在炎热的夏季都会进行休眠，茎叶出现枯萎的现象，所以应在其间配一些夏秋生长茂盛而春夏又不影响它们生长与观赏的花卉，如鸢尾、金光菊等。为了取得较长期的观赏效果，相邻的花卉在生长强弱和繁衍速度方面要相近，花期最好稍有差异，如芍药和大丽花、水仙与福禄考、鸢尾与唐菖蒲等。

（3）花境设计应与环境协调。花境多用于建筑物周围、墙基、斜坡、台阶或路旁，如果环境设施的颜色较为素淡，如深绿色的灌木、灰色的墙体等，应适当点缀色彩鲜亮的花卉材料，容易形成鲜明的对比；反之则应选择色彩淡雅的花材，如在红墙前，花境应选用枝叶优美、花色浅淡的植株来配置。

（4）花境的设计尺寸。花境的长度视需要而定，无过多要求，如果花境过长，可分段栽植，但要注意各段植物材料的色彩要有所变化，并通过渐变或者重复等方法保证各段落之间的联系。花境不宜过宽或过窄，过窄不易体现群落的美感，过宽超过视觉鉴赏范围则造成浪费，一般单面观混合花境4～5m；单面观宿根花境2～4m；双面观花境4～6m为宜。

（5）花境的背景。单面观花境还需要背景，较理想的背景是绿色的树墙或高篱，用建筑物的墙基及各种栅栏作背景以绿色或白色为宜。背景和花境之间最好留出一定空间，可以种上草坪或铺上卵石作为隔离带，一方面避免树木根系影响花境植物的生长，另一方面也方便养护管理，花境距离建筑物至少400～500mm（图6-87）。

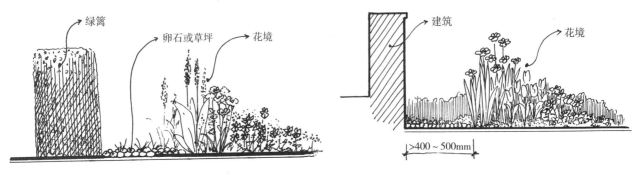

图6-87　花境与绿篱或者建筑物应该有一定的距离

（6）花境植床一般不高于地面，不设置缘石，植床外缘比路面稍低2～3cm，中间（双面花境）或内侧（单面花境）应稍稍高起，形成5°～10°的坡度，以利于排水。

五、花台、花池、花箱和花钵

（一）花台

花台（Raised Flower Bed）是一种明显高出地面的小型花坛，以植物的体形、花色以及花台造型等为观赏对象的植物景观形式。花台用砖、石、木、竹或者混凝土等材料砌筑台座，内部填入土壤，栽植花卉，如图6-88所示。花台的面积较小，一般为5m²左右，高度大于0.5m，但不超过1m，常设置于小型广场、庭园的中央或建筑物的周围以及道路两侧，也可与假山、围墙、建筑结合。

花台的选材、设计方法与花坛相似，由于面积较小，一个花台内通常只以一种花卉为主，形成某一花卉品种的"展示台"。由于花台高出地面，所以常选用株型低矮、枝繁叶茂并下垂的花卉，如矮牵牛、美女樱、天门冬、书带草等较为相宜，花台植物材料除一、二年生花卉、宿根及球根花卉外，也常使用木本花卉，如牡丹、月季、杜鹃花、迎春、凤尾竹、菲白竹等。

按照造型特点花台可分为规则式和自然式两类。规则式花台如图6-89所示，常用于规则的空间，为了形成丰富的景观效果，常采用多个不同规格的花台组合搭配，也可以如图6-90那样设置双层立体花台。

自然式花台，又被称为盆景式花台，顾名思义，就是将整个花台视为一个大型的盆景，按制作盆景的艺术手法配置植物，常以松、竹、梅、杜鹃、牡丹等为主要植物材料，配以山石、小品等，构图简单、色彩朴素，以艺术造型和意境取胜。我国古典园林，尤其是江南园林中常见用山石砌筑的花台，称为山石花台，因江南一带雨水较多，地下水位相对较高，而一些传统名贵花木，如牡丹性喜高爽，要求排水良好的土壤条件，采用花台的形式，可为植物的生长发育创造适宜的生态条件，同时山石花台与墙壁、假山等结合，也可以形成丰富

图6-88　花台效果

图6-89　规则式组合花台效果

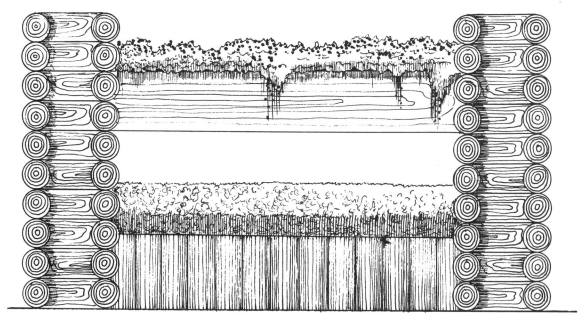

图6-90　双层立体花台立面图

的景观层次，如图6-91是苏州留园的揖峰轩南侧主庭的牡丹花台。

（二）花池

花池是利用砖、混凝土、石材、木头等材料砌筑池边，高度一般低于0.5m，有时低于自然地坪，花池内部可以填充土壤直接栽植花木，也可放置盆栽花卉。花池的形状多数比较规则，花卉材料的运用以及图案的组合较为简单。花池设计应尽量选择株型整齐、低矮，花期较长的植物材料，如矮牵牛、宿根福禄考、鼠尾草、万寿菊、串儿红、羽衣甘蓝、钓钟柳、鸢尾、景天属等。

（三）花箱

花箱（Flower Box）是用木、竹、塑料、金属等材料制成的专门用于栽植或摆放花木的小型容器。花箱的

图6-91　苏州留园牡丹花台效果

形式多种多样，可以是规则形状（正方体、棱台、圆柱等），如图6-92所示，常借助悬挂构件悬挂于阳台（图6-93）、栏杆、立交桥等位置，用于垂直绿化。花箱也有一些特殊的造型，如图6-94所示的花车、花桶，这一类型可以直接放置在绿地、铺装中，容器与花卉材料同时作为景观，提高了景观的观赏性和趣味性。

图6-92　花箱效果

图6-93　花箱用于阳台绿化

（四）花钵

　　花钵是花卉种植或者摆放的容器，一般为半球形碗状或者倒棱台、倒圆台状，质地多为砂岩、泥、瓷、塑料、玻璃钢及木制品。按照风格划分，花钵分为古典和现代形式。古典式又分为欧式、地中海式和中式等多种风格，欧式花钵多为花瓶或者酒杯状（图6-96），以花岗岩石材为主，雕刻有欧式传统图案；地中海式花钵是造型简单的陶罐（图6-97）；中式花钵多以花岗岩、木质材料为主，呈半球、倒圆台等形式，装饰有中式图案

图6-94　花箱的特殊造型——花车、花桶效果

图6-95　特殊造型的花箱提升了景观的趣味性和观赏性

（图6-98）。现代式花钵多采用木质、砂岩、塑料、玻璃钢等材料，造型简洁，少有纹理（图6-99）。

　　花钵类型、材质以及布置方式应该与景观风格统一，欧式花钵一般采用行列式布置在欧式景观中（图6-100），地中海式花钵往往采用2～3个一组自然式布置，中式花钵可单独或者成组布置于庭院或者绿地中，而现代式花钵的布置较为灵活。

　　其实，花台、花池、花箱、花钵就是一个小型的花坛，所以材料的选择、色彩的搭配、设计方法等与花坛比较近似，但某些细节稍有差异。

　　首先，它们的体量都比较小，所以在选择花卉材料时种类不应太多，应该控制在1～2种，并注意不同植物材料之间要有所对比，形成反差，不同花卉材料所占的面积应该有所差异，即应该有主有次。

　　其次，应该注意栽植容器的选择，以及栽植容器与花卉材料组合搭配效果。通常是先根据环境、设计风格等确定容器的材质、式样、颜色，然后再根据容器的特征选择植物材料，比如方方正正的容器可以搭配植株整

图6-96　欧式花钵类型

图6-97　地中海式花钵类型

图6-98　中式花钵类型

图6-99　现代式花钵类型

齐的植物，如串儿红、鼠尾草、鸢尾、郁金香等；如果是球形或者不规则形状的容器则可以选择造型自然随意或者下垂形的植物，如天门冬、矮牵牛等；如果容器的材质粗糙或者古朴最好选择野生的花卉品种，比如狼尾草；如果容器质感细腻、现代时尚一般宜选择枝叶细小、密集的栽培品种，如串儿红、鸡冠花、天门冬等。当然，以上所述并不完全绝对，一个方案往往受到许多因素的影响，即使是很小的规模也应该进行综合、全面的分析，在此基础上进行设计。

最后，还需要注意的是对于高于地面的花台、花池、花箱或者花钵，必须设计排水盲沟或者排水口，避免容器内大量积水影响植物的生长。

图6-100　欧式花钵一般采用行列式布置方式

第七章
植物景观设计程序

本章主要结构

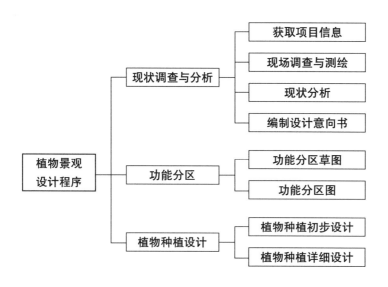

在景观设计中，植物与建筑、水体、地形等具有同等重要的作用，因此在设计过程中应该同步考虑植物景观设计，并且也应该按照现状调查与分析、初步设计、详细设计的程序逐次深入。本章选取一个私人宅院作为实例①，结合实例介绍植物景观设计的程序。

第一节　现状调查与分析

无论怎样的设计项目，设计师都应该尽量详细地掌握项目的相关信息，并根据具体的要求以及对项目的分析、理解编制设计意向书。

一、获取项目信息

这一阶段需要获取的信息应根据具体的设计项目而定，而能够获取的信息往往取决于委托人（甲方）对项目的态度和认知程度，或者设计招标文件的翔实程度，这些信息将直接影响到下一环节——现状的调查，乃至植物功能、景观类型、种类等的确定。

（一）了解甲方对项目的要求

方式一：通过与甲方交流，了解委托人对于植物景观的具体要求、喜好、预期的效果，以及工期、造价等相关内容。

这种方式可以通过对话或者问卷的形式获得，在交流过程中设计师可参考以下内容进行提问：

1.公共绿地（如公园、广场、居住区游园等绿地）的植物配置

（1）绿地的属性：使用功能、所属单位、管理部门、是否向公众开放等。

（2）绿地的使用情况：使用的人群、主要开展的活动、主要使用的时间等。

（3）甲方对该绿地的期望及需求。

（4）工程期限、造价。

（5）主要参数和指标：绿地率、绿化覆盖率、绿视率、植物数量和规格等。

（6）有无特殊要求：如观赏、功能等方面。

2.私人庭院的植物配置

（1）家庭情况：家庭成员及年龄、职业等。

（2）甲方的喜好：喜欢（或不喜欢）何种颜色、风格、材质、图案等，喜欢（或不喜欢）何种植物，喜欢（或不喜欢）何种植物景观等。

（3）甲方的爱好：是否喜欢户外的运动、喜欢何种休闲活动、是否喜欢园艺活动、是否喜欢晒太阳等。

（4）空间的使用：主要开展的活动、使用的时间等。

（5）甲方的生活方式：是否有晨练的习惯、是否经常举行家庭聚会、是否饲养宠物等。

（6）工程期限、造价。

（7）特殊需求。

方式二：通过设计招标文件，掌握设计项目对于植物的具体要求、相关技术指标（如绿化率等），以及整个项目的目标定位、实施意义、服务对象、工期、造价等内容。

本实例中通过询问交流得到甲方的家庭情况及其对于庭院设计的要求。

（二）获取图纸资料

在该阶段，甲方应该向设计师提供基地的测绘图、规划图、现状树木分布位置图以及地下管线图等图纸，设

---

①其实这是一个完整的项目，但由于篇幅有限，加之内容的限定，本文重点针对植物配置方法进行介绍。

项目信息

A. 家庭成员

父亲：喜爱运动、读书，喜欢蓝色、绿色；

母亲：喜爱运动、烹饪、读书、听音乐，喜欢玫瑰，喜欢红色；

儿子：初中生，喜爱运动，喜欢绿色；

四位老人：都在60岁以上，都会到家里暂住，老人们喜欢园艺、聊天、棋牌类活动。

B. 对庭院空间的预期

经常在庭院中休息、交谈、开展一些小型的休闲活动，能够种点儿花或者种点儿菜，能够举行家庭聚会（通常1个月1次，人数6～15人不等），能够看到很多绿色，感受到鸟语花香，一年四季都能够享受到充足的阳光。

C. 设计要求

希望有一个菜园；有足够的举行家庭聚会的空间；在庭院中能够看到绿草、鲜花，从房间里能够看到优美的景色，整个庭院安静、温馨，使用方便，尤其要方便老人的使用。

计师根据图纸可以确定以后可能的栽植空间以及栽植方式，根据具体的情况和要求进行植物景观的规划和设计。

1. 测绘图或者规划图

从图纸中设计师可以获取的信息有：（1）设计范围（红线范围、坐标数字）；（2）园址范围内的地形、标高；（3）现有或者拟建的建筑物、构筑物、道路等设施的位置，以及保留利用、改造和拆迁等情况；（4）周围工矿企业、居住区的名称、范围以及今后发展状况，道路交通状况等。

2. 现状树木分布位置图

图中包含现有树木的位置、品种、规格、生长状况以及观赏价值等内容，以及现有的古树名木情况、需要保留植物的状况等。

3. 地下管线图

图内包括基地中所有要保留的地下管线及其设施的位置、规格以及埋深深度等。

（三）获取基地其他的信息

1. 该地段的自然状况

水文、地质、地形、气象等方面的资料，包括地下水位、年与月降雨量、年最高和最低温度及其分布时间、年最高和最低湿度及其分布时间、主导风向、最大风力、风速以及冰冻线深度等。

2. 植物状况

地区内乡土植物种类、群落组成，以及引种植物情况等。

3. 人文历史资料调查

地区性质、历史文物、当地的风俗习惯、传说故事、居民人口和民族构成等。

以上的这些信息中，有些或许与植物的生长并无直接的联系，比如周围的景观、人们的活动等，但是实际上这些潜在的因素却能够影响或者指导设计师对于植物的选择，从而影响到植物景观的创造。总之，设计师在拿到一个项目之后要多方收集资料，尽量详细、深入地了解这一项目的相关内容，以求全面地掌握可能影响植物生长的各个因素。

二、现场调查与测绘

（一）现场踏查

无论何种项目，设计者都必须认真到现场进行实地踏查。一方面是在现场核对所收集到的资料，并通过实测对欠缺的资料进行补充。在现场通常针对以下内容进行调查：

自然条件：温度、风向、光照、水分、植被及群落构成、土壤、地形地势以及小气候等。

人工设施：现有道路、桥梁、建筑、构筑物、管线等。

环境条件：周围的设施、道路交通、污染源及其类型、人员活动等。

视觉质量：现有的设施、环境景观、视域、可能的主要观赏点等。

另一方面，设计者可以进行实地的艺术构思，确定植物景观大致的轮廓或者配置形式，通过视线分析，确定周围景观对该地段的影响，"佳者收之，俗者屏之"。

（二）现场测绘

如果甲方无法提供准确的基地测绘图，设计师就需要进行现场实测，并根据实测结果绘制基地现状图，如图7-1所示。基地现状图中应该包含基地中现存的所有元素，如建筑物、构筑物、道路、铺装、植物等。需要特别注意的是场地中的植物，尤其是需要保留的有价值的植物，它们的胸径、冠幅、高度等也需要进行测量并记录。另外，如果场地中某些设施需要拆除或者移走，设计师最好再绘制一张基地设计条件图，即在图纸上仅标注基地中保留下来的元素。

在现状调查过程中，为了防止出现遗漏，最好将需要调查的内容编制成表格，在现场一边调查一边填写（参见附录六、附录七），有些内容，比如建筑物的尺度、位置以及视觉质量等可以直接在图纸中进行标示，或者通过照片加以记录。

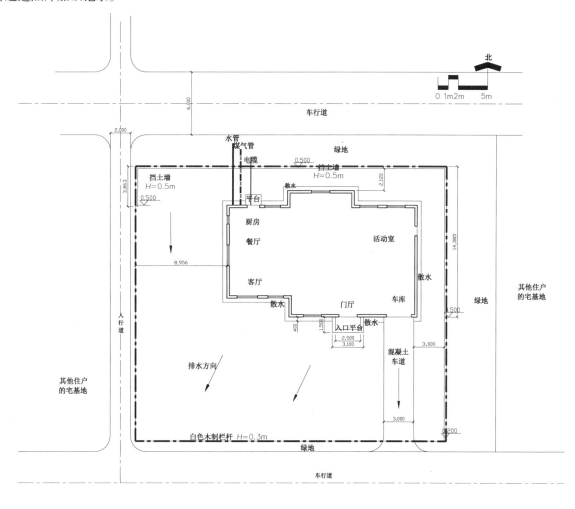

小游园

图7-1 基地现状图

三、现状分析

（一）现状分析的内容

现状分析是设计的基础、设计的依据，尤其是对于与基地环境因素密切相关的植物，基地的现状分析更是关系到植物的选择、植物的生长、植物景观的创造、功能的发挥等一系列问题。

现状分析的内容包括：基地自然条件（地形、土壤、光照、植被等）分析、环境条件分析、景观定位分析、服务对象分析、经济技术指标分析等多个方面。可见，现状分析的内容是比较复杂的，要想获得准确的、翔实的分析结果，一般要多专业配合，按照专业分项进行，然后将分析结果分别标注在一系列复制的底图上（一般使用硫酸纸等透明的图纸材料），然后将它们叠加在一起，进行综合分析，并绘制基地的综合分析图，这种方法称为叠图法（图7-2），是现状分析常用的方法。如果使用CAD绘制就要简单些，可以将不同的内容绘制在不同的图层中，使用时根据需要打开或者关闭图层即可。

现状分析是为了下一步的设计打基础，对于植物种植设计而言，凡是与植物有关的因素都要加以

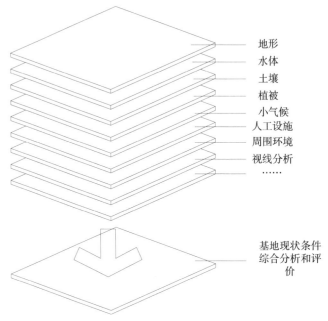

地形
水体
土壤
植被
小气候
人工设施
周围环境
视线分析
……

基地现状条件综合分析和评价

图7-2　现状分析中的分项叠加法示意

考虑，比如光照、水分、温度、风以及人工设施、地下管线、视觉质量等，下面结合实例介绍现状分析的内容及其方法。

1. 小气候

小气候是指基地中特有的气候条件，即较小区域内的温度、光照、水分、风力等的综合。每块基地都有着不同于其他区域的气候条件，它是由基地的地形地势、方位、植被，以及建筑物的位置、朝向、形状、大小、高度等条件决定。本实例中住宅建筑是形成基地小气候的关键条件，所以围绕住宅建筑加以分析，如图7-3所示，分析结果记录在表7-1中。

2. 光照

光照是影响植物生长的一个非常重要的因素，所以设计师需要分析基地中日照的状况，掌握太阳在一天中及一年中的运动规律。其中最为重要的就是太阳高度角和方位角两个参数（图7-4），其变化规律：一天中，中午的太阳高度角最大，日出和日落时太阳高度角最小；一年中夏至时太阳高度角和日照时数最大，冬至最小，如图7-5所示。根据太阳高度角、方位角的变化规律，我们可以确定建筑物、构筑物投下的阴影范围，

表7-1　基地中的小气候

位置	光照	温度	水分	风	条件优劣	适宜的植物
住宅的东面	上午阳光直射	温和	较为湿润	避开盛行风和冷风	较好	耐半阴植物
住宅的南面	最多	最暖和（冬）	较干燥	避开冷风	最佳	阳性植物
住宅的西面	午后阳光直射	最炎热（夏）	干燥	最多风的地段	差	阳性、耐旱植物
住宅的北面	最少	最寒冷（冬）最凉爽（夏）	湿润	冬季寒风	差	耐阴、耐寒植物

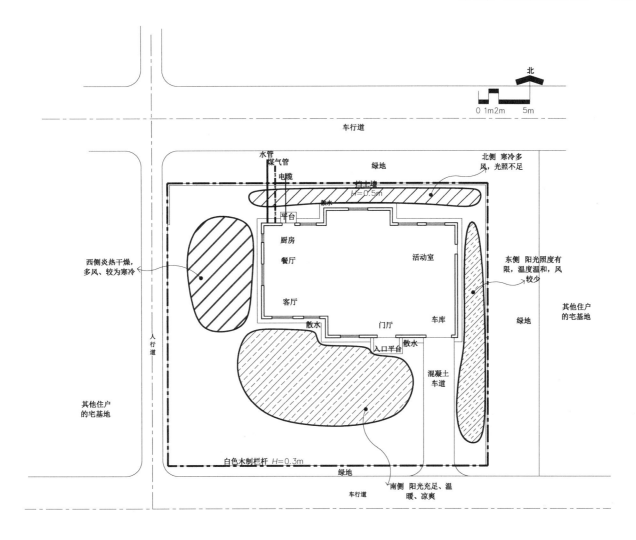

图7-3 基地小气候分析图

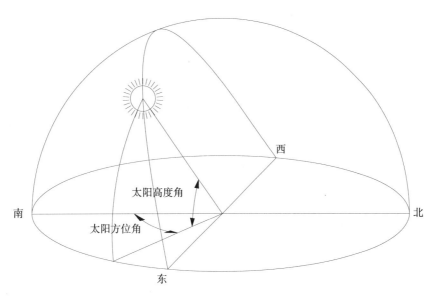

图7-4 太阳高度角与方位角示意图

从而确定出基地中的日照分区（图7-6）——全阴区（永久无日照）、半阴区（某些时段有日照）以及全阳区（永久有日照）。

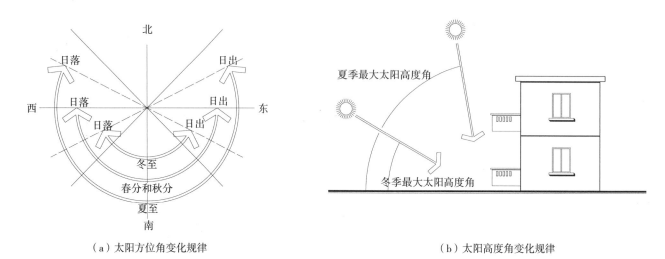

（a）太阳方位角变化规律　　　　　　　　　　　　　　　（b）太阳高度角变化规律

图7-5　太阳高度角与方位角的变化规律

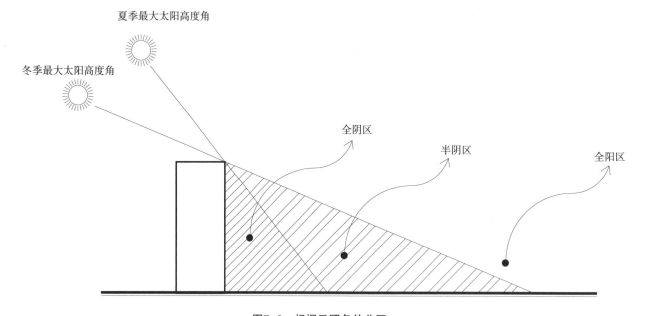

图7-6　根据日照条件分区

现在可以利用专门的软件进行基地的日照分析，图7-7是利用AutoCAD绘图软件绘制的该基地冬至日和夏至日从日出到日落的每一整点时刻的落影范围，可以看到整个基地的日照状况和日照时数。也可以手工测算，如图7-8所示，首先根据该地所在的地理纬度查表或者计算出冬至和夏至两天日出后的每一整点时刻的太阳高度角和方位角，并计算出水平影长率，根据方位角作出落影线，并根据影长率和物体的高度截取实际的影长，利用作图方法就可得到这一物体该时刻的落影范围。

通过对基地光照条件的分析，可以看出住宅的南面光照最充足、日照时间最长，适宜开展活动和设置休息空间，但夏季的中午和午后温度较高，需要遮阴。根据太阳高度角和方位角测算，遮阴效果最好的位置应该在建筑物的西南面或者南面，可以利用遮阴树（图7-9），也可以使用棚架结合攀援植物（图7-10）进行遮阴，并应该尽量靠近需要遮阴的地段（建筑物或者休息、活动空间），但要注意地下管线的分布以及防火等技术要

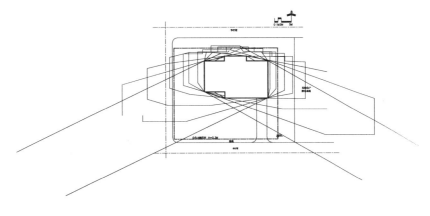

（a）夏至日影图

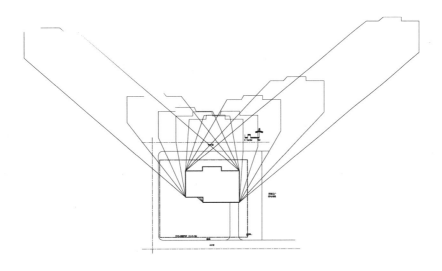

（b）冬至日影图

图7-7　利用AutoCAD进行日照分析

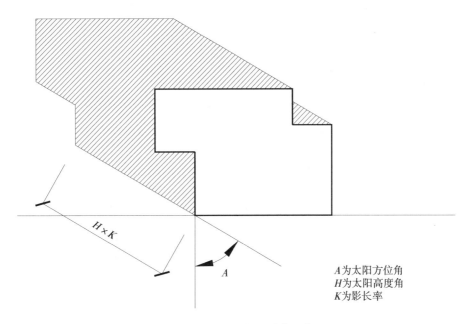

A为太阳方位角
H为太阳高度角
K为影长率

图7-8　手工绘制建筑物的落影范围

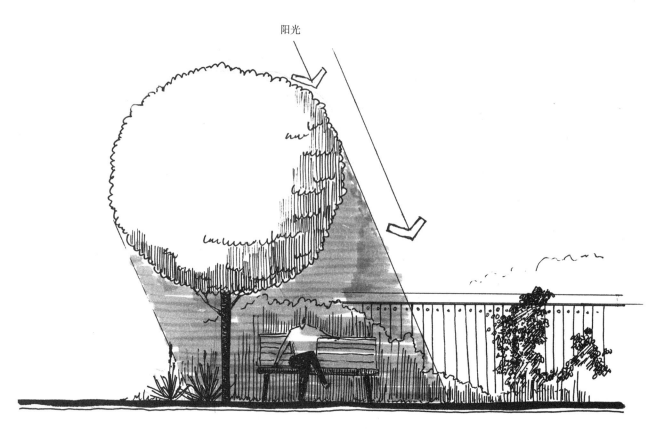

阳光

图7-9   树木的遮阴效果

午后阳光

清晨阳光

图7-10   利用棚架结合攀援植物遮阴

求。另外，北方冬季寒冷，为了延长室外空间的使用时间，提高居住环境的舒适度，室外休闲空间或室内居住空间都应该保证充足的光照，因此住宅南面的遮阴树应该选择分枝点高的落叶乔木，避免栽植常绿植物，如图7-11所示。

在住宅的东面或者东南面太阳高度角较低，所以可以考虑利用攀援植物或者灌木进行遮阴，如图7-10所示。住宅的西面光照较为充足，可以栽植阳性植物，而北面光照不足，只能栽植耐阴植物。

3.风

各个地区都有当地的盛行风向，根据当地的气象资料都可以得到这方面的信息。关于风最直观的表示方法就是风向玫瑰图，我们经常会在规划图、测绘图等图纸上见到，风向玫瑰图是根据某地风向观测资料绘制出

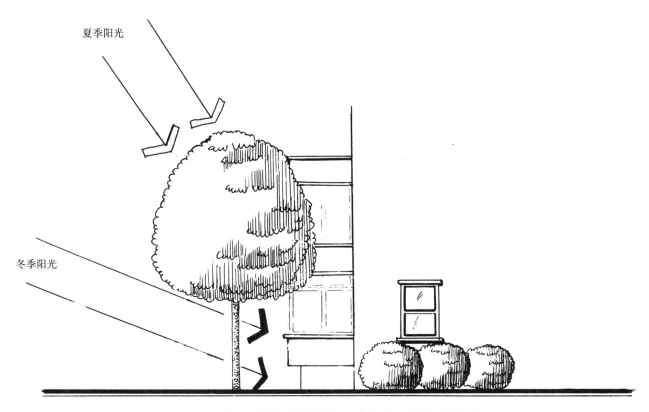

夏季阳光

冬季阳光

图7-11　住宅南面应该选择分枝点高的落叶乔木作为遮阴树

形似玫瑰花的图形，用以表示风向的频率①。如图7-12所示，风向玫瑰图中最长边表示的就是当地出现频率最高的风向，即当地的主导风向。通常基地小环境中的风向与这一地区的风向基本相同，但如果基地中有某些大型建筑、地形或者大的水面、林地等，基地中的风向也可能会发生改变。

根据现场的调查，基地中的风向有以下规律：一年中住宅的南面、西南面、西面、西北面、北面风较多，而东面则风较少，其中夏季以南风、西南风为主，而寒冷冬季则以西北风和北风为主。因此，在住宅的西北面和北面应该设置由常绿植物组成的防风屏障，在住宅的南面和西南面则应铺设低矮的地被和草坪，或者种植分枝点较高的乔木，形成开阔界面，结合水面、绿地等构筑顺畅的通风渠道，如图7-13、图7-14所示。

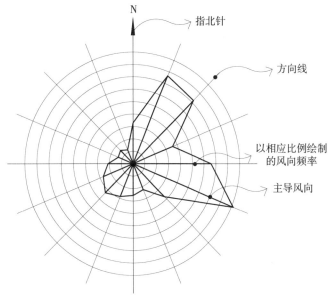

N
指北针
方向线
以相应比例绘制的风向频率
主导风向

图7-12　风向玫瑰图示例

除了基地的自然状况之外，还应该对于基地中的人工设施、视觉质量以及周围的环境进行分析。

①风向频率是在一定时间内各种风向出现的次数占所有观测次数的百分比。

4.人工设施

人工设施包括基地内的建筑物、构筑物、道路、铺装、各种管线等，这些设施往往都会影响到植物的选择、种植点的位置等。在本实例中最主要的人工设施就是住宅，如图7-15是建筑物的正立面，植物色彩、质感、高度等都应该与建筑物匹配。除了地上设施之外，还应该注意地下的隐蔽设施，如住宅的北入口附近地下管线较为集中，这一地段仅能够种植浅根性植物，如地被、草坪、花卉等。

5.视觉质量

视觉质量评价也就是对基地内外的植被、水体、山体和建筑等组成的景观从形式、历史文化及其特点等方面进行分析和评价，并将景观的平面位置、标高、视域范围以及评价结果记录在调查表或者图纸中，以便做到"佳则收之，俗则屏之"。通过视线分析还可以确定今后可能的主要观赏点位置，从而确定需要"造景"的位置和范围。

（二）现状分析图

现状分析图主要是将收集到的资料以及在现场调查得到的资料利用特殊的符号标注在基地底图上，并对其进行综合分析和评价。本实例将现状分析的内容放在同一张图纸中，这种做法比较直观，但图纸中表述的内容较多，所以适合于现状条件不是太复杂的情况，如图7-16中包括了主导风向、光照、水分、主要设施、噪音、视线质量以及外围环境等分析内容，通过图纸可以全面地了解基地的现状。

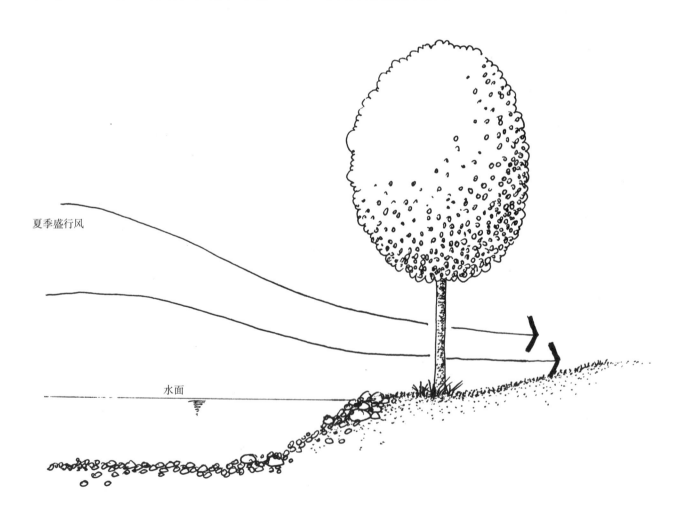

夏季盛行风

水面

图7-13　利用高分枝点的乔木构筑顺畅的风道

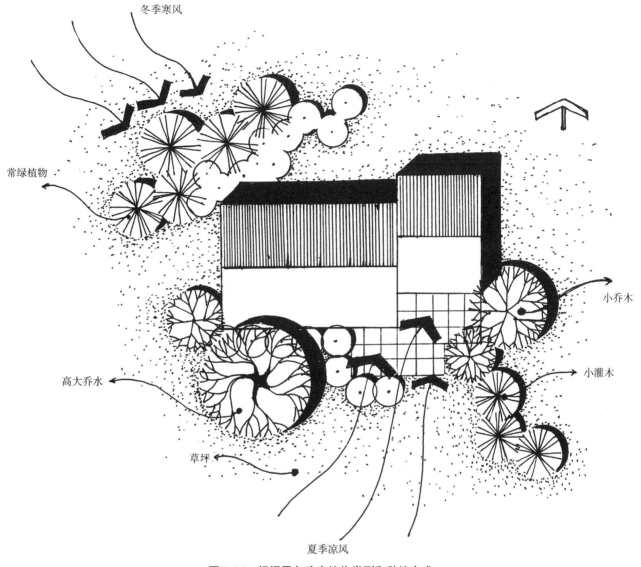

冬季寒风

常绿植物

小乔木

高大乔水

小灌木

草坪

夏季凉风

图7-14　根据风向确定植物类型和种植方式

图7-15　建筑物正立面图

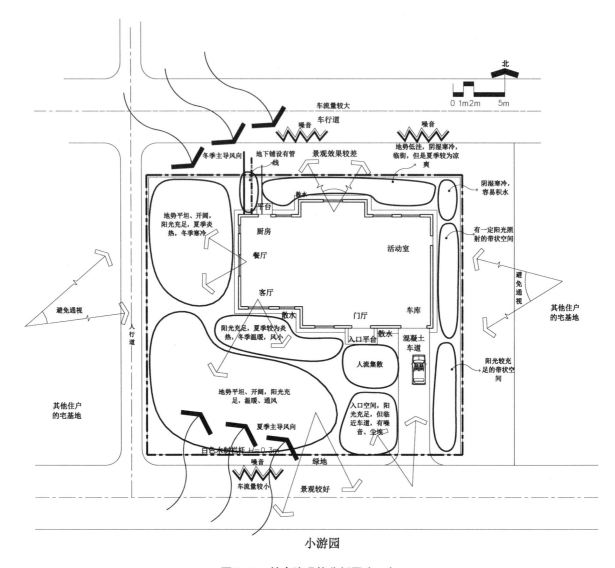

北

0 1m2m 5m

车流量较大
车行道
噪音
噪音
地势低注，阴湿寒冷，临街，但是夏季较为凉爽
景观效果较差
冬季主导风向
地下铺设有管线
散水
阴湿寒冷，容易积水
平台
地势平坦、开阔，阳光充足，夏季炎热，冬季寒冷
厨房
餐厅
活动室
有一定阳光照射的带状空间
客厅
散水
门厅
车库
避免通视
其他住户的宅基地
避免通视
人行道
阳光充足，夏季较为炎热，冬季温暖，风小
散水
入口平台
散水
混凝土车道
人流集散
阳光较充足的带状空间
地势平坦、开阔，阳光充足，温暖、通风
其他住户的宅基地
夏季主导风向
入口空间，阳光充足，但临近车道，有噪音、尘埃
白色木制栏杆 H=0.3m
噪音
绿地
车流量较小
景观较好

小游园

图7-16 某庭院现状分析图（一）

现状分析的目的是为了更好地指导设计，所以不仅仅要有分析的内容，还要有分析的结论，如图7-17就是在图7-16的基础上，对基地条件进行评价，得出基地中对于植物栽植和景观创造有利和不利的条件，并提出解决的方法。

四、编制设计意向书

对基地资料分析、研究之后，设计者需要制定出总体设计原则和目标，并制定出用以指导设计的计划书，即设计意向书。设计意向书可以从以下几个方面入手：①设计的原则和依据；②项目的类型、功能定位、性质特点等；③设计的艺术风格；④对基地条件及外围环境条件的利用和处理方法；⑤主要的功能区及其面积估算；⑥投资概算；⑦预期的目标；⑧设计时需要注意的关键问题等。

以下是作者结合本实例编制的设计意向书，仅供参考。

5xyz

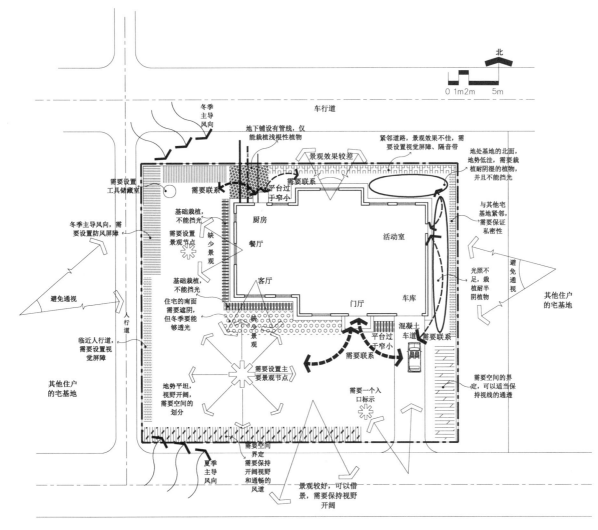

小游园

图7-17 某庭院现状分析图（二）

设计意向书

A. 项目设计原则和依据
（a）原则：美观、实用。
（b）依据：《居住区环境景观设计导则》《城市居住区规划设计规范》等。

B. 项目概况（绿地类型、功能定位、性质特点）
该项目属于私人宅院，主要供家庭成员及其亲朋使用，使用人群较为固定、使用人数相对较少。

C. 设计的艺术风格
简洁、明快，中西结合，既古朴又略显时尚。

D. 对基地条件及外围环境条件的利用和处理
（a）有利条件：地势平坦、视野开阔，日照充足，南侧有一个小游园，景观较好。
（b）不利条件：外围缺少围合；外围交通对其影响较大；内部缺少空间分隔；交通不通畅；缺少入口标示；缺少可供观赏的景观。
（c）现有条件的利用和处理方法。

入口：需要设置标示；

东侧：设置视觉屏障进行遮挡；

车道：铺装材料重新设计，注意与入口空间的联系；

南侧：设置主体景观、休息空间、交通空间，栽植观赏价值高的植物，利用植物遮阴、通风，可以借景路南的小游园，但应该注意庭院空间的界定与围合，减弱外围交通的不利影响；

西侧：设置防风屏障，创造景观，设计小菜园，并配套工具储藏室，设置交通空间将前后庭院连通起来；

北侧：设置防风屏障、视觉屏障和隔音带，注意排水，栽植耐阴湿的植物。

E．功能区及其面积

入口集散空间15m²，草坪空间60m²，私密空间（容纳3~4人）8m²，聚餐空间（容纳10~15人）30m²，小菜园20m²，工具储藏室6m²。

F．设计时需要注意的关键问题

满足家庭聚会的要求，满足景观观赏的需要。

第二节　功能分区

一、功能分区

设计师根据现状分析以及设计意向书，确定基地的功能区域，将基地划分为若干功能区，在此过程中需要明确以下问题：

（1）场地中需要设置何种功能，每一种功能所需的面积如何。

（2）各个功能区之间的关系如何，哪些必须联系在一起，哪些必须分隔开。

（3）各个功能区服务对象都有哪些，需要何种空间类型，比如是私密的还是开敞的等。

通常设计师利用圆圈或其他抽象的符号表示功能分区，即泡泡图，图中应标示出分区的位置、大致范围、各分区之间的联系等，如图7-18所示，该庭院划分为入口区、集散区、活动区、休闲区、工作区等：入口区是出入庭院的通道，应该视野开阔，具有可识别性和标志性；集散区位于住宅大门与车道之间，作为室内外过渡空间，用于主人日常交通或迎送客人；活动区主要开展一些小型的活动或者举行家庭聚会的空间，以开阔的草坪为主；休闲区主要为主人及其家庭成员提供一个休息、放松、交流的空间，利用树丛围合；工作区作为家庭成员开展园艺活动的一个场所，设计一个小菜园。这一过程应该绘制多个方案，并深入研究和比照，从中选择一个最佳的分区设置组合方案。

在功能分区示意图的基础上，根据植物的功能，确定植物功能分区，即根据各分区的功能确定植物主要配置方式，如图7-19所示，在五个主要的功能分区的基础上，植物分为防风屏障、视觉屏障、隔音屏障、开阔草坪、蔬菜种植地等。

二、功能分区细化

（一）程序和方法

结合现状分析，在植物功能分区的基础上，将各个功能分区继续分解为若干不同的区段，并确定各区段内植物的种植形式、类型、大小、高度、形态等内容，如图7-20所示。

（二）具体步骤

（1）确定种植范围。利用图线标示出各种植物的种植区域和面积，并注意各个区域之间的联系和过渡。

（2）确定植物的类型。根据植物种植分区规划图选择植物类型，只要确定是常绿的还是落叶的，是乔

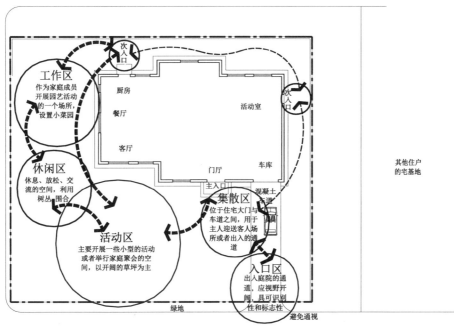

图7-18　功能分区示意图（泡泡图）

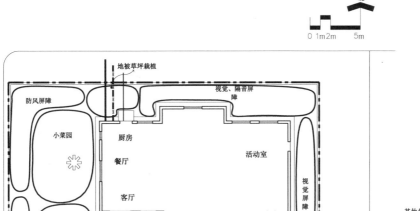

图7-19　植物功能分区图

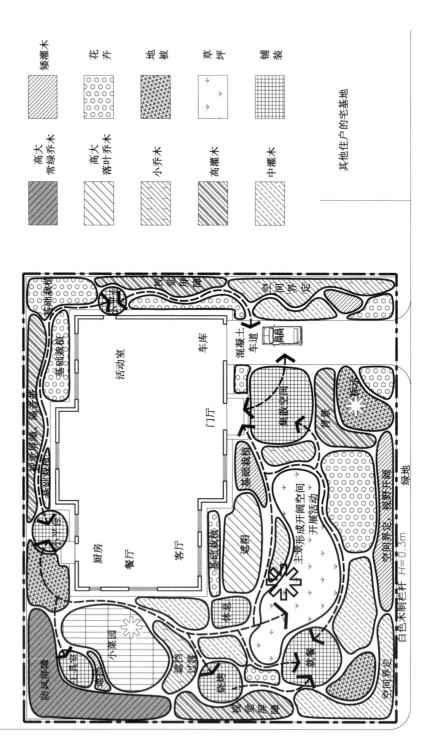

图7-20 植物种植分区规划图

木、灌木、地被、花卉、草坪中的哪一类，并不用确定具体的植物名称。

（3）分析植物组合效果。主要是明确植物的规格，最好的方法是通过绘制立面图，如图7-21所示，设计师通过立面图分析植物高度组合，一方面可以判定这种组合是否能够形成优美、流畅的林冠线，另一方面也可以判断这种组合是否能够满足功能需要，比如私密性、防风等。

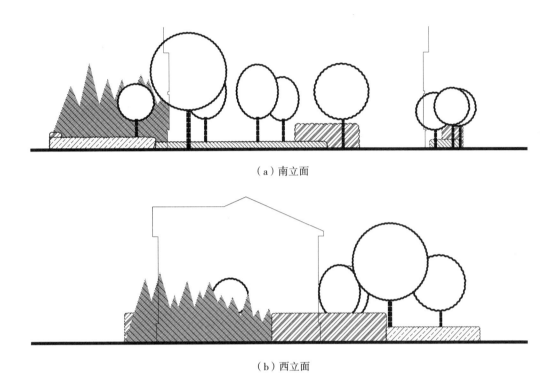

（a）南立面

（b）西立面

图7-21   植物组合效果立面分析图

（4）选择植物的颜色和质地。在分析植物组合效果的时候，可以适当地考虑一下植物的颜色和质地的搭配，以便在下一环节能够选择适宜的植物。

以上这两个环节都没有涉及具体的某一株植物，完全从宏观入手确定植物的分布情况。就如同绘画一样，首先需要建立一个整体的轮廓，而并非具体的某一细节，只有这样才能保证设计中各部分紧密联系，形成一个统一的整体。另外，在自然界中植物的生长也并非孤立的，而是以植物群落的方式存在的，这样的植物景观效果最佳、生态效益最好，因此，植物种植设计应该首先从总体入手。

第三节　植物种植设计

一、设计程序

植物种植设计是以植物种植分区规划为基础，确定植物的名称、规格、种植方式、栽植位置等，常分为初步设计和详细设计两个过程。

（一）初步设计

1.确定孤植树

孤植树构成整个景观的骨架和主体，所以首先需要确定孤植树的位置、名称规格和外观形态，这也并非最终的结果，在详细阶段可以再进行调整。如图7-22所示，住宅建筑的南面与客厅窗户相对的位置上设置一株孤植树，它应该是高大、美观，本方案选择的是国槐①，国槐树冠球形紧密，绿荫如盖，7—8月间黄白色小花还能散发出阵阵幽香，并且国槐在我国栽植历史较长，古人有"槐荫当庭"的说法。另一个重要景观节点是入口处，此处选择花楸，花楸的抗性强，并且观赏价值极高，夏季满树银花，秋叶黄色或红色，特别是冬果鲜红，白雪相衬，更为优美。

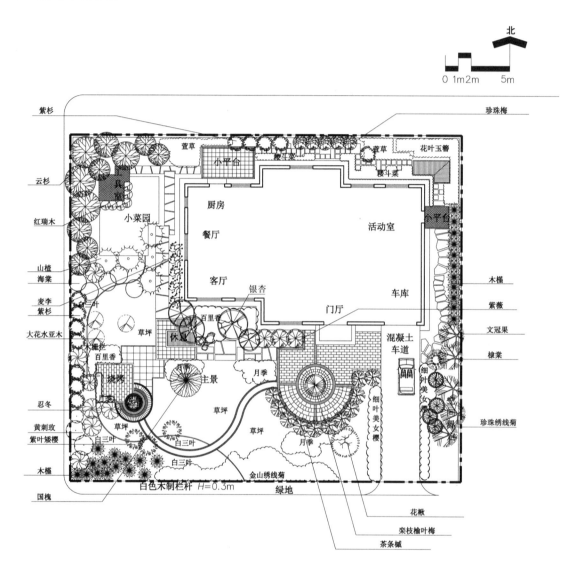

图7-22　植物种植初步设计平面图

2.确定配景植物

主景一经确定，就可以考虑其他配景植物了。如南窗前栽植银杏，银杏可以保证夏季遮阴、冬季透光，优美的姿态也与国槐交相呼应；在建筑西南侧栽植几株山楂，白花红果，与西侧窗户形成对景；入口平台中央栽植栾枝榆叶梅，形成视觉焦点和空间标示。

3.选择其他植物

接下来根据现状分析按照基地分区以及植物的功能要求来选择配置其他植物。如图7-22所示，入口平台外围栽植茶条槭，形成围合空间；车行道两侧配植细叶美女樱组成的自然花境；基地的东南侧栽植文冠果，形成

①一开始选择的是稠李，尽管稠李的观赏价值也很高，但是稠李可能对其他植物的生长产生不利的影响，所以，放弃了这一选择。

空间的界定，通过珍珠绣线菊、棣棠形成空间过渡；基地的东侧栽植木槿，兼顾观赏和屏障功能；基地的北面寒冷、光照不足，所以以耐寒、耐阴植物为主，选择玉簪、萱草、耧斗菜以及紫杉、珍珠梅等植物；基地西北侧利用云杉构成防风屏障，并配置麦李、山楂、海棠、红瑞木等观花或者观枝植物，与基地的西侧形成联系；基地的西南侧，与人行道相邻的区域，栽植枝叶茂密、观赏价值高的植物，如忍冬、黄刺玫、木槿等，形成优美的景观，同时起到视觉屏障的作用；基地的南面则选择低矮的植被，如金山绣线菊、白三叶、草坪等，形成开阔的视线和顺畅的风道。

最后在设计图纸中利用具体的图例标志出植物的类型、规格、种植位置等，如图7-22所示。

表7-2　私人宅院种植初步设计植物选择列表

常绿乔木	云杉、紫杉		
阔叶乔木	银杏、国槐、花楸、文冠果、山楂、紫叶矮樱		
灌木	珍珠梅、海棠、忍冬、棣棠、珍珠绣线菊、木槿、大花水亚木、红瑞木、黄刺玫、紫薇、茶条槭		
花卉	花叶玉簪、萱草、耧斗菜、月季		
地被	白三叶、百里香、金山绣线菊		

（二）详细设计

对照设计意向书，结合现状分析、功能分区、初步设计阶段的工作成果，进行设计方案的修改和调整。详细设计阶段应该从植物的形状、色彩、质感、季相变化、生长速度、生长习性等多个方面进行综合分析，以满足设计方案中各种要求。

首先，核对每一区域的现状条件与所选植物的生态特性，是否匹配，是否做到了"适地适树"。对于本例而言，由于空间较小，加之住宅建筑的影响，会形成一个特殊的小环境，所以在以乡土植物为主的前提下，可以结合甲方的要求引入一些适应小环境生长的植物，比如某些月季品种、棣棠等。

其次，从平面构图角度分析植物种植方式是否适合，比如就餐空间的形状为圆形，如果要突出和强化这一构图形式，植物最好采用环植的方式。

再次，从景观构成角度分析所选植物是否满足观赏的需要，植物与其他构景元素是否协调，这些方面最好结合立面图或者效果图来分析，如图7-23是主景植物国槐的立面效果；图7-24是建筑西南角休息平台的效果，由图中可以看出银杏、麦李、百里香等植物的配置效果以及建筑、木制平台与植物的组合效果。通过分析还发现了一些问题，比如房屋东侧和南侧植物种类过于单一，景观效果缺少变化，所以应该在初步设计的基础上适当增加植物品种，形成更为丰富的植物景观；另外，房屋的西侧植物栽植有些杂乱，需要调整。

最后，进行图面的修改和调整，完成植物种植设计详图，并填写植物表，编写设计说明，如图7-25所示。

二、设计方法

（一）植物品种选择

首先，要根据基地自然状况，如光照、水分、土壤等，选择适宜的植物，即植物的生态习性与生境应该对应，这一点在前面的章节中已经反复强调过了，在这里就不再重复了。

其次，植物的选择应该兼顾观赏和功能的需要，两者不可偏废。比如根据植物功能分区，建筑物的西北侧栽植云杉形成防风屏障；建筑物的西南面栽植银杏，满足夏季遮阴、冬季采光的需要；基地南面铺植草坪、地被，形成顺畅的通风环境。另外，园中种植的百里香香气四溢，还可以用于调味；月季不仅花色秀美、香气袭人，而且可以作切花，满足女主人的要求，还可以用于餐饮。每一处植物景观都是观赏与实用并重，只有这样才能够最大限度地发挥植物景观的效益。

另外，植物的选择还要与设计主题和环境相吻合，如庄重、肃穆的环境应选择绿色或者深色调植物，轻松

图7-23 孤植树——国槐立面图

图7-24 屋前木质平台植物景观效果图

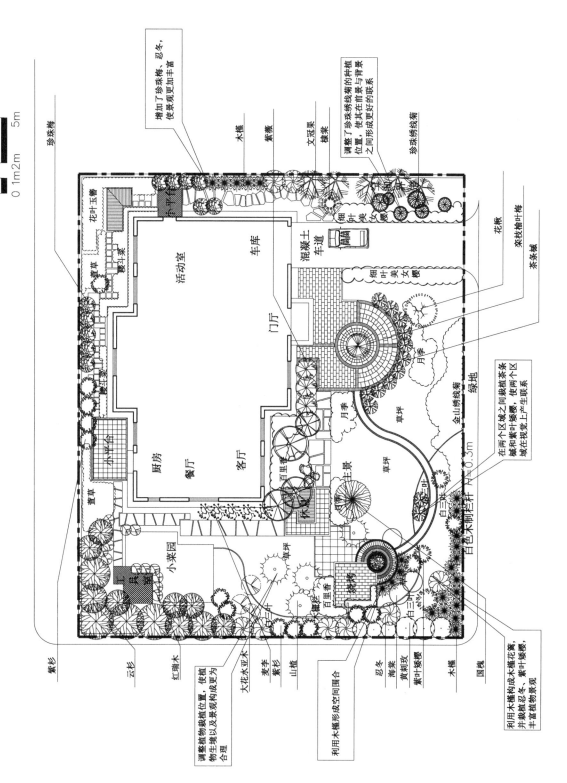

图7-25 植物种植平面图

活泼的环境应该选择色彩鲜亮的植物，如儿童空间应该选择花色丰富、无刺无毒的小型低矮植物，如图7-26所示；私人庭院应该选择观赏性高的开花植物或者芳香植物，少用常绿植物。

图7-26　儿童活动空间植物景观构成示例

　　总之，在选择植物时，应该综合考虑各种因素：（1）基地自然条件与植物的生态习性（如光照、水分、温度、土壤、风、生长速度等）；（2）植物的观赏特性和使用功能；（3）当地的民俗习惯、人们的喜好；（4）设计主题和环境特点；（5）项目造价；（6）苗源；（7）后期养护管理等。

　　（二）植物规格

　　植物的规格与植物的年龄密切相关，如果没有特别的要求，施工时栽植幼苗，以保证植物的成活率和降低工程成本。但在详细设计中，却不能按照幼苗规格配置，而应该按照成龄植物（成熟度75%～100%）的规格加以考虑，图纸中的植物图例也要按照成龄苗木的规格绘制，如果栽植规格与图中绘制规格不符时应在图纸中给出说明。

　　（三）植物布局形式

　　植物布局方式取决于园林景观的风格，比如规则式、自然式（图7-27）以及中式、日式、英式、法式等多种园林风格，它们在植物配置形式上风格迥异、各有千秋，具体内容可参见第二章，在这里就不再赘述。

　　另外，植物的布局形式应该与其他构景要素相协调，比如建筑、地形、铺装、道路、水体等，如图7-28（a）所示，规则式的铺装周围植物采用自然式布局方式，铺装的形状没有被突出出来，而图7-28（b）中植物按照铺装的形式行列式栽植，铺装的轮廓得到了强化。当然这一点也并非绝对，在确定植物具体的布局方式时还需要综合考虑周围环境、园林风格、设计意向、使用功能等内容。

　　在种植设计图纸中是通过植物种植点的位置来确定植物的布局方式，所以在图中一定要标注清楚植物种植

图7-27　自然式园林的植物景观效果

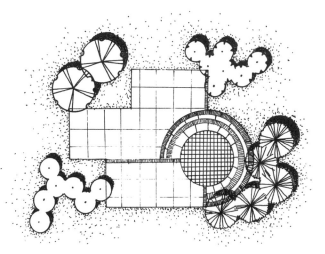

（a）植物种植没有与铺装很好地协调

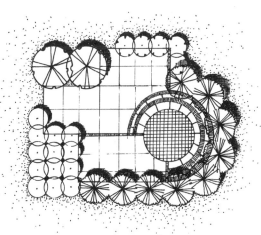

（b）植物种植与铺装协调，强化了铺装的轮廓

图7-28　植物布局方式应该与铺装形状协调

点的位置，因为项目实施过程中，需要根据图中种植点的位置栽植植物，如果植物种植点的位置出现偏差，就可能会影响到整个景观效果，尤其是孤植树种植点的位置更为重要。

（四）植物栽植密度

植物栽植密度就是植物的种植间距的大小。要想获得理想的植物景观效果，应该在满足植物正常生长的前提下，保证植物成熟后相互搭接，形成植物组团，如图7-29（a）所示，植物以单体形式孤立存在，显得杂乱无章，缺少统一性，而图7-29（b）中，植物相互搭接，以一个群体的状态存在，在视觉上形成统一的效果。因

（a）植物种植间距较大，缺乏完整性　　　　　　　　（b）植物之间重叠，整体性较强

图7-29　植物栽植密度的确定

此作为设计师不仅要知道植物幼苗的大小，还应该清楚植物成熟后的规格。

另外，植物的栽植密度还取决于所选植物的生长速度，对于速生树种，间距可以稍微大些，因为它们很快会长大，填满整个空间；相反的，对于慢生树种，间距要适当减小，以保证其在尽量短的时间内形成效果。所以说，植物种植最好是速生树种和慢生树种组合搭配。

同样栽植幼苗，有时甲方要求短期内获得景观效果，那就需要采取密植的方式，也就是说增加种植数量，减小栽植间距，当植物生长到一定时期后再进行适当的间伐，以满足观赏和植物生长的需要。对于这一情况，在种植设计图中要用虚线表示后期需要间伐的植物，如图7-30所示。

植物栽植间距可参考表7-3进行设置。

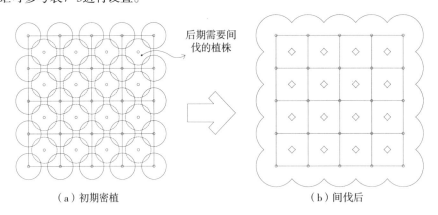

（a）初期密植　　　　　　　　　　　　　　（b）间伐后

图7-30　初期密植和后期间伐

表7-3　绿化植物栽植间距

名称		下限（中—中）（m）	上限（中—中）（m）
一行行道树		4.0	6.0
双行行道树		3.0	5.0
乔木群植		2.0	—
乔木与灌木混植		0.5	—
灌木群植	大灌木	1.0	3.0
	中灌木	0.75	2.0
	小灌木	0.3	0.5

（五）满足技术要求

在确定具体种植点位置的时候，还应该注意符合相关设计规范、技术规范的要求。

（1）植物种植点位置与管线、建筑的距离，具体内容见表7-4和表7-5。

表7-4 绿化植物与管线的最小间距

管线名称	最小间距（m）	
	乔木（至中心）	灌木（至中心）
给水管	1.5	不限
污水管、雨水管、探井	1.0	不限
煤气管、探井、热力管	1.5	1.5
电力电缆、电信电缆	1.5	1.0
地上杆柱（中心）	2.0	不限
消防龙头	2.0	1.2

注：节选自《居住区环境景观设计导则》。

表7-5 绿化植物与建筑物、构筑物最小间距

建筑物、构筑物名称		最小间距（m）	
		乔木（至中心）	灌木（至中心）
建筑物	有窗	3.0～5.0	1.5
	无窗	2.0	1.5
挡土墙顶内和墙角外		2.0	0.5
围墙		2.0	1.0
铁路中心线		5.0	3.5
道路（人行道）路面边缘		0.75	0.5
排水沟边缘		1.0	0.5
体育用场地		3.0	3.0

注：节选自《居住区环境景观设计导则》。

（2）道路交叉口处种植树木时，必须留出非植树区，以保证行车安全视距，即在该视野范围内不应栽植高于1m的植物，而且不得妨碍交叉口路灯的照明，为交通安全创造良好条件，具体要求参见表7-6。

植物种植设计涉及自然环境、人为因素、美学艺术、历史文化、技术规范等多个方面，在设计中需要综合的考虑。但由于篇幅有限，本章中对于植物种植的方法和步骤的论述也不可能涵盖所有的情况，后续章节中将结合实例进行具体的讲解。另外，书后附录八中针对不同的设计项目给出了一些植物选择、配置的建议，仅供参考。

表7-6 道路交叉口植物种植规定

交叉道口类型	非植树区最小尺度（m）
行车速度≤40km/h	30
行车速度≤25km/h	14
机动车道与非机动车道交叉口	10
机动车道与铁路交叉口	50

第八章
设计案例解析

项目一   朝阳市燕都公园植物景观设计及施工图设计

一、项目概况

燕都公园位于朝阳市中心城区北部燕都新城的核心区域，用地范围呈长方形，东西长约420m，南北宽约1120m，东至扶兴街，西邻北大街，南接滨河西路，北至新兴路，南北向由府前路和规划路分割，由南至北依次形成"天之礼"、"人之礼"、"地之礼"。

总体设计用现代的造型语言，演绎传统的文化内涵，使地域文脉与自然景观有机交融。总占地面积约40.43hm²，绿地面积约16.8hm²，绿地率达约41.6%，是朝阳市政务中心核心区，是朝阳市最具公共性、最富艺术魅力、最能反映城市文化特征的开放公园，是大众群体集会及人们进行户外活动的重要场所。

二、设计范围及设计内容

在燕都公园硬质景观方案及施工图已经确定的基础上，软质景观设计以景观设计方案为基础，延续总体景观方案的设计理念，进行植物景观营造和配置。

三、设计原则

燕都公园是燕都新城甚至是朝阳市的标志性景观之一，是朝阳市的"客厅"，为了塑造城市形象、改善城市生态环境、营造公众游憩空间。需要能够满足生态、景观、文化等多种功能的植物景观，来展现出燕都公园的景观效果和文化作用以及生态效应。

燕都公园植物造景应用乔木、灌木、藤本以及草本植物创造景观，充分发挥植物本身形体、线条、色彩等自然美，配植成供人们观赏的一幅幅美丽动人的画面。根据公园的总体立意和设计理念，植物设计需遵循以下几项原则：

1. 生态原则

植物造景以生态原则作为基础原则，满足植物正常生长的基本要求，并最大限度地发挥植物改善城市环境的生态效应，做到"适地适树"，注意选择适应城市环境、抗性强、养护管理方便的植物种类；注意乔灌草多层次配置，形成植物生态景观群落；并将植物以群体集中方式进行种植，发挥同种个体的相互协作效应及环境效益，实现绿量上的景观累加效应。

2. 景观原则

以设计主题为依据，以当地乡土植物为主体框架，体现艺术性和地域性的融合，突出朝阳的地域特色和城市风貌。运用植物的花、果、叶等的色彩，以及组合成的多种组团式色彩构图，并注意植物的季相变化尤其是春、秋季相，营造出引人注目的植物景观观赏效果。根据景观立意与艺术布局的要求，以植物为主体的植物景观空间中，与地形地貌等因素相结合，利用植物材料进行空间组织与划分，形成疏密相间、曲折有致、色彩相宜的植物景观空间。

3. 文化原则

以尊重使用者为原则，与人的目的、需要、价值观、行为习惯相适应，不但使人获得视觉上的美感，更使在广场中活动的人们获得心理上和功能上的快乐。同时，燕都公园的植物景观设计注重继承历史文脉，注重其与自然环境条件结合，提炼、营造文化主题。

四、植物景观布局与分区设计

（一）总体布局

朝阳公园植物景观按照"一轴、三园、五行、七彩"的原则进行布局规划。

一轴：公园自南向北规则式栽植有"活化石"之称的银杏，展现朝阳市作为"化石之都"的化石文化。种植带贯通整个公园，形成中央轴线。同时，与城区有"银杏大道"之称的朝阳大街交相呼应。

三园：公园自南向北分三个园，依次为"天之礼"、"人之礼"、"地之礼"。三园交相呼应，体现天地人和的寓意和天人合一的生态理念。

五行：按照中国传统的五行——金、木、水、火、土的构成配置植物，形成人与自然和谐共生的生态系统。

七彩：按照各景观特色，配置色叶植物、花果植物，形成四时变化、七彩变幻的植物景观体系。

（二）分区设计

1. "天之礼"区段

"天之礼"园位于什家河北侧，位于滨河西路与府前路之间，东西长约420m，南北宽约307m，总占地面积约10.10公顷，绿化面积约48600m²，绿地率约48.1%。"天之礼"区段以象征天体和天体运行的轨迹作为景观布局的骨架层次递进，呈放射状连通四方。

中心广场地面铺装形成朝阳市地图，两侧分别为城市规划展览馆和朝阳燕都新城图书馆。相应设置道路形成次要轴线，与中央轴线并行，次要轴线两侧栽植两排蒙古栎，与主轴线景观效果保持统一，同时，又富于变化。该区域为市民提供娱乐、休闲、健身的活动场所，植物景观设计强调景观功能，体现"高远深邃、运行四时、泽被四海"的景观主题，以均衡的规则式植物景观布局为主，突出天体运行的轨迹，并且在竖向上以中心广场为核心低点，向四周放射状波浪式逐渐增高。

植物选择油松、青杆、五角枫、核桃楸等形态厚重稳健的当地树种，并配置金叶榆、金叶复叶槭、紫叶李等色彩较为艳丽树种进行点缀，渲染舒适典雅、简洁明快、轻松惬意的环境气氛。

沿滨河西路和府前路路侧绿地，植物结合微地形，选用蒙古栎、五角枫、青杆、京桃、山杏等植物进行自然组团式栽植，为道路的行人提供较好的景观效果。

2. "人之礼"区段

"人之礼"区段位于府前路与新兴路之间，东西长约420m，南北宽约268m，总占地面积约9.3hm²，绿化面积约47480m²，绿地率约51.1%。"人之礼"布置在政务办公楼楼前位置，采用规则式布局，中央轴线广场和喷泉水景强调有仪可象的仪式感，中央广场以不同大小的正方形布局，方正谨严。

植物景观设计延续"上下有序、内外有别、行为有矩、古今有鉴"的总体设计构思和设计理念，以文化功能为出发点，以中央轴线广场和喷泉水景为景观主题，采用均衡对称的规则式植物景观布局，旨在营造整洁、严肃、恢宏的景观氛围。

该区段四周规则式栽植速生树种新疆杨，形成极佳的围合效果。中央轴线广场南北侧种植池内规则式种植银杏树，并在银杏树下栽植朝鲜黄杨和紫叶小檗；在保证整体严肃、庄重的环境氛围的同时，丰富了冬季景观效果和植物色彩景观效果。

在中央轴线广场两侧各栽植两排大规格银杏，围合广场空间，并与中间的喷泉水景相对应。本园内除了中央轴线外，还有以中央轴线为中心，两侧各设置一条次要轴线，以及以喷泉水景为中心的东西向次要轴线，在满足交通需求的同时，强化中央轴线。横向次要轴线两侧各栽植两排垂柳，在轴线的入口处各栽植10株大规格的垂柳，体现朝阳市的柳城文化。

四条轴线与园区的环线形成四块绿地空间，在绿地内以朝阳市特有植物品种（大枣、杏、核桃、苹果）为主要观赏树种，体现朝阳特有的地域特色。在此基础上自然式栽植常绿植物和观赏乔木以及花灌木，丰富整体的景观效果和植物景观层次。广场入口处打破大片的规则式新疆杨，选用青杆、京桃、山杏、海棠、连翘、紫丁香等自然式栽植，形成多层次的植物群落景观。

沿府前路和规划路，植物结合微地形，选用蒙古栎、五角枫、青杆、京桃、山杏等植物进行自然组团式栽植，为道路的行人提供较好的景观效果。

3．"地之礼"区段

"地之礼"园位于规划路与新兴路之间，东西长约420m，南北宽约545m，总占地面积约21.03hm²，绿化面积约72200m²，绿地率约34.3%。该区段采用简洁的方形布局，整体庄重，体现"礼地"的概念。按照功能本区段又分为行政办公区、后花园休闲区以及路侧绿化区。

行政服务中心楼前主入口两侧采用传统植物配置方式——选用寓意"玉堂春富贵"的植物，以从原朝阳市市政府大院内移栽过来的银杏树作为骨架，以白玉兰、加拿大海棠、东北连翘、芍药等植物作为主要观赏树种，简洁布置形成植物群落，采用金叶榆，紫叶小檗等种植成祥云图案，寓意祥和、如意。

行政服务中心停车场前，规则式栽植银杏树作为背景，在靠近行政服务中心按照5+3的模式规则式栽植紫叶李和青杆。行政服务中心楼后以及会议楼和服务楼之间中央轴线绿地内规则式栽植银杏，为了增加冬季景观效果，点缀栽植大规格油松。选用金叶榆、茶条槭、朝鲜黄杨栽植成带状模纹，与条带状的铺装图案形成象征土地的五色。

行政服务中心楼后以及会议楼和服务楼建筑周边绿地因光照条件不够充足，大多选用天女木兰、东北连翘等较耐阴的植物进行自然式组团栽植。

后花园休闲区中大型停车场内停车位之间绿地选用冠大荫浓的馒头柳作为上层植物，与"天之礼"区段的垂柳背景林和"人之礼"区段次轴线垂柳形成除中央轴线上银杏之外的第二联系轴。下层植物栽植东北连翘、紫丁香、红王子锦带以及马蔺，增加整体的季相变化。

在停车场与行政办公区之间，有一处长约420m、宽约100m的大型绿地，绿地设置自然起伏的地形，以蓝色调花卉（如蓝花鼠尾草、宿根福禄考、德国鸢尾等）作为基底，突出自然流畅的地形，其上点缀深色调（如油松、青杆、蒙古栎、山皂角等）的植物组团，形成开敞自然、安静典雅景观氛围。

休闲绿地被两条连通停车场与行政办公区之间的道路分割成三块绿地。道路两侧栽植两排冠大荫浓的山皂角，将整个山体连接，从整体上看不出整个山体有被道路隔断的情况存在。绿地中轴位置上，地形的最高点上栽植大规格银杏，作为整个燕都公园的景观制高点。两侧绿地配置油松、碧桃、白蜡、元宝枫等植物，结合野花组合形成疏林+缀花草坪景观，边缘结合大面积的草地与常绿植物形成的背景林。

路侧绿化区，植物结合微地形，选用五角枫、青杆、京桃、山杏等植物进行自然组团式栽植，为道路的行人提供较好的景观效果。行政办公区围墙栽植爬藤植物野蔷薇，减弱硬质围墙的坚硬感，并形成极佳的景观效果。

以下为主要植物列表。

常绿树种

序号	项目编号	项目名称	项目特征		
			胸径（cm）	株高（m）	备注
1	Z1	油松A	13～15	4.5～5.5	冠形优美，无病虫害
2	Z1-1	油松B	18～20	5～6	冠形优美，无病虫害
3	Z1-2	油松C	23～25	7～8	平顶风致，冠形优美，无病虫害
4	Z2	白杆云杉A		4.5～5.5	冠形优美，无病虫害
5	Z2-1	白杆云杉B		6～7	冠形优美，无病虫害
6	Z3	青杆云杉		3.5～4.5	冠形优美，无病虫害

阔叶乔木

序号	项目编号	项目名称	项目特征			
			胸径（cm）	株高（m）	分枝点高度（m）	备注
1	K1	银杏A	15～18	7～8	3.5	冠形优美，无病虫害
2	K1-1	银杏B	10～12	4～5	3	冠形优美，无病虫害
3	K1-2	银杏C	23～25	10～12		冠形优美，无病虫害
4	K2	银中杨	8～10	5～6	4	冠形优美，无病虫害
5	K3	新疆杨	8～10	5～6	4	冠形优美，无病虫害
6	K4	旱柳	10～12	4～5	3	冠形优美，无病虫害
7	K5	金丝垂柳	8～10	4～5		冠形优美，无病虫害
8	K6	馒头柳	13～15	4～5	3.5	冠形优美，无病虫害
9	K7	国槐	13～15	5～6	3	冠形优美，无病虫害
10	K8	山皂角	10～12	4		冠形优美，无病虫害
11	K9	蒙古栎	13～15	6～7		冠形优美，无病虫害
12	K9-1	丛生蒙古栎	6～8	8～10		冠形优美，无病虫害，丛生枝条不少于4枝主干
13	K10	白蜡	13～15	6～7	3.5	冠形优美，无病虫害
14	K10-1	丛生白蜡	6～8	8～10		冠形优美，无病虫害，丛生枝条不少于4枝主干
15	K11	臭椿	13～15	6～7	3.5	冠形优美，无病虫害
16	K12	梓树	10～12	4～5	3	冠形优美，无病虫害
17	K13	稠李	13～15	5～6		冠形优美，无病虫害
18	K14	元宝枫	13～15	5～6		冠形优美，无病虫害
19	K14-1	丛生元宝枫	6～8	6～7		冠形优美，无病虫害，丛生枝条不少于4枝主干
20	K15	栾树	13～15	5～6		冠形优美，无病虫害

亚乔木

序号	项目编号	项目名称	项目特征		
			胸径（cm）	株高（m）	备注
1	Y1	京桃	8~10	4~5	冠形优美，无病虫害
2	Y2	山杏	8~10	4~5	冠形优美，无病虫害
3	Y3	秋子梨	8~10	4.5~5.5	冠形优美，无病虫害
4	Y4	山楂	8~10	4~5	冠形优美，无病虫害
5	Y5	紫叶稠李	8~10	4~5	冠形优美，无病虫害
6	Y6	暴马丁香	8~10	4~5	冠形优美，无病虫害
7	Y7	紫叶李	6~8	3	冠形优美，无病虫害
8	Y8	茶条槭	8~10	4~5	冠形优美，无病虫害
9	Y9	金叶复叶槭	6~8	3	冠形优美，无病虫害

灌木

序号	项目编号	项目名称	项目特征		
			修剪后高度（m）	栽植密度（株/m²）	备注
1	L1	砂地柏	0.4	9	条长0.8m
2	L2	重瓣榆叶梅	1	9	
3	L11	珍珠绣线菊	0.8	9	
4	L3	水蜡	0.8	9	
5	L4	红王子锦带	1	9	
6	L5	紫叶风箱果	0.8	9	
7	L6	茶条槭	0.8	9	

植物模纹

序号	项目编号	项目名称	项目特征		
			高度（m）	栽植密度（株/m²）	规格
1	J1	丹东桧柏	0.6	9	选用2年生苗
2	J2	紫叶小檗	0.4	9	选用2~3年生苗
3	J3	茶条槭	0.5	9	选用2~3年生苗
4	J4	中华金叶榆	0.6	9	选用2~3年生苗
5	J5	紫叶矮樱	0.6	9	选用2~3年生苗
6	J6	矮紫杉	0.6	9	
7	J7	朝鲜黄杨			

五、总结

朝阳市燕都公园植物种植设计方案，结合当地人文历史以及自然状况选择植物，并根据各区段的设计主题和功能定位确定主要植物品种和配景植物，既体现了当地的地域特征，又满足城市生态建设以及市民文化生活的需要。方案的优势和特色主要有以下几点：

（1）植物与场地的和谐共生。方案通过合理的搭配使植物与场地"共生"——主体空间大规格苗木的选用提升了场地的厚重感和历史性，主要景观中当地传统植物品种的选用突出了场地的地域性和独特性，休闲空间自然组团的布置创造了和谐自然的城市会客厅。

（2）植物与文化的紧密结合。方案利用植物的选择和布置体现了地域文化和传统特色，具有明显的"中国印、古城风"，从文化层面上，强化了市民的认同感和城市空间的可识别性。

（3）植物与功能的完美融合。充分利用植物的空间构筑功能，打造出不同的人性空间——健身空间、休闲空间、娱乐空间、观赏空间等，真正实现自然与城市、城市与人、人与自然的融合。

这一方案因为是承接着概念设计，在总体规划的基础上进行植物景观的专项设计，因此在布局、分区等方面都无法改变，尽管如此，设计师并未将植物看作景观的点缀，不是单纯地去迎合场地和设计方案，而是将植物的功能和价值发挥到极致，使整个方案得到了升华。

六、设计图纸

附图1-1　A区（地之礼区段）种植总平面图
附图1-2　A区（地之礼区段）种植平面图（3#）
附图1-3　A区（地之礼区段）种植平面图（4#）
附图1-4　B区（天之礼区段）种植总平面图
附图1-5　B区（人之礼区段）种植平面图（1#）
附图1-6　B区（人之礼区段）种植平面图（3#）
附图1-7　施工现场照片

项目二　辽宁省海城市教军山公园植物景观设计及施工图设计

一、项目概况

项目位于辽宁省海城市教军山，城市的北出口，紧邻中长铁路，西侧规划建设鞍山海城城际道路——建设大道，规划面积66486m²。场地原为矿山开采区，由于多年无序采挖，山体破坏严重——山体被挖出两个大坑，一个由于周边居民生活污水、鸡场污水的随意排放形成一处污水坑，而另一处则三面为裸露岩壁，只有一个入口可以进入其中，裸露岩壁出现风化现象，结构不够稳定，山体植被以刺槐、杂木林为主，土层较薄、土壤较为瘠薄，现状分析见附图2-1。

二、项目定位

1.功能定位

生态修复、地质灾害治理、公共休闲娱乐空间、防灾减灾绿地，改善城市人居环境、提升城市景观档次。

2.目标定位

将教军山城市公园建成一个集休闲娱乐、科普教育、运动健身、防灾减灾、城市文脉展示等功能为一体的生态文化休闲公园。

三、规划原则

原则一：生态修复。利用植物进行生态环境的修复和整治，通过技术手段，提高生物多样性，引导环境从人工干预逐步向自我修复方向发展。

原则二：最小干预。对于场地地质构造稳定、已经形成原生态景观尽量予以保留，并结合公园功能需求配置相应设施，满足游人游览观赏需求。

原则三：场地设计。结合基地现状条件进行合理的开发利用，以最切合状态将设计"镶嵌"在基地中。

原则四：人性场所。通过公园未来主要服务人群年龄构成、社会状态、生活习惯等分析资料，以行为心理学为设计依据，根据公园功能定位，确定功能分区及功能设施，完善城市公共服务体系。

四、总体规划

方案中围绕两个废弃矿坑（一个水坑、一个旱坑）设计了两个景观亮点：

对于水坑的处理：这个位置是整个公园中最为低洼的地方，未来也是雨水汇集的地方，因此保留水体状态，对水质进行净化处理，完善水循环处理系统；采用生态湿地的做法，栽植水生、湿生植物，形成自然原生态的湿地景观，同时也具有净化水体的功效。

对于旱坑的处理：这个位置也会有雨水汇集（雨水顺着岩壁汇集），但土壤保水能力较弱，少水干旱。方案保留矿坑以及岩壁，将其开发成以展示地质断面为主的地质景观，并结合生境打造旱生植物景观。具体做法：对地质构造不稳定的地段进行人工加固处理，保证安全；在入口处设置石阵广场——以当地碎矿石、矿渣等材料为铺装材料，利用放射状石笼景墙将游人引入矿坑中，向游人展现山体的地质构造，广场两侧配置旱生地被花卉；矿坑中利用石笼景墙和植物种植形成迷宫，增加景观的参与性和趣味性。

需要说明的是，方案中还在矿坑之上设计了高架景观桥，以方便游人从高处俯瞰整个矿坑迷宫，近距离观赏地质断层的纹理和构造，但后期由于经费问题而被取消。

相关内容请详见总平面图见附图2-2、功能分区图见附图2-3、植物种植规划图见附图2-5。

五、植物种植施工

通过现状分析以及服务对象需求分析，确定了公园的功能分区，明确了各个功能区中植物的主要功能，从而确定了主调植物和配景植物，而基调植物则为乡土植物——油松。植物种植设计要点如下：

湿地景观区（水坑位置）：配置水生植物、湿生植物以及净水植物。

岩石景观区（旱坑位置）：配置耐旱植物，打造旱生植物景观。

康体养生区：配置有益身体健康的芳香植物和药用植物，形成户外芳香诊室。

休闲娱乐区：配置疏林草地，形成开阔的活动空间。

山林修复区：配置耐瘠薄、适应性强、后期养护管理简单的植物，如刺槐、山皂角。

文化景观区：配置大规格造景植物，如五角枫、蒙古栎等。

主要植物列表

序号	植物名称	规格	计量单位	数量	株距（m）
1	油松	D=4~6cm	株	433	1.5~2.5
2	油松	D=15cm	株	10	
3	红皮云杉	H=3m	株	129	2~3
4	红皮云杉	H=5m	株	8	
5	白杆	H=3m	株	17	
6	沈阳桧柏	H=3m	株	15	1.5~3
7	东北红豆杉	W=1.5m	株	2	
8	国槐	D=4~6cm	株	49	1.5~3
9	五角枫	D=4~6cm	株	46	2~3
10	五角枫	D=8~10cm	株	3	3~6
11	黄栌（丛生）	D=4~6cm	株	15	
12	栾树	D=6~8cm	株	183	2~3.5
13	山杏	D=6~8cm	株	34	2~3
14	银杏	D=6~8cm	株	36	2~3
15	银杏	D=20~22cm	株	15	
16	银中杨	D=4~6cm	株	235	1.5~3
17	白桦（丛生）	D=4~6cm	丛	46	
18	水曲柳	D=6~8cm	株	11	2~3
19	黄菠萝	D=6~8cm	株	29	2.5~4
20	核桃楸	D=6~8cm	株	61	2~3
21	蒙古栎	D=6~8cm	株	157	2.5~3
22	蒙古栎	D=8~10cm	株	51	6~8
23	新疆杨	D=4~6cm	株	1548	1.5~3
24	新疆杨	D=8~10cm	株	29	2.5~3
25	稠李	D=4~6cm	株	38	2~3
26	花楸	D=4~6cm	株	44	
27	刺槐	D=4~6cm	株	278	2~3

续表

序号	植物名称	规格	计量单位	数量	株距（m）
28	白蜡	$D=6\sim 8cm$	株	43	2~3.5
29	臭椿	$D=6\sim 8cm$	株	66	2.8~3.5
30	垂柳	$D=8\sim 10cm$	株	23	3~6
31	山皂角	$D=6\sim 8cm$	株	204	2~3.5
32	火炬树	$D=4\sim 6cm$	株	171	1.5~2.5
33	暴马丁香	$D=6\sim 8cm$	株	136	2~3
34	灯台树	$D=6\sim 8cm$	株	8	
35	山定子	$D=4\sim 6cm$	株	88	1.5~3
36	山里红	$D=4\sim 6cm$	株	82	
37	金叶榆	$W=0.8\sim 1m, H=2m$	株	208	1~1.5
38	金丝垂柳	$D=4\sim 6cm$	株	15	
39	桃叶卫矛	$D=6\sim 8cm$	株	81	
40	京桃	$D=4\sim 6cm$	株	170	1.5~2.5
41	光辉海棠	$D=4\sim 6cm$	株	73	1.5~3
42	王族海棠	$D=4\sim 6cm$	株	52	1.5~3
43	红肉苹果	$D=4\sim 6cm$	株	101	
44	深山樱	$D=4\sim 6cm$	株	42	1.5~2.5
45	紫叶李	$D=4\sim 6cm$	株	16	1.5~2.5
46	紫叶稠李	$D=4\sim 6cm$	株	37	1.5~3
47	金叶风箱果	$H=1.0m, W=1.2m$	株	153	1.2~2.5
48	东北连翘	$H=1.0m, W=1.2m$	株	125	1.5~3
49	红王子锦带	$H=1.0m$	株	309	1.2~2.5
50	京山梅花	$H=1.0m$	株	41	1.2~2.5
51	天目琼花	$H=1.0m$	株	99	1.2~3
52	天女木兰	$H=1.0m$	株	22	1.2~2.5
53	胡枝子	$H=1.0m$	株	13	1.2~3.5
54	珍珠绣线菊	$H=0.8m$	株	161	1~1.5
55	红瑞木	$H=0.8m$	株	19	1~1.5
56	大花水亚木	$H=1.0m$	株	33	1.2~2.5
57	黄刺玫	$H=1.2m$	株	115	1.5~3
58	红刺玫	$H=1.0m$	株	33	1.2~2.5
59	紫丁香	$H=1m$	株	64	1.2~2.5
60	白丁香	$H=1m$	株	186	1.2~2.5
61	小叶丁香	$H=1m$	株	89	1.2~2.5
62	重瓣榆叶梅	$H=1m$	株	34	1.2~2.5
63	麦李	$H=1m$	株	21	1.2~2.5
64	金银忍冬	$H=1m$	株	158	1.2~2.5
65	紫叶小檗（球）	$H=0.8m$	株	16	1~1.5

序号	植物名称	规格	计量单位	数量	株距（m）
66	桧柏（球）	H=0.8m	株	56	1～1.5
67	朝鲜黄杨（球）	H=0.8m	株	128	
68	沙地柏	枝条长0.8m	m²	265	
69	卧茎景天	H=0.5m	m²	2775	
70	野花组合		m²	5542	
71	波斯菊		m²	931	
72	荷兰菊		m²	813	
73	马蔺		m²	3238	
74	狼尾草		m²	2938	
75	薄荷		m²	185	
76	薰衣草		m²	485	
77	鼠尾草		m²	290	
78	蛇鞭菊		m²	725	
79	月见草		m²	1501	
80	荷花		m²	1057	
81	鸢尾		m²	325	
82	千屈菜		m²	820	
83	菖蒲		m²	235	
84	宿根福禄考		m²	428	
85	丛生福禄考		m²	370	
86	金银花（藤本）		株	20	
87	玉簪		m²	413	
88	五叶地锦		株	500	
89	草坪		m²	3200	

六、总结

该项目关键词是"矿山废弃地"，即属于矿山废弃地生态治理项目，也就是说设计方案最重要的最核心的问题是地段内生态环境的修复与治理。方案利用植物进行生态环境的修复和治理，这是最佳也是最经济的手段。在具体操作中设计师根据基地中不同地段的生境条件采取了不同的设计方法，比如对于集水坑，设计生态湿地的方法，利用水生、湿生植物进行水体的净化，也打造了方案的一个亮点。而另外一个亮点就是对于旱坑的处理，设计师并没有利用常规的手段对其进行垂直绿化，而是保留裸露岩壁，利用当地的矿石、矿渣，结合耐旱植物打造独特的旱地岩生植物景观，植物的选配和生境相符，而且在景观的创造方面也保留了场地原有的机理和特征，形成独特的景观效果。对于其他区域，也同样采取因地制宜的方法，使景观、植物、空间与基地条件切合。

七、设计图纸

项目三 山西省农业科学院科研创新基地植物景观设计

一、项目概况

项目名称：山西省农业科学院拆迁重建项目——科研创新基地项目

建设地点：在太原市龙城大街以北、大运路以西的原山西省农业科学院大吴农场

规划建筑用地面积：$219046.696m^2$，建设用地面积：$176981.53m^2$

建设规模：$141413.5m^2$，建筑高度：24m（局部45m）

山西省农业科学院成立于1959年2月，是山西省政府直属的综合性农业科研单位。目前全院下设21个研究所，5个研究中心，院内拥有2个省级重点实验室、4个省级重点学科点、56个高科技企业，3个硕士学位授予点，1个博士后科研工作站和1个国家级引进国外智力示范推广基地。

项目针对山西省农业科学院新园区——科研创新基地进行景观设计，新建园区被城市道路划分为两个部分，围绕主体建筑（办公楼和活动中心）形成东西向轴线，在轴线两侧分四组布置院所办公楼。

二、项目定位

通过对山西省农业科学院科研创新基地区域位置、现状用地条件等的系统分析，提出山西省农业科学院科研创新基地的定位。

1.功能定位

将山西省农业科学院科研创新基地园区建成具有浓郁地方特色文化氛围的以展示山西省农业科学院科技成果、整体风貌为主要功能，满足员工办公科研、休闲娱乐等需求的现代绿色生态园区。

2.景观定位

田

最"中国"——田是承载和历史、文化、民俗、科技等的重要载体，因此"田"是中国大地上最具代表性的元素。

最"地方"——不同地方，田的表现形式不同，比如：梯田、水田、旱田等，因此田也是最具有地方特色的一个元素。

最典型——田，是最典型的农业符号，是人们最为熟悉的景观，是农业科学院专家们常年工作的地方，也是山西省农业科学院重大成就展示的舞台。

3.风格定位

自然+生态——模拟自然，基于生态学原理，利用田园化景观，打造绿色生态园区。

典型+经典——典型农业元素的提炼与抽象，利用景观化语言进行诠释，打造独一无二的农业科技园区。

大气而又不失灵动——打破办公庭院常规做法，为规整的空间注入灵动的旋律。

三、植物景观规划

设计指导思想——营造生物多样性的绿地景观

1.适地适树，所选树种以乡土树为主，从本地自然植被中选择优良树种，以利于粗放的管理；草坪选用当地生长良好的草种，减少维护。

2.在植物空间设计上，利用植物围合空间——进行分层设计，形成乔木—小乔木—灌木—地被的空间模式，并可引导游人视线与活动。

3.主要地段植物使用大规格苗木，以尽快形成良好的景观效果。

4.在满足功能和美化的前提下，局部点缀色叶、针叶树种，形成四季皆有景观的丰富效果。

四、植物景观设计要点

1.红叶庭

（1）主体景观

红叶树阵：利用五角枫、复叶槭等植物组成树阵，构成林下活动空间。

圆形围树椅：圆形种植池，内部种植合欢，外围木质围树椅，构成安静的休息空间。

枯山水：利用白沙铺筑形成"溪流"，栽植红瑞木、五角枫、黄栌、美国红枫等红叶植物，形成强烈的色彩对比。

（2）主要植物

乔木类：五角枫、复叶槭、黄栌、美国红枫、栾树、银杏、黄金树、紫叶李、金叶榆等。

灌木类：红瑞木、珍珠绣线菊、柳叶绣线菊、金山绣线菊、金焰绣线菊、金叶风箱果、紫叶小檗、麦李等。

地被：铺地柏、景天类等。

2.百花庭

（1）主体景观

椭圆形花坛：在庭院中，设置不同方向、不同大小的椭圆形花坛，有的位于硬质铺装中，有的位于绿地中，内部种植石竹、假龙头、玉簪等花卉材料，形成一个个小型迷你花园。

（2）主要植物

乔木类：暴马丁香、白玉兰、天女木兰、稠李、合欢等。

灌木类：连翘、丁香类、麦里、山梅花、风箱果、接骨木、天目琼花、紫薇等。

花卉地被：郁金香、常夏石竹、萱草、玉簪等。

3.海棠庭

（1）主体景观

岁月痕迹：庭院中结合交通需要铺设花岗岩条石铺装，条石之间的缝隙处生长野花和小草，加上粗糙的石材质感，体现一种岁月感和沧桑感。

（2）主要植物景观

乔木类：国槐、白蜡、樱桃、樱花、加拿大海棠、王族海棠、红肉苹果、碧桃、皂角等。

灌木类：金银忍冬、卫矛、木槿、紫薇、风箱果等。

地被花卉：半枝莲、紫花地丁、香雪球等。

4.幽兰庭

该庭院由国际交流中心和研究生楼围合而成，考虑到办公需求，搭配木兰科植物，形成安静优雅的休息交流空间。

五、总结

该项目属于科技园区景观设计，这类园区与一般城市绿地不同，也和一般的工业园区的设计不同，对于这一项目应该突出以下几个方面：山西地域特色的体现，科研单位特色的体现，园区功能特色的体现。

该设计方案有效地解决了三个方面的问题：

其一：打造的特色中轴——表里山河——山西地域特色的体现，利用乡土植物体现当地景观特色。

其二：利用特色景观灯柱体现山西省农业科学院院所构成，条带状铺装、植物种植创造"田"的概念，将科研院所对应的工作环境与园区的景观结合起来，突出了单位特点。

其三：园区中各个科研办公楼围合出了4个庭院，4个庭院功能不同，结合功能需求配置植物，打造不同的庭院。

六、设计图纸

附图3-1　总平面图（总体鸟瞰效果图）

附图3-2　功能分区图

附图3-3　植物规划图

附图3-4　百花庭植物种植设计详图（景观效果图）

附图3-5　红叶庭植物种植设计详图（景观效果图）

附图3-6　中轴景观带植物种植设计详图

项目四 沈阳国际会展中心改造植物景观设计及施工图设计

一、项目概况

沈阳国际会展中心是集大型博览展示、会议、经贸洽谈、商品交易、信息交流及电子商务为一体的东北地区首家具备高标准、大规模的现代化展馆。是沈阳地区乃至东北地区与国际间进行合作交流的重要窗口。

沈阳国际会展中心位于景色秀丽的浑南新区，沈阳城市主干道——青年大街南端，沈阳大二环、环城高速、机场高速、沈大高速、沈本高速等交通要道的交会处。

沈阳国际会展中心是东北地区首家具备高标准、大规模、多功能现代化展览场馆。主体占地45万平方米，其建筑面积达10.3万平方米。会展中心展区分室内、室外两部分，能够满足不同展会需求。室内外展览面积各为5万平方米的高标准展场和面积3万平方米的大型停车场。主体建筑采用国际流行的轻钢结构，跨度50m，举架17m，顶部设大面积采光带，内设中央空调及高级自动消防报警系统，功能齐全，布局合理。

本次改造主要集中在沈阳国际会展中心北侧主入口、东侧东三门附近。

二、现存问题及对策

（1）北侧主入口附近绿地较为分散，植物景观应注重连续性和整体性。

（2）主入口紧邻城市主干道，一方面要注意与城市景观的协调统一，另一方面也应该注意景观的标志性，尤其是主入口的标示性。

（3）当初建设时场地西侧尚未开发建设，绿地中堆筑地形较高，已形成视觉上的隔离，但现今西侧地段已经开发为居住区，项目西侧道路也成为进出会展中心的主要道路，因此无论从项目自身还是城市需求考虑，东三门附近景观都需要做以下改造——降低地形高度，避免过于封闭的视觉效果；布置特色植物组团，形成连续动感的植物景观；东三门入口处利用植物组团形成标示。

三、具体方案

（一）北入口附近

（1）对北入口绿地进行整体化设计，尽管绿地是分隔的，但利用紫叶小檗、金叶榆等植物组成曲线形的植物模纹，形成连续、动感的效果。

（2）中央轴线位置以及主入口两侧点缀朝鲜黄杨球，保证轴线上景观视线的通透。

（3）两侧绿地延续曲线动感的植物模纹，形成视觉上、构图上的联系，并在东侧配置五角枫+云杉+海棠组团，西侧（车行入口）配置白桦+茶条槭组团。

（二）建筑基础绿化

保留原有带状草坪和连翘，间隔配置红王子锦带（红王子锦带有一定的耐阴性，花色红色，花期较长），保证植物生长的同时形成丰富的景观效果。

（三）停车场绿化

（1）隔离带设计。行列式栽植树冠大而浓密的国槐，并配置紫叶小檗、朝鲜黄杨球、花带，形成具有隔离功能的景观带。

（2）停车场内绿地设计。因为场地中大面积的停车场空间，所以方案建议可以结合停车场绿化采用"雨水花园"的模式，进行雨水的汇集，并创造独特的景观效果。

（四）东三门绿化

（1）降低地形高度，尤其是将入口两侧制高点向后推移，形成缓坡，坡上栽植地被花卉，点缀黄杨球，形成开阔的视觉效果。

（2）入口北侧绿地栽植3株京桃，以油松为背景，南侧则丛植加拿大海棠，形成入口标志景观。

主要植物列表

序号	植物名称	规格	单位	数量	株距（m）
1	油松	$D=15cm$	株	7	1.5 ~ 2.5
2	油松	$D=8 ~ 10cm$	株	123	
3	红皮云杉	$H=5m$	株	23	2 ~ 3
4	红皮云杉	$H=3m$	株	145	
5	沈阳桧柏	$H=5m$	株	63	
6	国槐	$D=8 ~ 10cm$	株	52	1.5 ~ 3
7	山杏	$D=6 ~ 8cm$	株	134	
8	银杏	$D=8 ~ 10cm$	株	214	1.5 ~ 3
9	白桦	$D=8 ~ 10cm$	株	5	2 ~ 3
10	五角枫	$D=8 ~ 10cm$	株	83	3 ~ 6
11	栾树	$D=8 ~ 10cm$	株	151	
12	梓树	$D=8 ~ 10cm$	株	77	2 ~ 3.5
13	蒙古栎	$D=8 ~ 10cm$	株	15	2 ~ 3
14	黄菠萝	$D=6 ~ 8cm$	株	71	2 ~ 3
15	稠李	$D=6 ~ 8cm$	株	34	
16	暴马丁香	$D=6 ~ 8cm$	株	10	1.5 ~ 3
17	臭椿	$D=8 ~ 10cm$	株	134	
18	山皂角	$D=6 ~ 8cm$	株	22	2 ~ 3
19	京桃	$D=6 ~ 8cm$	株	112	2.5 ~ 4
20	海棠类	$D=4 ~ 6cm$	株	116	2 ~ 3
21	高接金叶榆	$D=4 ~ 6cm$	株	49	2.5 ~ 3
22	紫叶李	$D=4 ~ 6cm$	株	40	6 ~ 8
23	京山梅花	$H=1.5m$，$W=1.2m$	株	26	1.5 ~ 3
24	连翘	$H=2.m$，$W=1.5m$	株	94	2.5 ~ 3
25	红王子锦带	$H=1.5m$，$W=1.2m$	株	786	2 ~ 3
26	紫丁香	$H=1.5m$，$W=1.2m$	株	67	
27	白丁香	$H=1.5m$，$W=1.2m$	株	41	2 ~ 3
28	榆叶梅	$H=1.5m$，$W=1.2m$	株	72	
29	红瑞木	$H=1.2m$，$W=1.0m$	株	84	
30	金银忍冬	$H=1.5m$，$W=1.2m$	株	34	
31	大花水亚木	$H=1.2m$，$W=1.0m$	株	53	
32	朝鲜黄杨球	$H=1.0m$，$W=1.2m$	株	103	
33	紫叶小檗球	$H=1.0m$，$W=1.2m$	株	60	

序号	植物名称	规格	单位	数量	株距（m）
34	茶条槭球	H=1.0m，W=1.2m	株	58	
35	金叶榆平剪		m^2	995	
36	黄杨平剪		m^2	437	
37	紫叶小檗平剪		m^2	396	
38	大花水亚木花篱		m	200	
39	沙地柏		m^2	61	
40	卧茎景天		m^2	1572	
41	野花组合		m^2	1207	
42	马蔺		m^2	296	
43	月季		m^2	85	

四、总结

该项目有两个主要问题需要关注：其一，这是一个改造项目，方案应该首先找到现存问题，并且应该制定对于原有设施（包括植物）的利用改造方案；其二，应该注意项目是国际会展中心场馆，地段的属性和定位应该明确——国际化、会展功能的实现。方案正是基于以上两点。另外，还引入了"雨水花园"的概念，尽管最终没有实施，但也对大型展会场所，尤其是大型停车场的生态化处理进行了尝试。

五、设计图纸

附图4-1　总平面图

附图4-2　主入口平面详图

附图4-3　主入口改造前后效果对比

附图4-4　主体建筑基础绿化改造前后效果对比

附图4-5　东三门改造前（上）后（下）效果对比

附图4-6　停车场改造前后效果对比

附图4-7　施工图节选1

附图4-8　施工图节选2

附图4-9　施工图节选3

附　录

附录一　中国古典园林常用植物的传统寓意及其应用

名称	特性	寓意	应用传统
松	常绿乔木，树皮多为鳞片状，叶子针形，松耐寒、耐旱、耐瘠薄，冬夏常青	象征延年益寿、健康长寿，民俗祝寿词常有"福如东海长流水，寿比南山不老松"；松被视为吉祥物，松被视作"百木之长"，称作"木公"、"大夫"	岁寒三友（松、竹、梅）；松柏同春；松菊延年；仙壶集庆（松枝、水仙、梅花、灵芝等集束瓶中）；可用于制作盆景
柏	柏科柏木属植物的通称，常绿植物	在民俗观念中，柏的谐音"百"，是极数，象征多而全；民间习俗也喜用柏木避邪	皇家园林、坛庙以及寺观、名胜古迹广植柏树
桂	常绿阔叶乔木，树皮粗糙，灰褐色或灰白色，香气袭人	有木樨、仙友、仙树、花中月老、岩桂、九里香、金粟、仙客、西香、秋香等别称；汉晋后，桂花与月亮联系在一起，故亦称"月桂"，月亮也称"桂宫"、"桂魄"；习俗将桂视为祥瑞植物；因桂音谐"贵"，有荣华富贵之意	私家园林中经常使用，与建筑空间结合；书院、寺庙中多栽植
椿	特指香椿，楝科落叶乔木，叶有特殊气味，花芳香，嫩芽可食	被视长寿之木，属吉祥，人们常以椿年、椿龄、椿寿祝长寿；因椿树长寿，椿喻父，萱指母，世称父为椿庭，椿萱比喻父母	广泛栽植于庭院中
槐	落叶乔木，具暗绿色的复叶，圆锥花序，花黄白色，有香味	吉祥树种，被认为是"灵星之精"，有公断诉讼之能；中国周代朝廷种三槐九棘，公卿大夫分坐其下，以"槐棘"指三公或三公之位	作为庭荫树、行道树
梧桐	梧桐科梧桐属落叶大乔木，树皮绿色，平滑，叶心形掌状，花小、黄绿色	吉祥、灵性；能知岁时；能引来凤凰	祥瑞的梧桐常在图案中与喜鹊合构，谐音"同喜"，也是寓意吉祥；梧桐宜制琴。梧桐常栽于庭院中
竹	竹属禾本植物，常绿多年生，茎多节，中空，质地坚硬，种类多	贤人君子，在中国竹文化中，把竹比作君子；竹又谐音"祝"，有美好祝福的习俗意蕴；丝竹指乐器	岁寒三友（松、竹、梅）五清图：松、竹、梅、月、水五瑞图：松、竹、萱、兰、寿石
合欢	落叶乔木，羽状叶，花序头状，淡红色	象征夫妻恩爱和谐，婚姻美满，故称"合婚"树；合欢被文人视为释仇解忧之树	多栽植于宅旁庭院
枣	鼠李科落叶乔木，花小，黄绿色，核果长圆形，可食用，可"补中益气"	枣谐音"早"，民俗尝有枣与栗子（或荔枝）合组图案，谐音"早立子"	多栽植于宅旁庭院，作为绿化树种，也可以作为果树栽植
栗	落叶乔木，栗子可食用，可入药，阳性	古时用栗木作神主（死人灵牌），称宗庙神主为"栗主"；古人用以表示妇人之诚挚	绿化用树、果树
桃	蔷薇科落叶小乔木，花单生，先叶开放，果球形或卵形	桃花喻美女姣容；桃有灵气，驱邪，如：桃印、桃符、桃剑、桃人等	多栽植于庭园、绿地、宅居
石榴	落叶灌木或小乔木，花多色，果多子，可供食用	因"石榴百子"，所以被视为吉祥物，象征多子多福	广泛栽植于民居庭院宅旁，也见于寺院中，是寺院常用花木
橘	常绿乔木，果实多汁，味酸甜可食，种子、树叶、果皮均可入药	橘有灵性，传说可应验事物；在民俗中，橘与"吉"谐音，象征吉祥	多栽植于庭园绿地宅居，作为绿化用树，也作为果树栽植
梅	蔷薇科落叶乔木，花先叶开放，白色或淡红色，芳香，花期3月。梅在冬春之交开花，"独天下而春"，有"报春花"之称	梅傲霜雪，象征坚贞不屈的品格；梅喻女人，竹喻夫，梅喻妻，婚联有"竹梅双喜"之词。男女少年称为"青梅竹马"；梅花吉祥的象征，有五瓣，象征五福：快乐、幸福、长寿、顺利、和平	多栽植于庭园、绿地、宅居；可制作盆景；果实可食用，具有经济价值。梅有"四贵"：稀、老、瘦、含

名称	特性	寓意	应用传统
牡丹	牡丹属毛茛科灌木，牡丹是中国产的名花	牡丹有"花王"、"富贵花"之称，寓意吉祥、富贵	与寿石组合象征"长命富贵"，与长春花组合为"富贵长春"的景观，常片植或植于花台之上，形成牡丹台
芙蓉	锦葵科落叶大灌木或小乔木，花形大而美丽，变色。四川盛产，秋冬开花，霜降最盛	芙蓉谐音"富荣"，在图案中常与牡丹合组为"荣华富贵"，均具吉祥意蕴	五代时蜀后主孟昶于宫苑城头，遍植木芙蓉，花开如锦，故后人称成都为锦城、蓉城。常栽植于庭院中
月季	蔷薇科直立灌木	因月季四季常开而民俗视为祥瑞，有"四季平安"的意蕴	月季与天竹组合有"四季常春"意蕴。花可提取香料
葫芦	为藤本植物，藤蔓绵延，结实累累，子粒繁多	象征子孙繁盛；民俗传统认为葫芦吉祥而避邪气	庭院中的棚架植物。果实可食，可作容器
茱萸	茴香科常绿小乔木，气味香烈，九月九日前后成熟，色赤红	象征吉祥，可以避邪，茱萸雅号"避邪翁"，唐代盛行重阳佩茱萸的习俗	宅旁种茱萸树可"增年益寿，除患病"；"井侧河边，宜种此树，叶落其中，人饮是水，永无瘟疫"（《花镜》）
菖蒲	为多年生草本植物，可栽于浅水、湿地	民俗认为菖蒲象征富贵，可以避邪气，其味使人延年益寿	多为野生，但也适于宅旁、绿地、水边、湿地栽植
万年青	百合科多年生宿根常绿草本，叶肥果红，花小，白而带绿	象征吉祥、长寿	观叶、观果兼用的花卉。皇家园林中用桶栽万年青
莲花	睡莲科水生宿根植物，藕可食用、可药用，莲子可清心解暑、藕能补中益气	莲花图案也成为佛教的标志；在中国，莲花被崇为君子，象征清正廉洁。并蒂莲，象征夫妻恩爱	古典园林中广泛使用的水生植物，也可以盆栽置于宅院、寺院中
菩提树	桑科常绿或者落叶乔木，树皮光滑白色，11月开花，冬季果熟，紫黑色，可以作念珠	在佛教国家被视为神圣的树木，是佛教的象征	多植于寺院
娑罗树	龙脑香科常绿大乔木，单叶较大，矩椭圆形	释迦牟尼涅槃处就长着8棵娑罗树，所以是佛树	植于南方的寺院中，中国北方没有娑罗树
七叶树	七叶科落叶乔木，掌状复叶，一般7片	佛树	用作庭荫树、行道树等；寺院中也常使用，北京潭柘寺中有一株800多年七叶树
曼陀罗花	茄科一年生草本，曼陀罗全株有剧毒	象征着宁静安详、吉祥如意	多栽植于寺院中
山茶花	别名曼陀罗树，为常灌木或小乔木，品种较多	山茶被誉为花中妃子；山茶花、梅花、水仙花、迎春花为"雪中四友"	山茶花为我国的传统园林花木，盆栽或地栽都可，可孤植、片植，也可与杜鹃、玉兰相配置

附录二　常用行道树一览表

名称	拉丁学名	科别	树形	特征
南洋杉	*Araucaria cuninghamii*	南洋杉科	圆锥形	常绿针叶树，阳性，喜暖热气候，不耐寒，喜肥，生长快，树冠狭圆锥形，姿态优美
青海云杉	*Picea carassifolia*	松科	塔形	常绿针叶树，中性，浅根性，适用西北地区
圆柏	*Sabina chinensis*	柏科	圆锥形	常绿针叶树，阳性，幼树梢耐阴，耐干旱瘠薄，耐寒，稍耐湿，耐修剪，防尘隔音效果好
银杏	*Ginkgo biloba*	银杏科	伞形	落叶阔叶树，秋叶黄色，耐寒，根深，不耐积水，抗多种有毒气体
垂柳	*Salix babylonica* Linn.	杨柳科	伞形	落叶亚乔木，适于低温地，生长繁茂而迅速，树姿美观
毛白杨	*Populus tomentosa*	杨柳科	伞形	落叶阔叶树，喜温凉气候，抗污染、深根性，速生，寿命较长；树形端正，树干挺直，树皮灰白色
钻天杨	*Populus nigra* var. *italica*	杨柳科	狭圆柱形	落叶阔叶树，耐寒耐干旱，稍耐盐碱、水湿，生长快
新疆杨	*Populus alba* cv. Pvramidalis	杨柳科	圆柱形	喜光，耐干旱，耐盐渍；适应大陆性气候，造型优美
国槐	*Sophora japonica*	豆科	圆形	落叶乔木，喜光，略耐阴，喜干冷气候，深根性，抗风力强，对多种有害气体有较强的抗性，抗烟尘，寿命长，生长速度中等，耐修剪，树姿优美
柿	*Diospyros kaki*	柿树科	半圆形	落叶乔木，喜光，略耐阴，耐干旱，不耐寒，深根，寿命长，对氟化氢有较强的抗性，病虫少，易管理，树形优美，秋叶变红，果实成熟后色泽鲜艳，极为美观
美国白蜡	*Fraxinus americana*	木樨科	卵圆形	外形亮丽，树势雄伟.喜光，耐寒，喜肥沃湿润也能耐干旱瘠薄，也稍能耐水湿，喜钙质壤土或沙壤土，并耐轻盐碱，抗烟尘，深根性
榔榆	*Ulmus parvifolia*	榆科	伞形	落叶阔叶树，喜温暖湿润气候，耐干旱瘠薄，深根性，速生，寿命长，抗烟尘毒气，滞尘能力强
赤杨	*Alnus formosana* Makino.	壳斗科	伞形	常绿乔木，能耐湿和热，干燥地及硬质土不适，树姿高大美观
榕树	*Ficus retusa* Linn.	桑科	球形	落叶乔木，树冠阔大，速生，郁闭性强，适于各式修剪
黄心夜合	*Michelia martinii*(Levl.)Levl.	木兰科	塔形	常绿乔木，喜温暖阴湿环境，较耐寒，树姿秀丽葱郁，花大而有芳香，适于作庭荫树、行道树或风景林的树种，也可盆栽或作切花
喜树	*Camptotheca acuminata*	蓝果树科	伞形	落叶乔木，喜光，稍耐阴，不耐寒，不耐干旱瘠薄，抗病虫能力强，耐烟性弱，主干通直，树冠宽展
鹅掌楸	*Liriodendron chinense*	木兰科	伞形	落叶阔叶树，喜温暖湿润气候，抗性较强，耐肥沃的酸性土，生长迅速，寿命长，叶形似马褂，花黄绿色，大而美丽
桉树	*Faxinus insularis* Hemsl.	木樨科	伞形	常绿乔木，树性强健，生长迅速，树姿叶形优美
广玉兰	*Magnolia grandiflora* L.	木兰科	卵形	常绿乔木，花大白色清香，树形优美
相思树	*Acacia confusa* Merr.	豆科	伞形	常绿乔木，树皮幼时平滑，老大时粗糙，干多弯曲，生长力强
悬铃木	*Platanus x acerifolia*	悬铃木科	卵形	喜温暖，抗污染，耐修剪。冠大荫浓，适作行道树和庭荫树
香樟	*Cinnamomun camphcra*	香樟科	球形	常绿大乔木，叶互生，三出脉，二香气，浆果球形
樟树	*Cinnamomum camphora* Ness.	樟科	球形	常绿乔木，树冠阔大，大而呈圆形，生长强健，树姿美观
复叶槭	*Acer negundo*	槭树科	伞形	落叶阔叶树，喜肥沃土壤及凉爽湿润气候，耐烟尘，耐干冷，耐轻盐碱，耐修剪，秋叶黄色
合欢	*Albizia julibrissin*	含羞草科	伞形	落叶乔木，花粉红色，6—7月，适作庭荫观赏树、行道树
梧桐	*Firmiana platanifolia* (Linn. f.)Marsili	梧桐科	伞形	落叶乔木，叶大，生长迅速，幼有直立，老树冠分散，阳性，喜温暖湿润，抗污染，怕涝，适作庭荫树、行道树
蒲葵	*Livitonia chinensis* R.Br.	棕榈科	伞形	树势单干直立，叶面深绿色，生长强健，姿态甚美

续表

名称	拉丁学名	科别	树形	特征
构树	*Broussonetia papyrifera* Vent.	寿麻科	伞形	常绿乔木，叶巨大柔薄，枝条四散，树冠伞形，姿态亦美
海枣	*Phoenix dactylifera* L.	棕榈科	羽状	常绿阔叶树，树干分歧性，抗热力强，生长强健
长叶刺葵（加那利海枣）	*Phoenix dactylifera*	棕榈科	羽状	常绿阔叶树，树干粗壮，高大雄伟，羽叶密而伸展
王棕（大王椰子）	*Oreodoxa regia* H.B.K.	棕榈科	伞形	单干直立，高可达18m，中央部稍肥大，羽状复叶，生活力甚强，观赏价值大

附录三 常用造景树一览表

名称	拉丁学名	科别	树形	特征
南洋杉	*Araucaria cuninghamii*	南洋杉科	圆锥形	常绿针叶树，阳性，喜暖热气候，不耐寒，喜肥，生长快，树冠狭圆锥形，姿态优美
油松	*Pinus tabulaeformis*	松科	伞形或风致形	常绿乔木，强阳性，耐寒，能耐干旱瘠薄土壤，不耐盐碱，深根，有菌根菌共生，寿命长，易受松毛虫为害，树形优雅，挺拔苍劲
雪松	*Cedrus deodara*	松科	圆锥形	常绿大乔木，树姿雄伟
罗汉松	*Podocaarpus macrophyllus* D. Don	罗汉松科	圆锥形	常绿乔木，风姿朴雅，可修剪为高级盆景素材，或整形为圆形、锥形、层状，以供庭园造景美化用
侧柏	*Thujaorientalis* Linn	柏科	圆锥形	常绿乔木，幼时树形整齐，老大时多弯曲，生长强，寿命久，树姿美
桧柏	*Juniperus Chinensis* Linn	柏科	圆锥形	常绿中乔木，树枝密生，深绿色，生长强健，宜于剪定，树姿美丽
龙柏	*Juniperus chinensis* var. Kaituka, Hort	柏科	塔形	常绿中乔木，树枝密生，深绿色，生长强健，寿命甚久，树姿甚美
马尾松	*Pinus massoniana* Lamb.	松科		常绿乔木，干皮红褐色，冬芽褐色，大树姿态雄伟
金钱松	*Pseudolarix amabilis* Rehd.	松科	塔形	常绿乔木，枝叶扶疏，叶条形，长枝上互生，小叶放射状，树姿刚劲挺拔
白皮松	*Pimus bungeana zucc*	松科	宽塔形至伞形	喜光、喜凉爽气候，不耐湿热，耐干旱，不耐积水和盐土，树姿优美，树干斑驳、苍劲奇特
黑松	*Pinus Thumbergii* Porl.	松科	圆锥形	常绿乔木，树皮灰褐色，小枝橘黄色，叶硬二枚丛生，寿命长
五针松	*Pinus parviflora*	松科		常绿乔木。干苍枝劲，翠叶葱茏。最宜与假山石配置成景，或配以牡丹、杜鹃、梅或红枫
水杉	*Metasequo glyptostroboides*	杉科	塔形	落叶乔木，植株巨大，枝叶繁茂，小枝下垂，叶条状，色多变，适用于集中成片造林或丛植
苏铁	*Cycas revoluta*	苏铁科	伞形	性强健，树姿优美，四季常青，低维护。用于盆栽、花坛栽植，可作主木或添景树
银杏	*Ginkgo biloba*	银杏科	伞形	秋叶黄色，适作庭荫树、行道树
垂柳	*Salix babylonica* Linn.	杨柳科	伞形	落叶亚乔木，适于低温地，生长繁茂而迅速，树姿美观
龙爪柳	*Salix matsudana* cv.Tortuosa	杨柳科	龙枝形	落叶乔木，枝条扭曲如游龙，适作庭荫树、观赏树
槐树	*Sophora japonica*	豆科	伞形	枝叶茂密，树冠宽广，适作庭荫树、行道树
龙爪槐	*Sophora japonica* cv. Pendula	豆科	伞形	枝下垂，适于庭园观赏，对植或列植
黄槐	*Cassia glauca* Lam.	豆科	圆形	落叶乔木，偶数羽状复叶，花黄色，生长迅速，树姿美丽
榔榆	*Ulmus parvifolia*	榆科	伞形	落叶阔叶树，喜温暖湿润气候，耐干旱瘠薄，深根性，速生，寿命长，抗烟尘毒气，滞尘能力强
梓树	*Catalpa ovata*	紫葳科	伞形	适生于温带地区，抗污染。花黄白色，5—6月开花。适作庭荫树、行道树
广玉兰	*Magnolia grandiflora* L.	木兰科	卵形	常绿乔木，花大白色清香，树形优美
白玉兰	*Magnolia denudata*	木兰科	伞形	颇耐寒，怕积水。花大洁白，3—4月开花
枫杨	*Pterocarya stenoptera*	胡桃科	伞形	适应性强，耐水湿，速生。适作庭荫树、行道树、护岸树
鹅掌楸	*Liriodendron chinense*	木兰科	伞形	落叶阔叶树，喜温暖湿润气候，抗性较强，肥沃的酸性土，生长迅速，寿命长，叶形似马褂，花黄绿色，大而美丽
凤凰木	*Delonix regia* Raffin	苏木科	伞形	阳性，喜暖热气候，不耐寒，速生，抗污染，抗风；花红色美丽，花期5—8月

续表

名称	拉丁学名	科别	树形	特征
相思树	*Acacia confusa* Merr.	豆科	伞形	常绿乔木，树皮幼时平滑，老大时粗糙，干多弯曲，生长力强
乌桕	*Sapium sebiferum*	大戟科	锥形或圆形	树性强健，落叶前红叶似枫
悬铃木	*Platanus xacerifolia*	悬铃木科	卵形	喜温暖，抗污染，耐修剪。冠大荫浓，适作行道树和庭荫树
香樟	*Cinnamomun camphcra*	香樟科	球形	常绿大乔木，叶互生，三出脉，二香气，浆果球形
樟树	*Cinnamomum camphora* Nees.	樟科	圆形	常绿乔木，树皮有纵裂，叶互生革质生长快，寿命长，树姿美观
榕树	*Ficus retusa* Linn	桑科	圆形	常绿乔木，干及枝有气根，叶倒卵形平滑，生长迅速
珊瑚树	*Viburnum odoratissinum* Ker. Gawl.	忍冬科	卵形	常绿灌木或小乔木，6月开白花，9—10月结红果。适作绿篱和庭园观赏
石榴	*Punica granatum* L.	石榴科	伞形	落叶灌木或小乔木，耐寒，适应性强，5—6月开花，花红色，果红色。适于庭园观赏
石楠	*Photinia serrulata*	蔷薇科	卵形	常绿灌木或小乔木，喜温暖，耐干旱瘠薄。嫩叶红色，秋冬红果，适于丛植和庭院观赏
构树	*Broussonetia papyrifera* Vent.	寿麻科	伞形	常绿乔木，叶巨大柔薄，枝条四散
复叶槭	*Acer negundo*	槭树科	伞形	落叶阔叶树，喜肥沃土壤及凉爽湿润气候，耐烟尘，耐干冷，耐轻盐碱，耐修剪，秋叶黄色
鸡爪槭	*Acer palmatum*	槭树科	伞形	叶形秀丽，秋叶红色。适于庭园观赏和盆栽
合欢	*Albizia julibrissin*	含羞草科	伞形	落叶乔木花粉红色，6—7月，适作庭荫观赏树、行道树
红叶李	*Prunus cerasifera*. F.arropurpurea	蔷薇科	伞形	落叶小乔木，小枝光滑，红褐色，叶卵形，全紫红色，4月开淡粉色小花，核果紫色。孤植群植皆宜，衬托背景
梣树	*Faxinus insularis* Hemsl.	木樨科	圆形	常绿乔木，树性强健，生长迅速，树姿叶形优美
楝树	*Melia azedarch* Linn.	楝科	圆形	落叶乔木，树皮灰褐色，二回奇数，羽状复叶，花紫色，生长迅速
重阳木	*Bischoffia javanica* Blanco	大戟科	圆形	常绿乔木，幼叶发芽时，十分美观，生长强健，树姿美
大王椰子	*Roystonea regia*	棕榈科	伞形	单干直立，高可达18m，中央部稍肥大，羽状复叶，生长力甚强，观赏价值大
华盛顿棕榈	*Washingtonia filifera*	棕榈科	伞形	单干圆柱状，基部肥大，高达4~8m，叶身扇状圆形，生长强健，树姿美
海枣	*Phoenix dactylifera* Linn	棕榈科	伞形	干分蘖性，高可达20~25m，叶灰白色带弓形弯曲，生长强健，树姿美
酒瓶椰子	*Hyophorbe amaricaulis* Mart.	棕榈科	伞形	干高3m左右，基部椭圆肥大，形成酒瓶，姿态甚美
蒲葵	*Livistona chinensis* R. Br.	棕榈科	伞形	干直立可高达6~12m，叶圆形，叶柄边缘有刺，生长繁茂，姿态雅致
棕榈	*Trachycarpus excelsus* Wend.	棕榈科	伞形	干直立，高可达15~8m，叶圆形，叶柄长，耐低温，生长强健，姿态亦美
棕竹	*Rhapis humilis* Blume.	棕榈科	伞形	干细长，高1~5m，丛生，生长力旺盛，树姿美

附录四 常用草坪和地被植物种类一览表

名称	拉丁名	科别	特征	适用地区
结缕草	*Zoysia japonica*	禾本科	阴性，耐干旱，耐踩，低矮，不需推剪。用于观赏，游息	全国
天鹅绒草	*Zoysia pacifica*	禾本科	阳性，无性繁殖，不耐寒，耐踩，低矮，不需推剪。用于观赏，网球场	长江流域，华南地区
狗牙根	*Cynodon dactylon*	禾本科	阳性，耐踩，耐旱，耐瘠薄，耐盐碱。用于体育场，游息场	全国
假俭草	*Eremochloa ophiuroides*	禾本科	阴性，耐潮湿。用于水边，林下	长江以南
野牛草	*Buchloe dactyloides*	禾本科	半阴性，耐旱，耐踩。用于游息场，林下	北方各地
羊狐茅	*Festuca ovina*	禾本科	耐干旱，沙土，瘠薄土壤。用于观赏	西北
红狐茅	*Festuca rubra*	禾本科	耐阴耐寒，需推剪，耐寒，耐旱，耐阴。用于观赏，游息	西南各地、东北
翦股颖	*Agrostis stolonifera*	禾本科	耐阴，耐潮湿，抗病虫、耐瘠薄、喜酸性土。用于观赏，林下	山西
红顶草	*Agrostis alba*	禾本科	耐寒，喜湿润，不耐阴。适用于水池边	华中、西南、长江流域
早熟禾	*Poa pratensis*	禾本科	耐踩，耐阴湿。适用于林下	全国
羊胡子草	*Carex rigescens*	莎草科	耐踩，耐阴湿。适用于林下	北方
二月兰	*Orychophragmus violaceus* L.	十字花科	1~2年生草本植物，高30~60cm，早春开花，耐阴湿	东北、华北
白三叶	*Trifolium repens* L.	豆科	多年生草本植物，茎匍匐30~60cm，花叶兼优	北方
银叶蒿	*Artemisia caucasica*	菊科	多年生半灌木状草本植物，高15cm，叶银灰色、花黄色，耐寒耐旱	全国
土麦冬	*Liriope spicata*	百合科	常绿多年生草本植物，高15~20cm，耐寒耐阴	北方
百里香	*Thymus mongolicus*	唇形科	多年生半灌木状草本香科植物，高5~20cm，匍匐茎，有芳香，耐寒、耐旱，喜凉爽	全国
玉簪	*Hosta plantaginea*	百合科	多年生宿根草本植物，高40cm，花大叶美，喜阴	全国
扶芳藤	*Euonymus fortunei*	卫矛科	介于灌木与蔓生植物之间	长江流域及以南
铺地柏	*Sabina procumbens*	柏科	常绿木本植物，植株低矮，小枝密集，叶色浓绿，喜光耐旱	东北、华中、华东、华南等地
铁线蕨	*Aiantum capillusveneris* L.	铁线蕨科	常绿草本，株高15~40cm，根状茎横走，叶薄革质，叶柄栗黑色似铁线，叶鲜绿色，喜湿润，忌阳光直射	长江以南、陕西、甘肃、河北各省
铁角蕨	*Asplenium trichomanes* L.	铁角蕨科	常绿草本，根茎直立，簇生，羽叶长15~30cm，稍革质，表面浓绿色，喜温暖阴湿环境，常生于林下山谷石岩上，可栽培观赏	长江以南，北到河南、山西、陕西和新疆
全缘贯众	*Phanerophlebia falcatum* Copel	鳞毛蕨科	常绿草本，根茎短而直立，植株高35~70cm	江苏、浙江、福建、广东、台湾等省
金粉蕨	*Onychium japonicum* Kze	中国蕨科	多年生草本植物，高达30cm左右，根状茎长而横走，喜阴耐湿，喜欢松软肥沃的土壤，叶形美观	全国
箬竹	*Indocalamus tessellatus*	禾本科	秆高1~2m，丛状栽植作地被	华东、华中等地
地被石竹（常夏石竹）	*Dianthus plumarius*	石竹科	多年生草本花卉，株高8~10cm，花色有白、粉、深粉、复色等，冷型地被石竹是该系列中最矮小、最抗寒、最耐干旱、花量最大、寿命最长的类型	华北、江浙一带有野生
马蔺	*Iris lactea* var. *chinensis*	鸢尾科	多年生草本植物，耐旱、耐寒、耐水湿，耐重盐碱，寿命长	华北
紫花地丁	*Viola philippica*	堇菜科	多年生草本植物，叶肥大，绿色期长，抗性极强，抗烟尘、抗污染、抗有毒有害气体	全国

续表

名称	拉丁名	科别	特征	适用地区
波斯菊	*Cosmos bipinnatus*	菊科	一年生草本，植株高30～200cm，花色有白、淡红、深红等，不耐寒，不耐积水，忌酷热，耐瘠薄土壤	全国
鸢尾属	*Iris*	鸢尾科	多年生宿根草本，花期春、夏季，花色有白、蓝紫、棕红、黄等，种类较多	全国
紫菀属	*Aster*	菊科	多年生草本植物，高不超过30cm，矮生草甸状，秋季开花，花有紫色、蓝色、红色、白色等	北方
小檗属	*Berberis*	小檗科	落叶灌木，黄花红果，包括朝鲜小檗、日本小檗、紫叶小檗，耐寒、耐旱、喜光	我国许多大城市均有栽培

附录五　常用花卉种类一览表

名称	拉丁学名	科名	株高（cm）	花期	花色	应用	适用地区
长春花	*Catharanthus roseus*	夹竹桃科	30～60	春季至秋季	紫红、红、白	花坛、盆栽	各地均有栽培
一串红	*Salvia splendens*	唇形科	30～80	7—10月	鲜红、白、粉、紫	花丛、花坛、自然式栽培	全国各地
鸡冠花	*Celosia cristata*	苋科	30～90	6—10月	白、红、橙黄	花坛、花境	全国各地
千日红	*Gomphrena globosa*	苋科	20～60	7—9月	深红、紫红、淡红、白	花坛、切花、干花	全国各地
凤仙花	*Impatiens balsamina*	凤仙花科	40～80	6—9月	白、黄、粉、紫、深红或有斑点	花坛、花境、盆栽、切花	全国各地
翠菊	*Calistephus chinensis*	菊科	25～80	5—10月	白、粉、红、蓝、紫	花坛、花境、盆栽、切花	全国各地
百日草	*Zinnia elegans*	菊科	30～90	6—10月	红、紫、白、黄	花坛、花境、花丛、切花	全国各地
蛇目菊	*Coreopsis tinctoria*	菊科	50～100	6—10月	花黄色，基部或中下部褐红色，管状花紫褐色	花坛、花境、切花	栽培范围广，华北、华中、华西、华东等地均有
雏菊	*Bellis perennis*	菊科	7～15	3—6月	白、淡红、紫	花坛、花境、花丛、盆栽	华北、华中、西北等地
波斯菊	*Cosmos bipinnatus*	菊科	100～150	6—10月	白、粉、深红	花境、花坛、花丛、湖边、坡地、林缘、林间、切花	分布广泛，华北、西北、华中等地均有
万寿菊	*Tagetes erecta*	菊科	60～90	6—10月	乳白、黄、橙至橘红	花坛、花丛、花境	全国各地
孔雀草	*Tagetes patula*	菊科	20～40	6—10月	黄色，常有紫斑	花坛、花境、花丛	全国各地
金盏菊	*Calendula officinalis*	菊科	30～60	5—7月	黄、淡黄、橘红、橙色	春季花坛、花境、切花	长江及黄河流域
矢车菊	*Centaurea cyanus*	菊科	20～60	5—8月	蓝、紫、粉、红、白	大片自然丛植、花境、花坛	华北、华中、西北、华东等
滨菊	*Chrysanthemum leucanthemum*	菊科	30～60	春季至秋季	白	花坛、花境	长江及黄河流域
矮牵牛	*Petunia hybrida*	茄科	30～40	6—8月	白、粉、红、紫、堇	花丛、花境、花坛、自然式栽植	华北、华中、华东等地
福禄考	*Phlox drummondii*	花荵科	15～30	5—9月	白、粉红、红、深红、紫红、蓝、紫	花坛、花境、岩石园、切花	华北、华中等地
圆叶牵牛	*Pharbitis purpurea*	旋花科	300以上	6—9月	蓝紫、白、红、紫、青	攀缘花架、墙垣及竹篱	华北、华中、华东、西南、西北等地
圆叶茑萝	*Quamoclit cocoinea*	旋花科	300以上	7—9月	大红	篱栅、盆栽、棚架	华北、华中、西北等地
羽叶茑萝	*Quamoclit pennata*	旋花科	300～600	6—9月	洋红、白	篱栅、盆栽、棚架	华北、华中等地
雁来红	*Amaranthus tricolor*	苋科	100以上	初秋	鲜红、深黄、橙	秋季花坛	全国各地
三色堇	*Viola tricolor*	堇菜科	15～25	4—6月	白、黄、蓝、红、褐、橙、紫等单色或复色	毛毡花坛、花坛、花丛、花境等镶边用	全国各地
紫罗兰	*Mathiola incana*	十字花科	20～60	4—5月	紫、黄	花坛、盆栽、切花	全国各地

名称	拉丁学名	科名	株高(cm)	花期	花色	应用	适用地区
桂竹香	*Cheiranthus cheiri*	十字花科	25~70	4—6月	橙黄、褐黄混杂	花坛、花境、切花	全国各地
七里黄	*Cheiranthus allionii*	十字花科	25~50	4—5月	橙黄	花坛、花境	全国各地
羽衣甘蓝	*Brassica oleracea*	十字花科	30~40	12月至翌2月	蓝、紫、红、粉红、黄、蓝绿等	花坛	广泛栽培于各地
金鱼草	*Antirrhinum majus*	玄参科	20~90	3—6月	除蓝色外各色均有	春季花坛	华北、华中、西北等地
飞燕草	*Consolida ajacis*	毛茛科	50~120	4—6月	堇蓝、紫红、粉白	花境、花坛	华中、华北、西北等地
石竹类	*Dianthus* spp.	石竹科	20~60	5—9月	白、红、粉、粉红、紫红等	春季花坛、花境、岩石园	华北、江浙一带有野生
高雪轮	*Silene armeria*	石竹科	60	4—5月	粉红、玫瑰红、白	花坛	全国各地
矮雪轮	*Silene pendulu*	石竹科	20~25	4—5月	粉红、玫瑰红、白	花坛	全国各地
美女樱	*Verbena hybrida*	马鞭草科	2~50	4—11月	除黄色、橙色外各色均有	花坛、花境	全国各地
半枝莲	*Portulaca grandiflora*	马齿苋科	15~20	6—9月	白、粉、红、橙、黄、斑纹、复色	花坛、花境、草坪边缘	全国各地
芍药	*Paeonia lactiflora*	毛茛科	100	4—5月	白、黄、粉红、紫红等	花坛、花台、花境、花丛	全国各地
楼斗菜类	*Aquilegia* spp.	毛茛科	45~100	春季至秋季	蓝、紫、白、淡紫等	花坛、花境、大片栽植、岩石园	东北、华北、西北等地
玉簪	*Hosta plantaginea*	百合科	30~50	7—9月	白	林下、建筑物背面、庭园隅处、盆栽	全国各地
紫萼	*Hosta ventricosa*	百合科	20~40	6—9月	紫色至淡紫色	径旁、草地边缘、建筑物阴处	全国各地
麦冬类	*Liriope* spp.	百合科	30	8—9月	四季常绿,花淡紫色至白色	地被植物、花坛镶边、点缀山石或台阶、盆栽	我国中部、南部、华北、西北部分地区
沿阶草	*Ophiopogon japonicus*	百合科	20~40	8—9月	四季常绿,花白色至淡紫色	花坛镶边、盆栽、林下、小径旁、山石墙基、阶前自然散植	华北南部及以南
万年青	*Rohdea japonica*	百合科	20~40	夏季	四季常绿,花淡黄色或乳白色	盆栽、丛林下栽培	长江及以南至华北南部
萱草类	*Hemerocallis* spp. et cvs.	百合科	120	6—8月	橙黄、橘红、黄等	丛植草坪、花境、成片栽植	全国各地
兰花类	*Cymibidium* spp.	兰科	20~40	视品种而异	白、粉、黄、绿、黄绿、深红、复色	盆栽、温暖地区可引入林下作地被	黄河以南至台湾地区
蜀葵	*Althaea rosea*	锦葵科	300	5—10月	大红、深紫、浅紫、粉红、墨紫、黄、白	房前、屋后、宅边均可用,最宜作花境背景、在墙前列植	全国各地
荷包牡丹	*Dicentra spectabilis*	罂粟科	50~100	4—5月	白、粉红、红	花坛、花境、切花	东北、华北、西北、西南等地

续表

名称	拉丁学名	科名	株高（cm）	花期	花色	应用	适用地区
鸢尾类	*Iris* spp. et cos.	鸢尾科	30～70	6—7月	白、蓝紫、棕红、黄等	庭园丛植、花坛、花境、切花	全国各地
金光菊	*Rudbeckia laciniata*	菊科	300	7—8月	黄	花境、切花、大片丛植	全国各地
菊花	*Dendranthema×morifolium*	菊科	80～250或200以上	全年	白、粉红、玫瑰红、紫红、墨红、淡黄、黄、淡绿等	花坛、花境、盆栽、自然式丛植、地被、切花	全国各地
荷兰菊	*Aster novibelgii*	菊科	50～150	7—10月	蓝、紫、白、桃红	花坛、花境、盆栽、切花	全国各地
唐菖蒲	*Gladiolus hybridus*	鸢尾科	60～100	6—10月	白、黄、粉、红、青、橙、紫、复色、斑点、条纹	花坛、切花	全国各地
大丽花	*Dahlia pinnata*	菊科	40～200	6—10月	除蓝色外各色俱全	花坛、盆栽、切花	全国各地
水仙类	*Narcissus* spp.	石蒜科	葶35～45	12月至翌3月	黄白	疏林下地被花卉、花境、盆栽、水培切花等	华南、华中、华北、西南、华东等地
郁金香	*Tulipa gesneriana*	百合科	花茎高20～40	3—5，视品种而异	鲜红、黄、白、褐等	花境、花坛、切花、盆栽	适应广大地区
美人蕉类	*Canna* spp.	美人蕉科	60～200	5—10月	白、淡黄、橙黄、橙红、红、紫红等	花带、花坛、花境、盆栽，可在轻度污染区种植	全国各地
百合类	*Lilium* spp.	百合科	30～200	5—8月	白、黄、红等，常具斑点、条纹、镶边	庭园栽培、盆栽、切花	全国各地
葱兰	*Zephyranthes candida*	石蒜科	5～20	夏秋季	白	花坛边缘材料、荫地地被植物、盆栽、瓶插水养	栽培广泛
彩叶芋	*Caladium bicolor*	天南星科	40～70	5—8月	花序黄至橙黄色，叶具白、绿、粉、橙红、银白、红等斑点与斑块	观叶为主的盆栽花卉	广东、福建、云南南部栽培广泛
晚香玉	*Polianthes tuberasa*	龙舌兰科	50～100	8—10月	白、乳白、淡堇紫色	切花、花坛、盆栽	全国各地
风信子	*Hyacinthus orientalis*	百合科	30～50	4—6月	红、白、粉红、蓝、紫、黄等	毛毡花坛、盆栽、切花	华中、华东、华北部分地区、华南等

附录六 现状调查表——自然条件

<table>
<tr><td rowspan="4">地形</td><td>坡度</td><td></td><td>坡向</td><td></td><td>制高点位置</td><td></td><td>标高</td><td></td></tr>
<tr><td>山地面积</td><td></td><td>用地比例（%）</td><td></td><td>最低点位置</td><td></td><td>标高</td><td></td></tr>
<tr><td>一般描述</td><td colspan="7">□ 平坦　　□ 稍起伏　　□ 起伏　　□ 起伏较大　　□ 凸凹不平</td></tr>
<tr><td>其他</td><td colspan="7"></td></tr>
<tr><td rowspan="11">水体</td><td>水系分布</td><td colspan="3"></td><td>水面面积</td><td></td><td>用地比例（%）</td><td></td></tr>
<tr><td>水源形式</td><td colspan="4">□ 人工　　□ 天然　　□ 其他_____</td><td colspan="2">供水是否充足</td><td></td></tr>
<tr><td>水质情况</td><td colspan="7">□ 优（流动、清澈、无异味、无漂浮物、无污染）
□ 良（较为清澈、无异味、无污染、有少量漂浮物）
□ 较差（不流动、污浊、有异味、有轻度污染、有漂浮物）
□ 差（不流动、污浊、有刺鼻异味、有重度污染、有大量漂浮物）</td></tr>
<tr><td>是否污染</td><td colspan="2"></td><td>污染源</td><td colspan="2"></td><td>污染物成分</td><td></td></tr>
<tr><td>水体形式</td><td colspan="7">□ 规则式　　□ 自然式　　□ 混合式　　□ 其他_____
□ 静态　　　　□ 动态　　　　　　　　　□ 其他_____
□ 水渠　□ 池塘　□ 湖泊　□ 瀑布　□ 溪流　□ 跌水　□ 喷泉　□ 其他_____</td></tr>
<tr><td>水体功能</td><td colspan="7">□ 水上活动　　□ 浴场　　□ 观赏　　□ 饮用水源　　□ 其他_____</td></tr>
<tr><td>平均水深</td><td colspan="2"></td><td>常水位</td><td></td><td>最低水位</td><td>最高水位</td><td></td></tr>
<tr><td>驳岸形式</td><td colspan="7">□ 自然置石驳岸　　□ 植草驳岸　　□ 混凝土驳岸　　□ 石砌驳岸　　□ 其他_____</td></tr>
<tr><td>其他</td><td colspan="7"></td></tr>
<tr><td rowspan="3">地下水</td><td>地下水位</td><td colspan="2"></td><td>水位波动情况</td><td></td><td>水质状况</td><td></td><td></td></tr>
<tr><td>有无污染</td><td colspan="2"></td><td>污染源</td><td></td><td>污染物成分</td><td></td><td></td></tr>
<tr><td>使用情况</td><td colspan="2"></td><td>其他</td><td colspan="4"></td></tr>
<tr><td rowspan="5">土壤</td><td>土壤类型</td><td></td><td>pH</td><td></td><td>有机质含量</td><td></td><td>含水量</td><td></td></tr>
<tr><td>冻土层深度</td><td colspan="2"></td><td></td><td>上冻时间</td><td></td><td>化冻时间</td><td></td></tr>
<tr><td>有无污染</td><td></td><td>污染原因</td><td></td><td rowspan="3">其他</td><td colspan="3"></td></tr>
<tr><td>污染物成分</td><td colspan="3"></td></tr>
<tr><td>水土流失状况</td><td colspan="3"></td></tr>
<tr><td rowspan="3">温度</td><td>变温规律</td><td colspan="4"></td><td>年均温度</td><td colspan="2"></td></tr>
<tr><td>最高温</td><td></td><td>出现月份</td><td colspan="2"></td><td>持续高温时间</td><td colspan="2"></td></tr>
<tr><td>最低温</td><td></td><td>出现月份</td><td colspan="2"></td><td>持续低温时间</td><td colspan="2"></td></tr>
<tr><td rowspan="3">降水量</td><td>降水规律</td><td colspan="4"></td><td>年均降水量</td><td colspan="2"></td></tr>
<tr><td>最大降水量</td><td></td><td>出现月份</td><td colspan="2"></td><td>持续降水时间</td><td colspan="2"></td></tr>
<tr><td>最小降水量</td><td></td><td>出现月份</td><td colspan="2"></td><td>持续干旱时间</td><td colspan="2"></td></tr>
<tr><td rowspan="4">光照</td><td>最长日照时间</td><td>____小时</td><td>日照强度</td><td></td><td>最短日照时间</td><td>____小时</td><td>日照强度</td><td></td></tr>
<tr><td>基地日照状况</td><td colspan="4">□ 终年阳光充足　　□ 终年无阳光照射　　□ 有不同光照区域</td><td colspan="3"></td></tr>
<tr><td>全阳区位置</td><td colspan="2"></td><td>大致范围</td><td></td><td>日照变化规律</td><td colspan="2"></td></tr>
<tr><td>全阴区位置</td><td colspan="2"></td><td>大致范围</td><td></td><td>其他</td><td colspan="2"></td></tr>
<tr><td rowspan="3">风</td><td>冬季主导风向</td><td colspan="2"></td><td>夏季主导风向</td><td colspan="2"></td><td>年平均风速</td><td colspan="2"></td></tr>
<tr><td>最大风速</td><td></td><td>风向</td><td></td><td>出现月份</td><td></td><td>持续时间</td><td></td></tr>
<tr><td>其他</td><td colspan="7"></td></tr>
</table>

注：本表仅供参考，可根据实际情况进行增减。

附录七　现状调查表——植物

可供选择的乡土植物						
乔木	灌木	草坪	地被	花卉	藤本	植物群落构成

可供选择的引种植物					
乔木	灌木	草坪	地被	花卉	藤本

基地现状植物调查（古树名木）							
序号	植物名称	规格	单位	数量	长势	位置	处理方法
1.							
2.							
3.							
……							

基地现状植物调查（一般苗木）							
序号	植物名称	规格	单位	数量	长势	位置	处理方法
1.							
2.							
3.							
……							

合计	类型	数量	保留数量	移栽数量	清理数量	备注
	乔木（株）					
	古树名木（株）					
	灌木（株/丛）					
	草坪（m²）					
	花卉（m²）					
	地被（m²）					
	藤本（m²/株）					

注：本表仅供参考，可根据实际情况进行增减。

附录八　园林植物的选择参考表

绿地类型		植物主要特征								植物主要功能											文化内涵	备注
		美观	分枝点高	耐修剪	生长状	寿命长	耐瘠薄	耐干旱	抗病虫害	杀菌	抗污染	吸收污染	吸滞尘埃	隔音	防风	通风	遮阴	防火	环境监测	科普		
居住区	宅间绿地	▲▲	△	△	△	▲	△	△	▲	▲	○	○	▲	△	▲	▲	△	△	○	○	▲	不能影响住宅的通风和采光
	游园	▲	△	△	△	▲	△	△	▲	▲	△	△	▲	△	△	△	△	△	△	○	▲	
	休闲广场	▲▲	▲	△	△	▲	△	△	▲	▲	△	△	▲	▲	▲	▲	▲	△	▲	○	▲	
	儿童游乐场	▲	△	△	△	△	△	△	▲	▲	△	○	▲	▲	▲	△	▲	△	▲	▲	▲	不能有毒、有刺
	健身场地	▲	▲▲	○	○	▲	△	△	▲	▲▲	▲	▲	▲	▲	▲	▲	▲	○	▲	○	▲	具有保健功能
城市道路	行道树	▲	▲	▲	▲	▲	▲▲	▲	▲	▲	▲▲	▲	▲▲	▲	○	▲	▲▲	△	▲	○	▲	安全视距内不能栽植高大乔木
	隔离带	▲	×	○	△	▲	▲▲	▲	▲	▲	▲▲	▲	▲	▲	○	○	○	○	▲	○	○	低矮的植物需要防眩目
	交通岛	▲	△	○	△	▲	▲	▲	▲	▲	▲	▲	▲	▲	△	△	○	○	○	○	▲	不能影响通视
	林荫道	▲▲	▲	▲	△	▲	▲	▲	▲	▲	▲	▲	▲	▲	△	△	▲	△	▲	○	▲	
铁路	隔离林带	▲	▲	△	△	▲	▲	▲	▲▲	▲	▲	△	▲	▲▲	▲	△	○	△	○	○	○	
	边坡	▲	×	○	△	▲	▲▲	▲	▲▲	▲	▲	△	▲	○	○	△	○	△	○	○	○	不能栽植乔木
高速公路	隔离林带	▲	▲	△	△	▲	▲	▲	▲	▲	▲	▲	▲	▲	▲	△	△	△	○	○	○	
	边坡	▲	×	○	△	△	▲▲	▲	▲	▲	▲	▲	▲	▲	○	△	△	△	○	○	○	
	分车带	▲	×	▲	△	△	▲▲	▲	▲	▲	▲	▲	▲	△	○	△	△	△	○	○	△	低矮的植物需要防眩目
	匝道	▲	△	○	△	▲	▲	▲	▲	▲	△	△	▲	▲	△	△	△	△	○	○	△	
	服务区	▲	△	○	△	△	▲	▲	▲	▲	△	△	▲	△	△	△	△	△	○	○	△	
校园	大学	▲	△	△	△	▲	△	△	▲	▲	△	▲▲	▲▲	△	△	△	△	○	○	▲	▲▲	
	初高中	▲	△	△	△	▲	△	△	▲	▲	△	▲▲	▲▲	△	△	△	△	○	○	▲	▲▲	
	小学	▲	△	△	△	▲	△	△	▲	▲	△	▲▲	▲▲	△	△	△	△	○	▲	▲	▲▲	
	幼儿园	▲	△	△	△	▲	△	△	▲	▲	△	▲	▲	▲	▲	▲	△	△	▲	▲	▲	不能有毒、有刺
工矿企业	重污染	▲	△	○	△	▲	▲	▲	▲	▲	▲▲	▲▲	▲▲	▲	▲	▲	△	▲	▲	○	○	
	轻污染	▲	△	○	△	▲	▲	▲	▲	▲	▲▲	▲▲	▲▲	▲	▲	▲	△	▲	▲	○	○	
	高精度	▲	△	△	△	▲	▲	▲	▲	▲	▲	▲	▲▲	▲	▲	▲	△	▲	▲	○	○	不飞絮、不落果
	仓储	▲	△	△	△	△	▲	▲	▲	▲	△	▲	▲	△	▲	△	△	▲▲	▲	○	○	

续表

绿地类型		植物主要特征								植物主要功能													备注
		美观	分枝点高	耐修剪	生长快	寿命长	耐瘠薄	耐干旱	抗病虫害	杀菌	抗污染	吸收污染	吸滞尘埃	隔音	防风	通风	遮阴	防火	环境监测	科普	文化内涵	
公园	综合公园	▲▲	△	△	△	△	△	△	▲	▲▲	△	△	△	△	△	△	△	△	▲	△	▲	
	儿童公园	▲▲	△	△	△	△	△	△	▲	▲▲	△	△	△	▲	△	△	△	○	○	▲▲	▲	不能有毒、有刺
	青年公园	▲▲	△	△	△	△	△	△	▲	▲▲	△	△	▲	▲	△	△	△	○	○	▲	▲▲	
	老年公园	▲▲	△	△	△	▲	△	△	▲	▲▲	△	△	▲	▲	▲	▲	▲	○	○	▲	▲▲	
	纪念公园	▲▲	△	△	△	▲	△	△	▲	▲▲	△	△	▲	▲	▲	▲	△	○	○	○	▲▲	
	运动公园	▲▲	△	△	△	△	△	△	▲	▲▲	△	▲	▲	▲	▲	▲	△	○	○	○	▲	结合具体的运动项目
	专门避灾公园	▲▲	△	△	△	△	△	△	▲	▲	▲	▲	▲	▲	▲	▲	▲	▲▲	▲	○	▲	考虑避灾的需要
防护林	防风林	▲	×	△	▲	▲	▲	▲	▲	▲▲	△	△	▲	○	▲▲	×	○	○	○	○	○	深根性植物
	固沙林	△	×	△	▲	▲	▲▲	▲▲	▲	△	△	▲▲	▲	○	▲	×	○	○	○	○	○	抗风树种
	防噪林	▲	△	△	▲	△	▲	▲	▲	△	△	△	△	▲▲	○	○	○	○	○	○	○	
	水土涵养林	▲	△	○	▲	○	○	○	▲	▲	▲	▲▲	▲	○	○	○	○	○	▲	○	○	
	卫生隔离林	▲	△	○	▲	△	○	○	▲	▲▲	▲	▲▲	▲	▲	○	○	○	○	▲	○	○	
	交通防护林	▲	△	△	▲	△	▲	▲	▲	▲	▲	▲▲	▲	▲	▲	▲	△	△	▲	○	○	
	防火隔离林	▲	○	○	○	○	○	○	▲	▲▲	△	▲▲	▲	▲	▲▲	▲	○	○	▲	○	○	
医院		▲	△	○	▲	○	○	○	▲	▲▲	▲	▲▲	▲	▲	△	▲	△	○	▲	○	○	
疗养院		▲	○	○	○	○	○	○	▲	▲	▲	▲▲	▲	▲	△	▲	△	○	▲	○	▲	

▲▲关键必选条件　▲必选条件　△可选条件（在某些特定环境下，需要满足的条件，在设计时，可不选定的条件）　○非必要条件（可选）　×不可选条件

注：项目类型繁多，情况各异，所以本表仅作为植物选择的参考，要根据实际情况进行具体的分析。

附录九　项目设计案例解析图纸节选

项目一　朝阳市燕都公园植物景观设计及施工图设计

第一部分　施工图节选
A区种植总平面图
A区种植平面图（3#）
A区种植平面图（4#）
B区种植总平面图
B区种植平面图（1#）
B区种植平面图（3#）
第二部分　施工现场照片

项目二　辽宁省海城市教军山公园植物景观设计及施工图设计

第一部分　设计图纸节选
现状分析图
总平面图
功能分区图
竖向设计图
植物种植规划图
三江越虎城文化广场景观效果图
第二部分　植物种植施工图节选（乔木、灌木与地被）

项目三　山西省农业科学院科研创新基地植物景观设计

总平面图（总体鸟瞰效果图）
功能分区图
植物规划图
百花庭植物种植设计详图（景观效果图）
红叶庭植物种植设计详图（景观效果图）
中轴景观带植物种植设计详图

项目四　沈阳国际会展中心改造植物景观设计及施工图设计

总平面图
主入口平面详图
主入口改造前后效果对比
主体建筑基础绿化改造前后效果对比
东三门改造前（上）后（下）效果对比
停车场改造前后效果对比
施工图节选

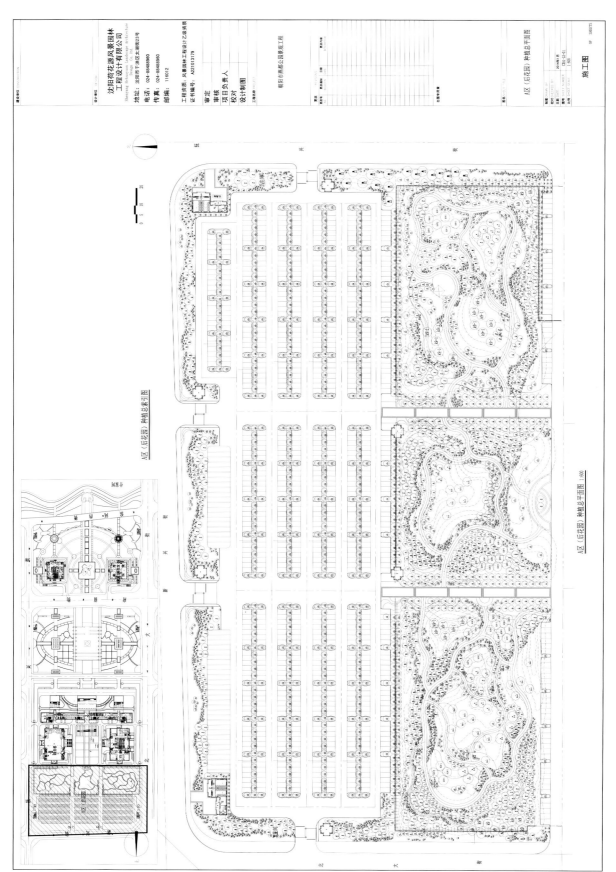

附图1-1　A区种植总平面图

A区（后花园）种植总平面图　1:600

A区（后花园）种植总索引图

沈阳荷花源风景园林工程设计有限公司

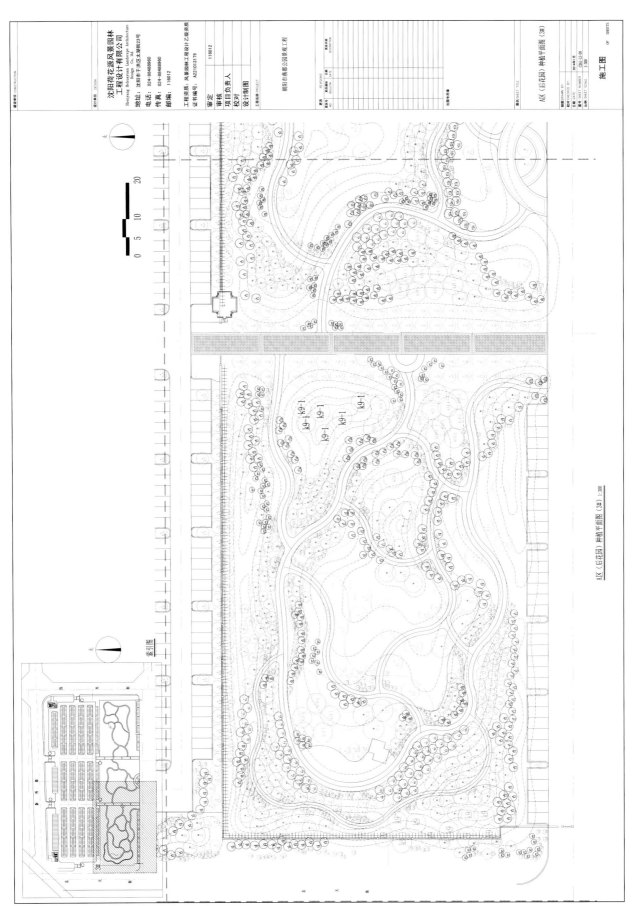

附图1-2 A区种植平面图（3#）

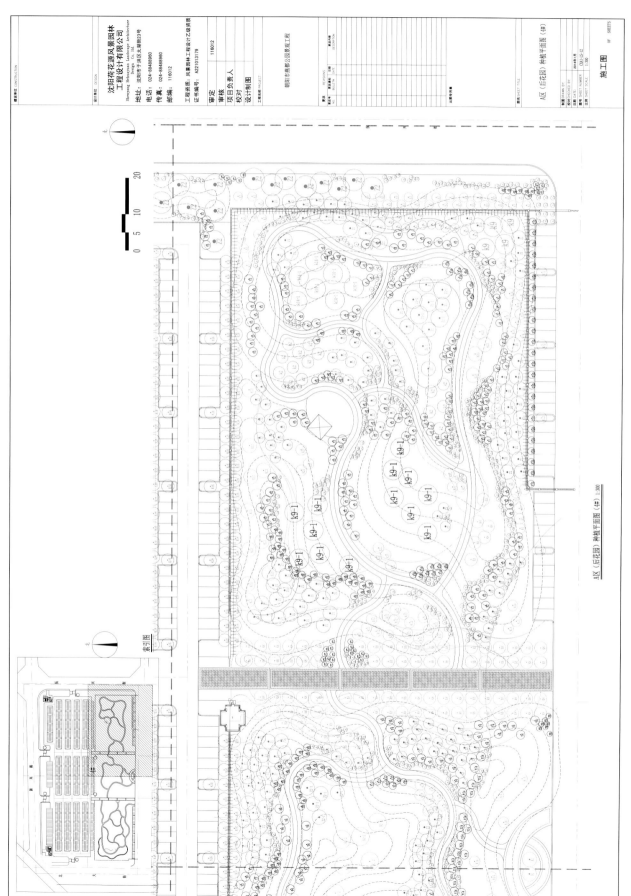

附图1-3　A区种植平面图（4#）

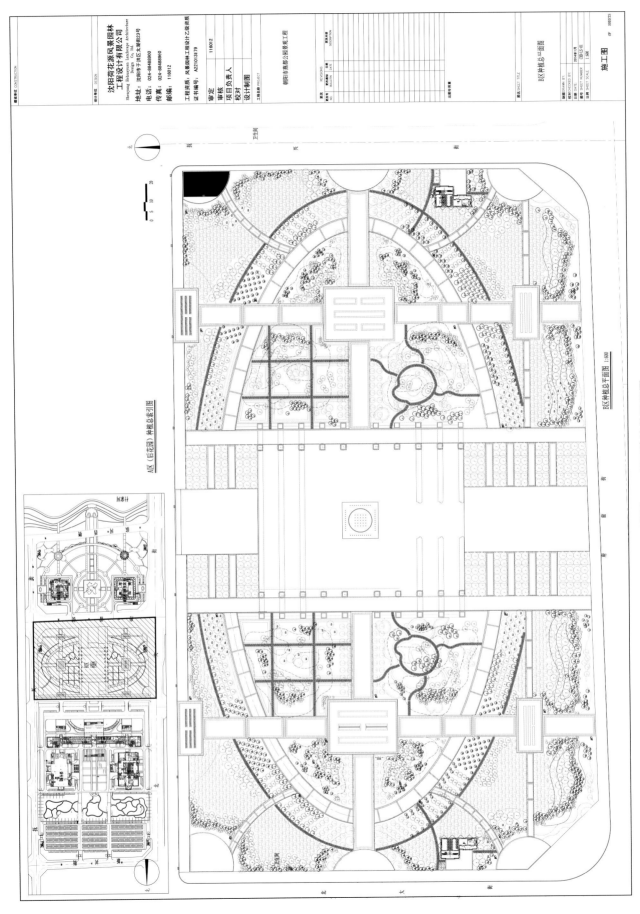

附图1-4　B区种植总平面图

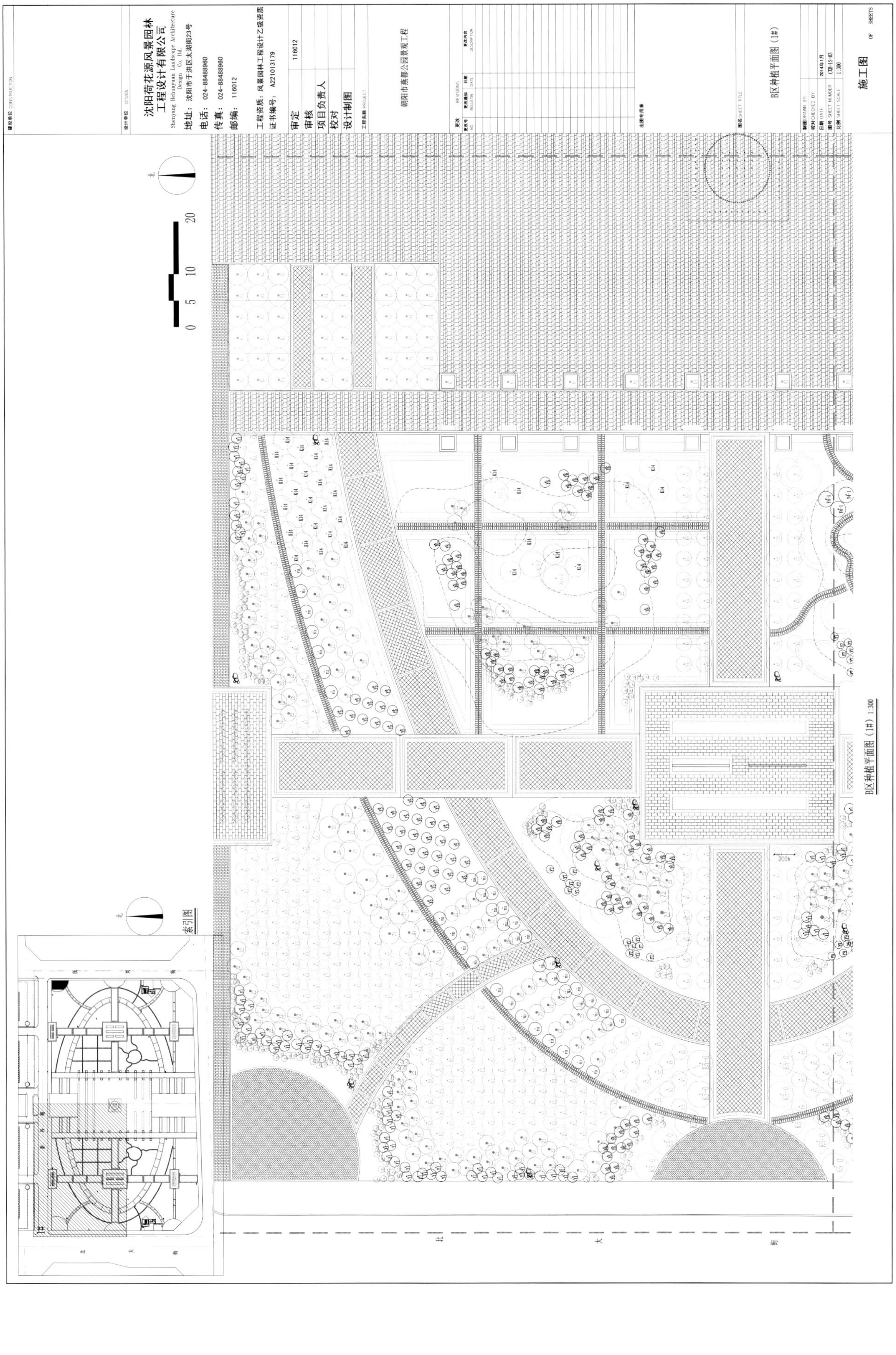

附图1-5　B区种植平面图（1#）

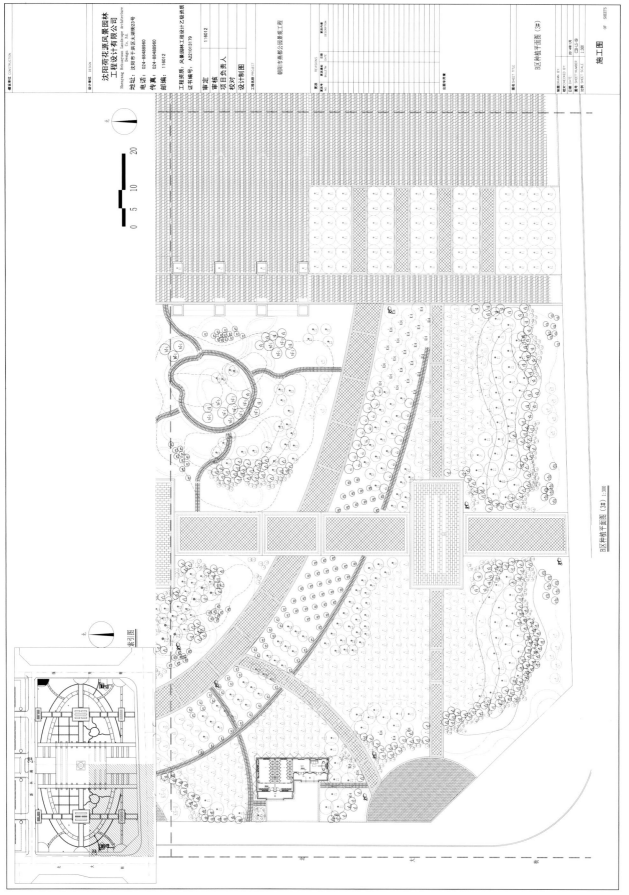

B区种植平面图（3#） 1:300

附图1-6　B区种植平面图（3#）

附图1-7　施工现场照片

附图2-1　现状分析图

①主入口广场
②停车场
③次入口
④休闲空间
⑤特色铺装
⑥野餐草坪
⑦儿童乐园
⑧"三江越虎"主题广场
⑨点将台
⑩叠泉
⑪小泉眼
⑫石龙迷宫
⑬登山步道
⑭生态湿地
⑮桥
⑯石阵广场
⑰花架
⑱栋子园
⑲生态防护林

附图2-2　总平面图

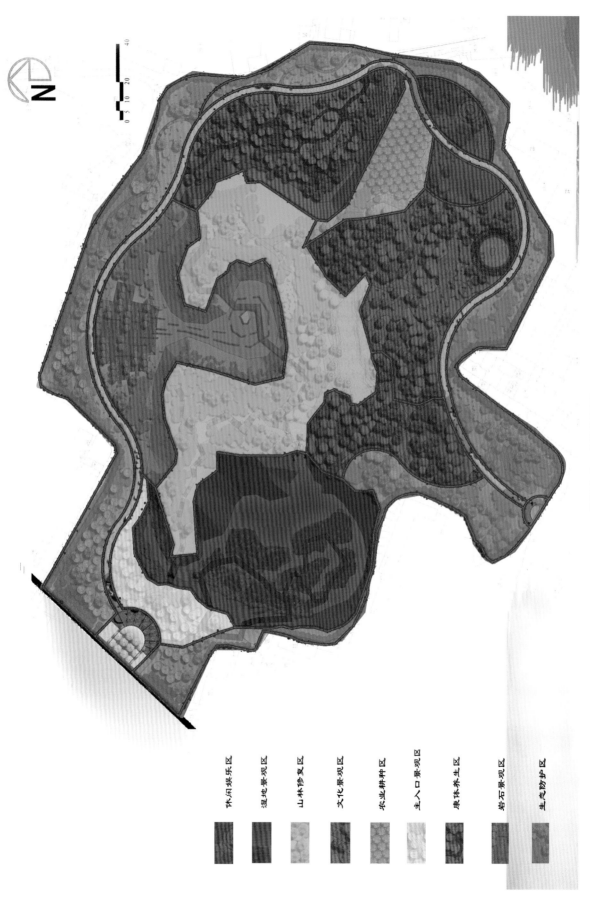

附图2-3　功能分区图

休闲娱乐区

湿地景观区

山林修复区

文化景观区

农业耕种区

主入口景观区

康体养生区

岩石景观区

生态防护区

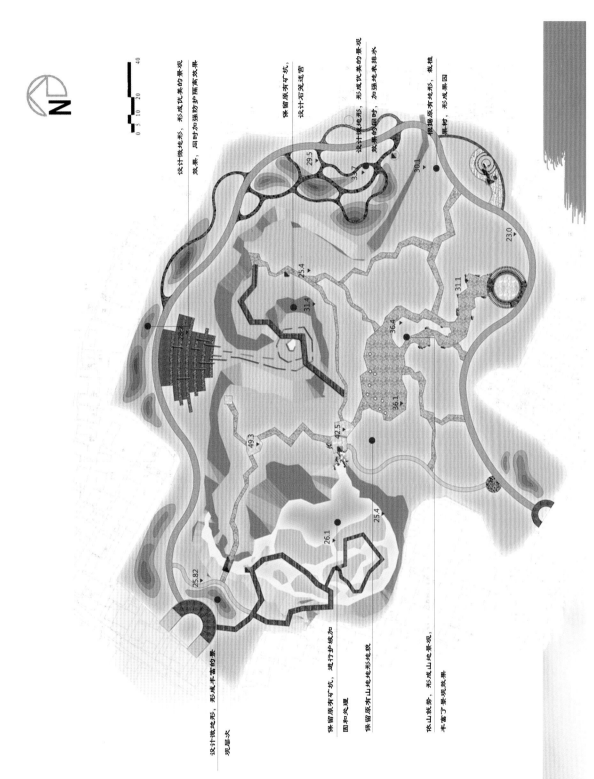

设计微地形，形成优美的景观
效果，同时加强防护墙面高效果

保留原有矿坑，
设计石窠造营

设计微地形，形成优美的景观
效果的同时，加强地表排水

根据原有地形，栽植
果树，形成果园

观景次

设计微地形，形成丰富的景

保留原有矿坑，进行护坡加
固和处理

保留原有山地地形地貌

依山就势，形成山地景观，
丰富了景观效果

附图2-4　竖向设计图

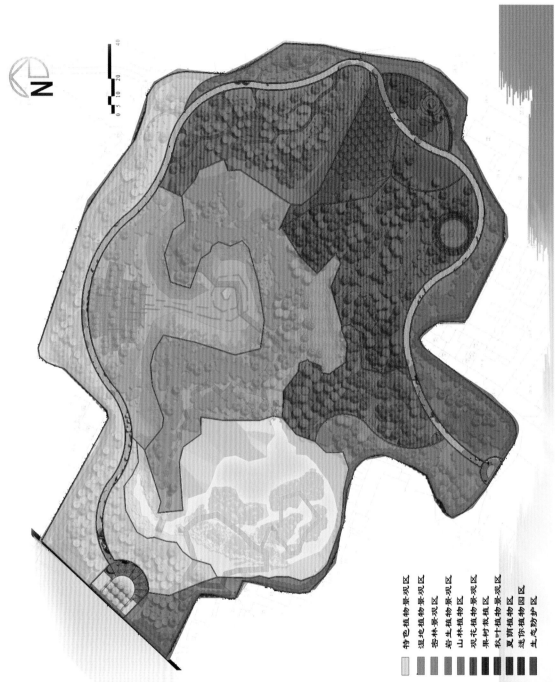

特色植物景观区
湿地植物景观区
密林景观区
岩生植物景观区
山林植物区
观花植物景观区
果树栽植区
秋叶植物景观区
夏荫植物
迷你植物园区
生态防护区

附图2-5 植物种植规划图

附图2-6 三江越虎城文化广场景观效果图

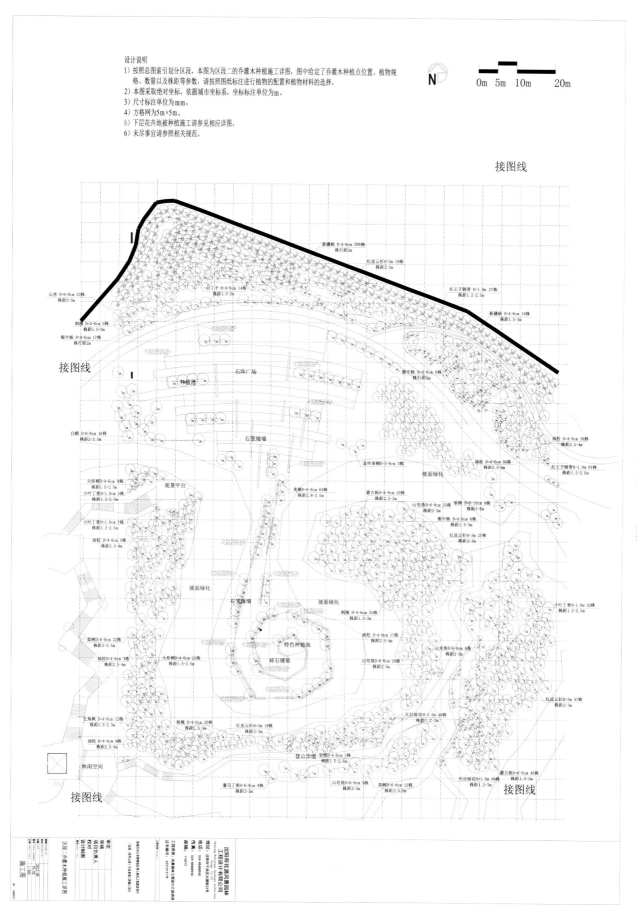

附图2-7　植物种植施工图节选1

设计说明
1）按照总图索引划分区段，本图为区段二地被花卉施工放线详图。
2）尺寸标注单位为mm。
3）方格网为5m×5m。
4）乔木、灌木种植施工放线见相应乔木、灌木施工放线详图，园林小品施工结构参见相应详图。
5）未尽事宜请参照相关规范。

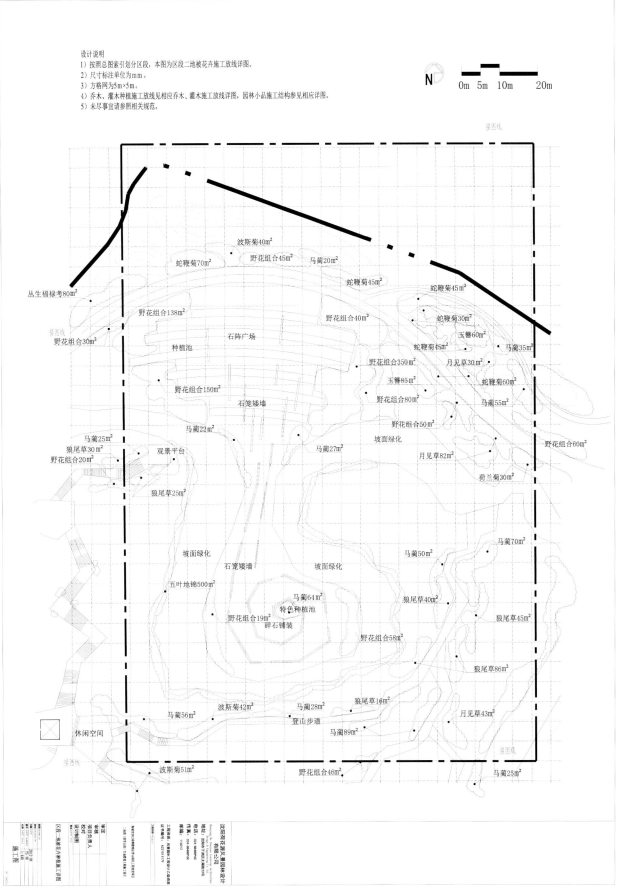

附图2-8 植物种植施工图节选2

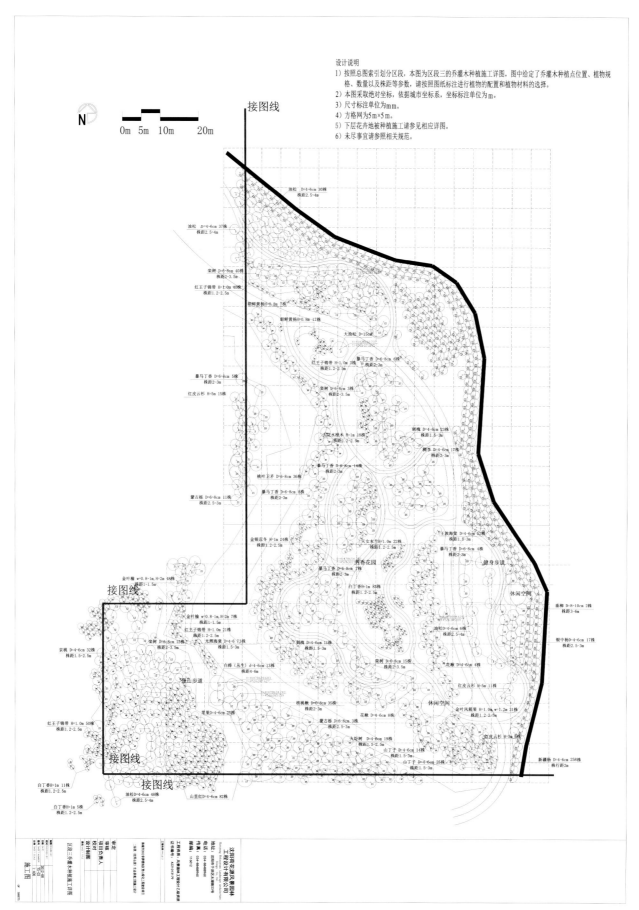

接图线

设计说明
1）按照总图索引划分区段，本图为区段三的乔灌木种植施工详图，图中给定了乔灌木种植点位置、植物规
格、数量以及株距等参数，请按照图纸标注进行植物的配置和植物材料的选择。
2）本图采取绝对坐标，依据城市坐标系，坐标标注单位为m。
3）尺寸标注单位为mm。
4）方格网为5m×5m。
5）下层花卉地被种植施工请参见相应详图。
6）未尽事宜请参照相关规范。

附图2-9 植物种植施工图节选3

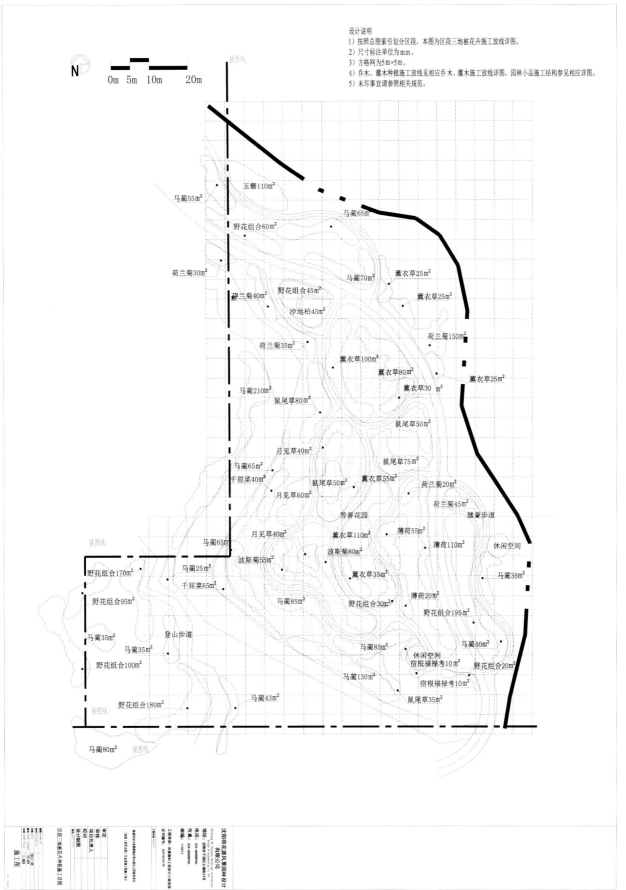

设计说明
1）按照总图索引划分区段，本图为区段三地被花卉施工放线详图。
2）尺寸标注单位为mm。
3）方格网为5m×5m。
4）乔木、灌木种植施工放线见相应乔木、灌木施工放线详图，园林小品施工结构参见相应详图。
5）未尽事宜请参照相关规范。

N

0m　5m　10m　20m

接图线

玉簪110m²
马蔺55m²
野花组合60m²
马蔺65m²
荷兰菊30m²
马蔺70m²　薰衣草25m²
荷兰菊40m²　野花组合45m²　薰衣草25m²
沙地柏45m²
荷兰菊35m²　荷兰菊150m²
薰衣草100m²
马蔺210m²　薰衣草80m²　薰衣草25m²
鼠尾草80m²　薰衣草30 m²
鼠尾草50m²
月见草40m²　鼠尾草75m²
马蔺65m²
千屈菜40m²　鼠尾草50m²　薰衣草55m²　荷兰菊20m²
月见草60m²　荷兰菊45m²
芳香花园　健身步道
月见草40m²　薰衣草110m²　薄荷55m²
马蔺65m²　波斯菊80m²　薄荷110m²　休闲空间
野花组合170m²　马蔺25m²　波斯菊55m²　马蔺35m²
千屈菜65m²　薰衣草35m²
野花组合95m²　薄荷20m²
马蔺85m²　野花组合30m²　野花组合195m²
马蔺35m²　登山步道
马蔺35m²　马蔺40m²
野花组合100m²　马蔺85m²　休闲空间
宿根福禄考10m²　野花组合20m²
宿根福禄考10m²
野花组合180m²　马蔺43m²　马蔺130m²　鼠尾草35m²
接图线

马蔺80m²
接图线

附图2-10　植物种植施工图节选4

施工图

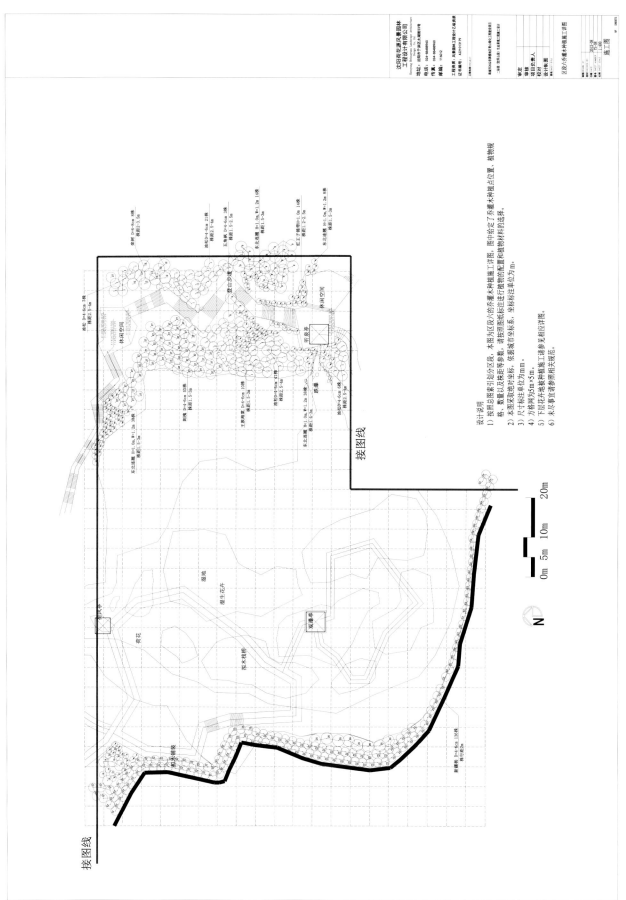

附图2-11　植物种植施工图节选5

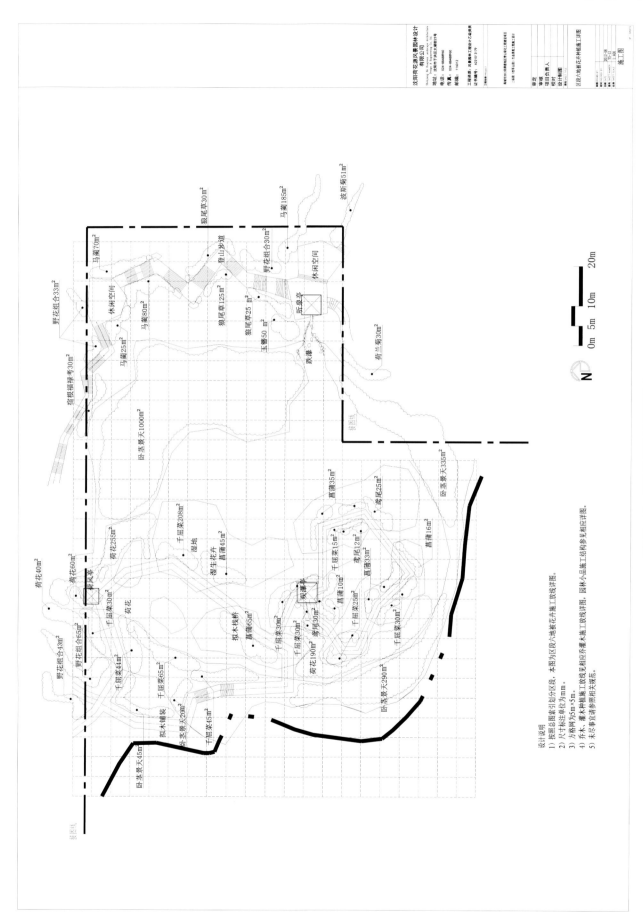

附图2-12　植物种植施工图节选6

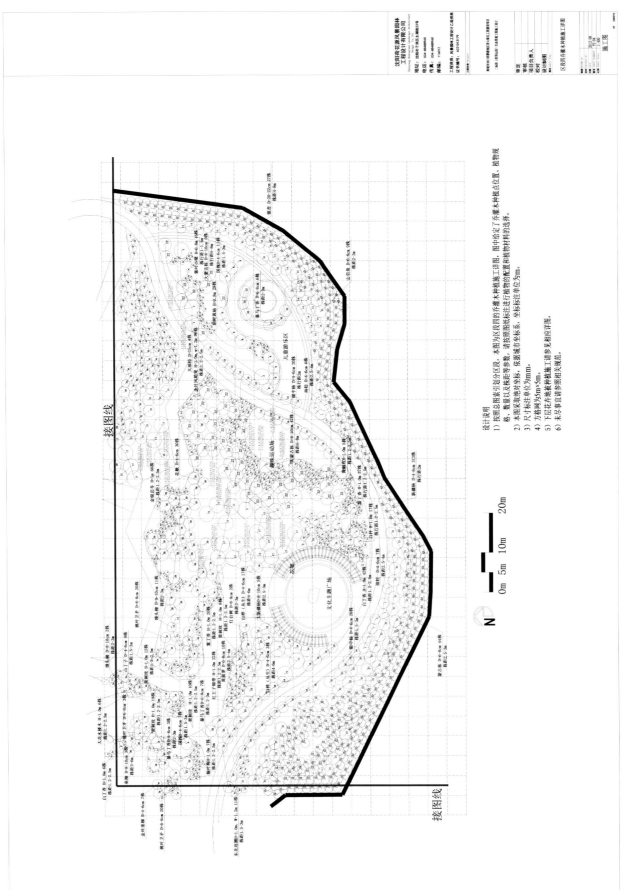

附图2-13 植物种植施工图节选7

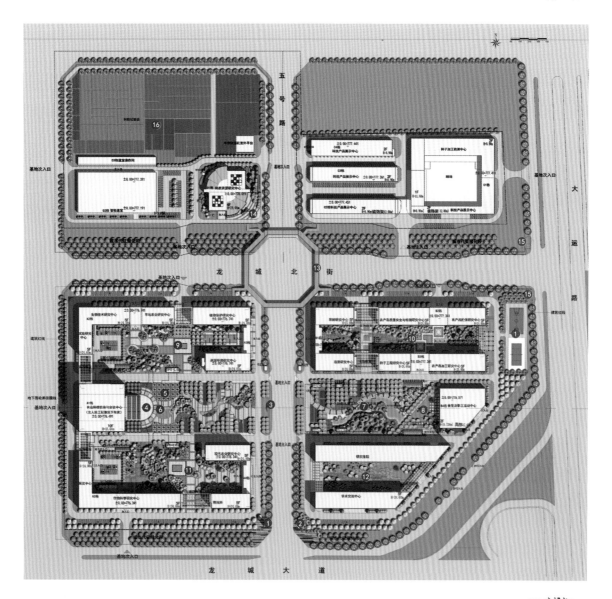

附图3-1　总平面图（总体鸟瞰效果图）

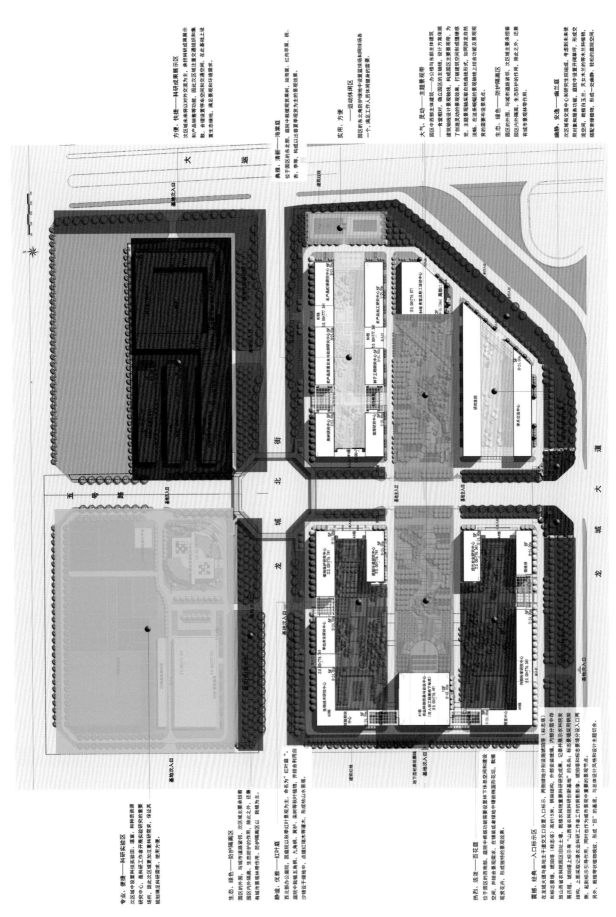

附图3-2 功能分区图

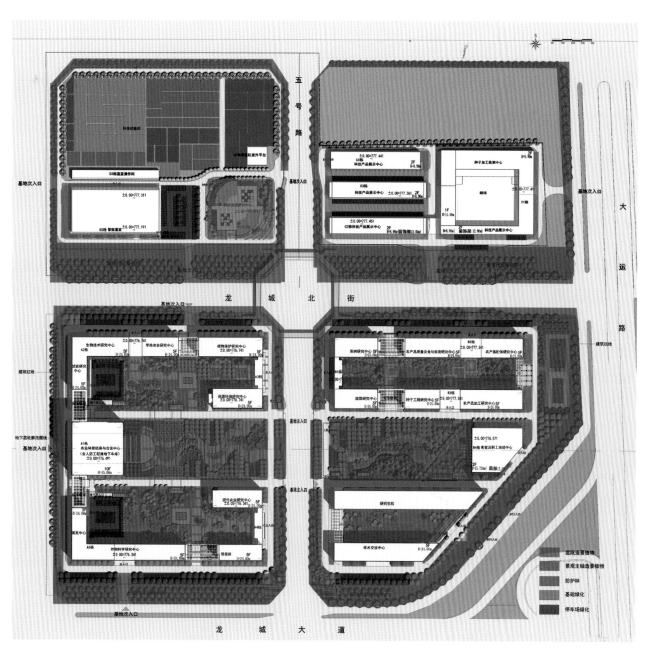

五号路
龙城北街
大运路
龙城大道
基地次入口
基地主入口
建筑红线
地下层轮廓范围线
专业、便捷——科研实验区
次区域中设置科技实验田、温室、和种质资源研究中心，是科研工作者开展实验研究的重要场所，因此次区域更加注重科研需求，保证其规划满足科研需求、使用方便。
生态、绿色——防护隔离区
园区的外围，与城市道路紧邻，次区域主要承担着园区内外隔离、生态防护的作用，除此之外，还兼有城市景观林带作用。防护隔离区以　栽植为主。
静谧、优雅——红叶庭
西北部办公庭院，因庭院以秋季红叶景观为主，命名为”红叶庭“。庭院中栽植五角枫、九角枫、黄栌、栾树等秋叶植物，并结合利用白沙铺设于绿地中，点缀红瑞木等灌木，形成枯山水景观。
热烈、活泼——百花庭
位于园区的西南部，庭院中根据功能需要设置林下休息空间和建设空间，并结合景观需求，在铺装或者绿地中镶嵌椭圆形花坛，栽植观赏花卉，形成独特的景观效果。
震撼、经典——入口标示区
在龙城大道与基地主干道交叉口设置入口标示，两侧绿地分别设施琥珀塔（标志塔）和标志景墙，琥珀塔（标志塔）高约15米，钢架结构，外部安装玻璃，内部分层中存放山西省农科院园区旧址土壤，栽植农科院重要科研研究成果，记录并展示农科院发展历程，琥珀塔上标示有“山西省农科院科研创新基地”的名头；标志景墙采用钢架结构，上面采取记录农业科研工作者工作的剪影影像。琥珀塔和标志景墙分设入口两侧，起到标示引导作用，同时也作为城市景观中重要的景观节点。
另外，栽植带状植物模纹，形成“田”的基底，与总体设计风格和设计主题切合。
方便、快捷——科研成果展示区
次区域未来将以对外交流为主，承担科研成果展示和产品销售等功能，因此次区域注重交通组织和集散，合理设置停车空间和交通空间，在此基础上设置生态绿地，满足景观和环境需求。
典雅、清新——海棠庭
位于园区的东北部，庭院中栽植观赏果树，如海棠、红肉苹果、桃、杏、李等，构成以出春夏季观赏为主的景观效果。
实用、方便
——运动休闲区
园区的东北角防护绿地中设置篮球场和网球场各一个，满足工作人员休闲健身的需要。
大气、灵动——主题景观带
园区中西部主体建筑——办公楼与东部主体建筑——食堂相对，确立园区的主轴线，设计方案依据建筑轴线设计景观轴线，构成园区主要景观带，为了创造灵动的景观效果，打破建筑空间形成僵硬感觉，主题景观轴采取自然曲线形式，如同游龙自然流畅，在这条蜿蜒的景观轴线上结合功能及景观观赏的需要布设景观点。
生态、绿色——防护隔离区
园区的外围，与城市道路紧邻，次区域主要承担着园区内外隔离、生态防护的作用，除此之外，还兼有城市景观林带作用。
幽静、安逸——幽兰庭
次区域有交流中心和研究生院组成，考虑到未来使用对象和服务功能，庭院中设置开阔草坪，形成交流空间，栽植白玉兰、天女木兰的等木兰科植物，搭配常绿植物，形成一处幽静、轻松的庭院空间。

附图3-2　功能分区图

附图3-3 植物规划图

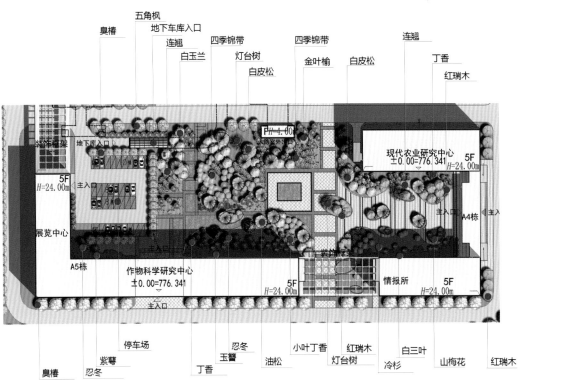

附图3-4　百花庭植物种植设计详图（景观效果图）

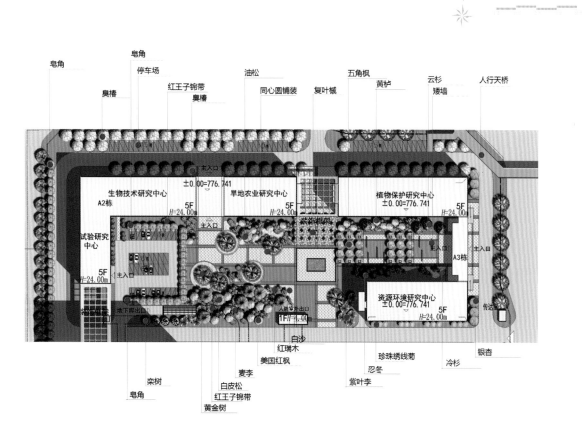

皂角　皂角　停车场　红王子锦带　油松　五角枫　黄栌　云杉　人行天桥
臭椿　臭椿　同心圆铺装　复叶槭　矮墙

生物技术研究中心
A2栋
±0.00=776.741
5F
H=24.00m

旱地农业研究中心
±0.00=776.741
5F
H=24.00m
紫薇栅栏

植物保护研究中心
±0.00=776.741
5F
H=24.00m

试验研究中心
5F
H=24.00m
主入口

主入口

主入口
A3栋
主入口

资源环境研究中心
±0.00=776.741
5F
H=24.00m

地下库出口
人防室外出口
1F/H=4.00m

传达室

白沙
红瑞木
美国红枫
珍珠绣线菊
冷杉
银杏

皂角
栾树
麦李
忍冬
紫叶李

黄金树
白皮松
红王子锦带

附图3-5　红叶庭植物种植设计详图（景观效果图）

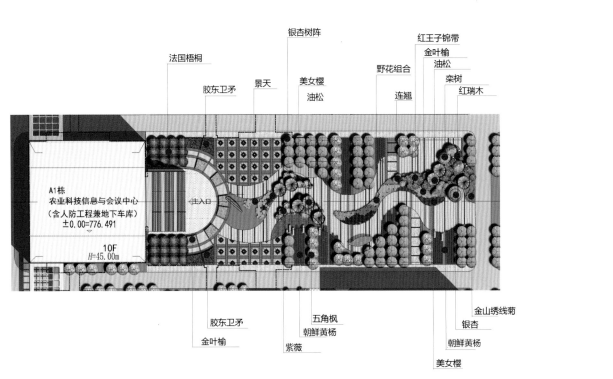

法国梧桐
胶东卫矛
景天
银杏树阵
美女樱
油松
野花组合
连翘
红王子锦带
金叶榆
油松
栾树
红瑞木

A1栋
农业科技信息与会议中心
（含人防工程兼地下车库）
±0.00=776.491
主入口
10F
H=45.00m

胶东卫矛
金叶榆
五角枫
朝鲜黄杨
紫薇
金山绣线菊
银杏
朝鲜黄杨
美女樱

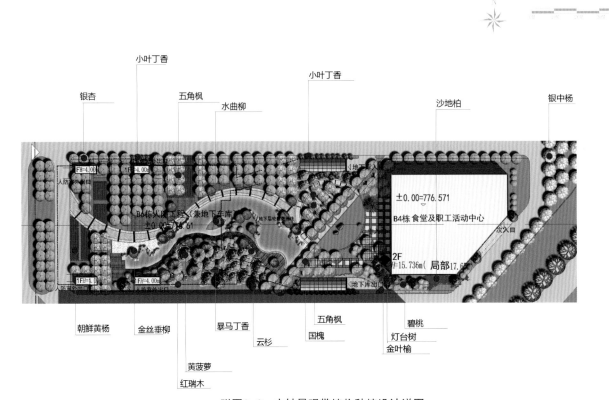

银杏
小叶丁香
五角枫
水曲柳
小叶丁香
沙地柏
银中杨

FH=4.00
B6栋人防工程（兼地下车库）
±0.00=776.61
地下层

±0.00=776.571
B4栋 食堂及职工活动中心
次入口
2F
H=15.736m（局部17.63m）

朝鲜黄杨
金丝垂柳
暴马丁香
云杉
黄菠萝
红瑞木
五角枫
国槐
碧桃
灯台树
金叶榆

附图3-6　中轴景观带植物种植设计详图

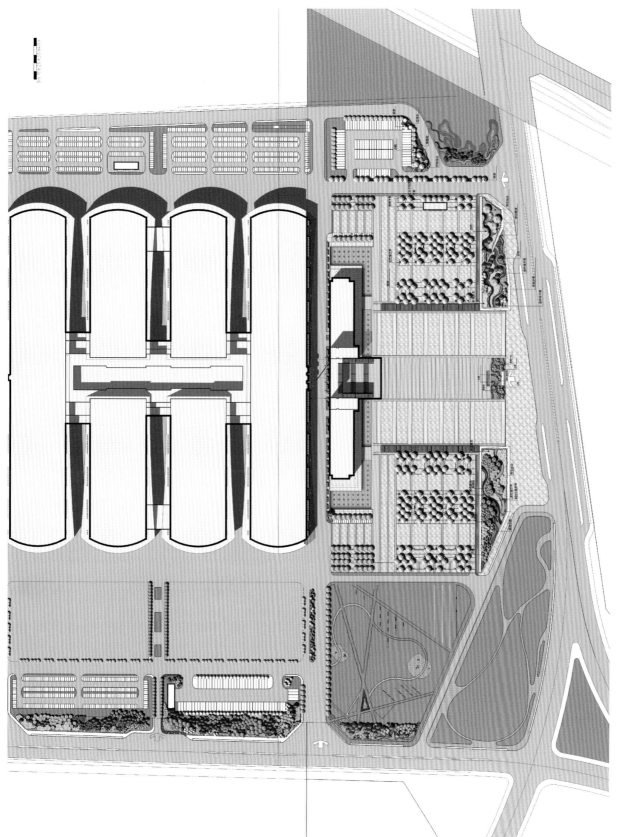

附图4-1 总平面图

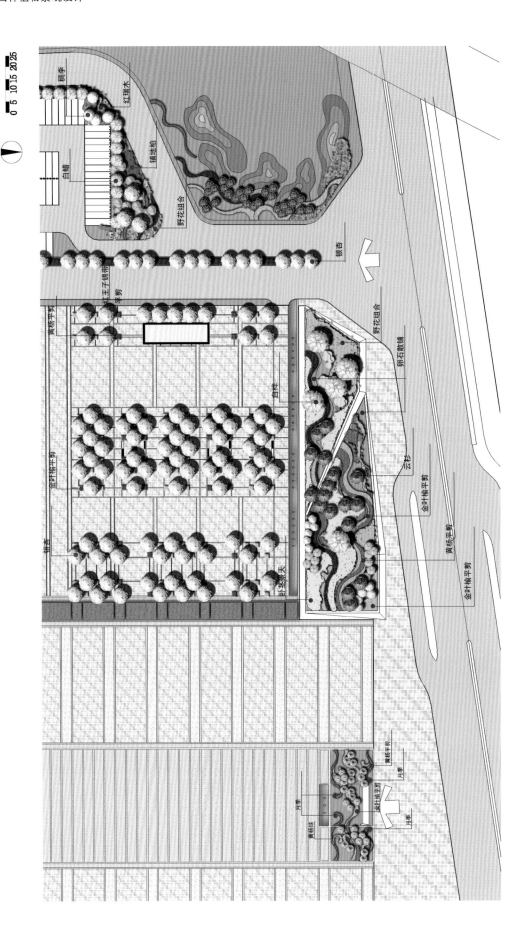

附图4-2　主入口平面详图

附图4-3 主入口改造前后效果对比

附图4-4　主体建筑基础绿化改造前后效果对比

附图4-5　东三门改造前（上）后（下）效果对比

附图4-6　停车场改造前后效果对比

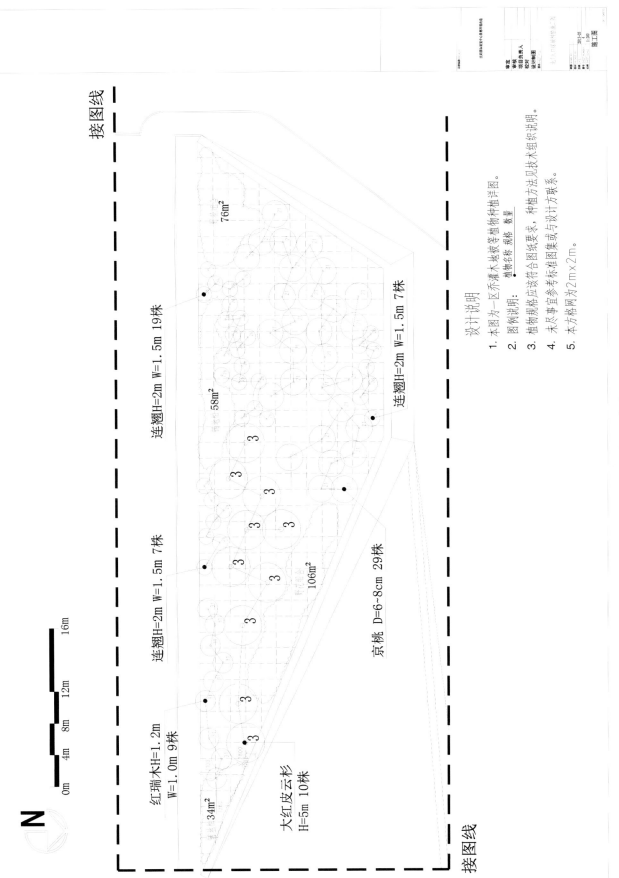

附图4-7 施工图节选1

设计说明

1. 本图为一区乔灌木地被等植物种植详图。
2. 图例说明：植物名称 规格 数量
3. 植物规格应该符合图纸要求，种植方法见技术组织说明。
4. 未尽事宜参考标准图集或与设计方联系。
5. 本方格网为2m×2m。

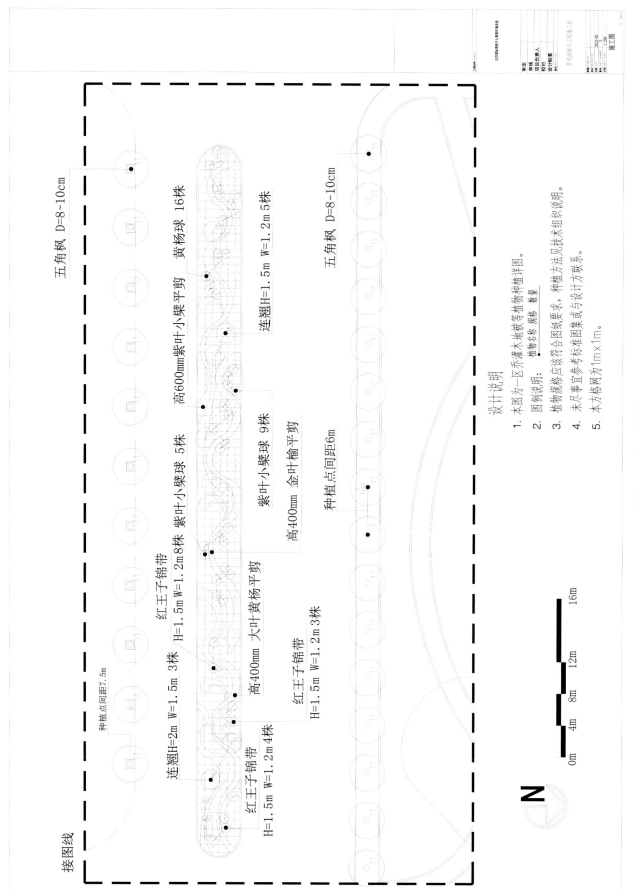

附图4-8 施工图节选2

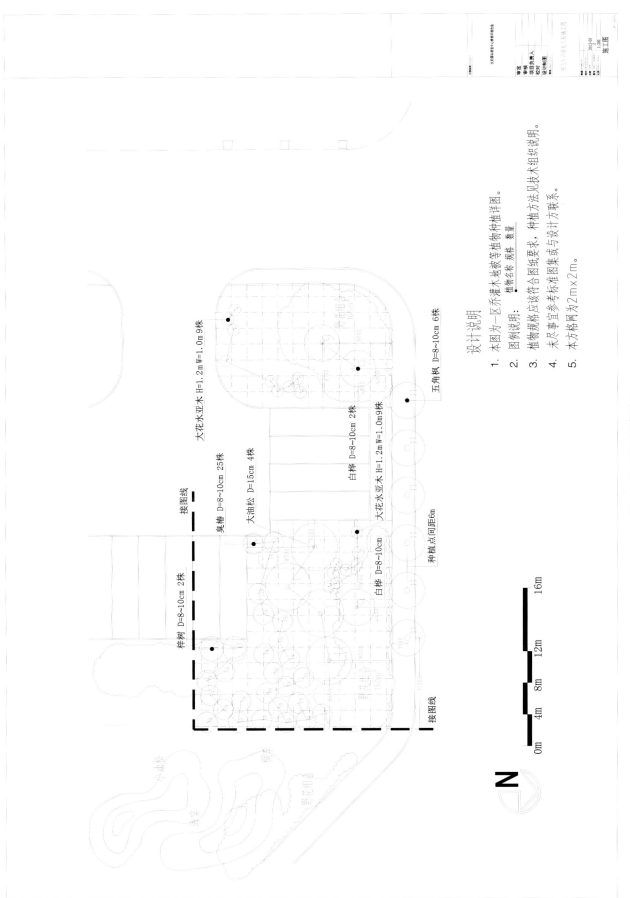

附图4-9　施工图节选3

参考文献

［1］陈志华. 外国建筑史（19世纪末以前）［M］. 北京：中国建筑工业出版社，1981.

［2］许德嘉. 古典园林植物景观配置［M］. 北京：中国环境科学出版社，1997.

［3］周武忠. 园林植物配置［M］. 北京：中国农业出版社，1999.

［4］胡长龙. 城市园林绿化设计［M］. 上海：上海科学技术出版社，2003.

［5］金岚. 环境生态学［M］. 北京：高等教育出版社，1992.

［6］郦芷若，朱建宁. 西方园林［M］. 河南：河南科学技术出版社，2001.

［7］胡长龙. 园林规划设计［M］. 北京：中国农业出版社，1995.

［8］过元炯. 园林艺术［M］. 北京：中国农业出版社，1996.

［9］陈从周. 中国园林鉴赏辞典［M］. 上海：华东师范大学出版社，2001.

［10］倪琪. 西方园林与环境［M］. 杭州：浙江科学技术出版社，2000.

［11］王向荣，林箐. 西方现代景观设计的理论与实践［M］. 北京：中国建筑工业出版社，2002.

［12］杨赉丽. 城市园林绿地规划［M］. 北京：中国林业出版社，1995.

［13］陈植. 园冶注释（明）［M］. 北京：中国建筑工业出版社，1981.

［14］陈植. 中国古代名园记选注［M］. 安徽：安徽科学技术出版社，1983.

［15］周维权. 中国古典园林史［M］. 北京：清华大学出版社，1990.

［16］朱钧珍. 中国园林植物景观艺术［M］. 北京：中国建筑工业出版社，2003.

［17］伊丽莎白·巴洛·罗杰斯. 世界景观设计Ⅰ、Ⅱ［M］. 北京：中国林业出版社，2005.

［18］杨永胜，金涛. 现代城市景观设计与营建技术［M］. 北京：中国城市出版社，2002.

［19］王向荣，任京燕. 从工业废弃地到绿色公园——景观设计与工业废弃地的更新［J］. 中国园林，2003（3）：11-18.

［20］田中，先旭东，罗敏. 立体花坛的主要类型及其在城市绿化中的作用［J］. 南方农业，2009（6）.